엔트로피와 우리 생활

조강래(趙江來)
1937년 8월 9일 일본오사카 생
오사카대학 공학박사
연세대학교 명예교수
(사)한국유체기계학회 초대, 2대 회장
한국과학기술한림원 종신회원

엔트로피와 우리 생활

초판 인쇄 2021년 2월 19일
초판 발행 2021년 2월 26일
지은이 조강래
펴낸이 최국주
펴낸곳 동명사
출판등록 1950년 11월 1일(제1-76호)
주소 (우 10881) 경기도 파주시 회동길 50(문발동)
전화 031-955-7200(대표)~2, 7203(편집부), 7204(물류)
팩스 031-955-7205
전자우편 webmaster@dmsbook.com
홈페이지 www.dmsbook.com

ISBN 978-89-411-8220-7 93550
값 18,000원

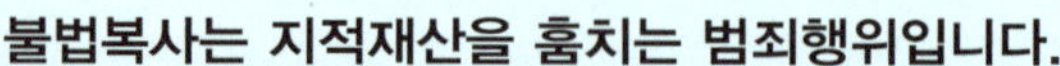

머리말

엔트로피와 우리 생활이라는 주제로 엔트로피의 유래를 소개하고 엔트로피가 우리 생활과 어떤 관계가 있는지를 다루었다.

엔트로피는 상태량이다. 이 상태량이란 용어는 과학 특히 열공학에서 나온 것이므로 엔트로피가 의미하는 상태량은 분자나 원자 또는 그것으로 이루어지는 물질의 상태와 관련된 양을 의미한다. 그러나 통계역학에 의해 밝혀진 엔트로피의 해석결과에 의하면 자연을 형성하는 물질뿐만 아니라 인간 사회의 인위적인 현상에 대하여도 적용될 수 있는 양이기도 하다.

엔트로피에는 "엔트로피의 증대법칙"이라는 특이한 법칙이 있다. 자연계에서 일어나고 있는 모든 현상들은 이것에 의해 지배되고 있다. 우리 주변에서 일어나고 있는 비근한 현상들도 이 법칙에 의해 설명됨은 물론이다. 지구를 포함한 우주의 변화도 이 법칙의 지배를 받는다고 보면 물리학의 법칙 중의 가장 핵심적이고 보편적인 법칙이라고도 할 수 있다.

이와 같은 어마어마한 법칙의 탄생은 열기관에 관한 "카르노사이클"의 발견에 의해 가능했다. 이 사이클은 사고 상으로만 가능한 이상적인 사이클이기는 하지만 다행히 열기관의 사이클에서 추구하는 효율제고의 길잡이 역할을 해 왔다. 그리고 이 카르노사이클로 인해 엔트로피라는 새로운 상태량이 발견되었던 것이다. 그래서 우리는 이러한 방대한 내용이 함축된 카르노사이클이 어떻게 해서 발명되었는가에 관심을 갖지 않을 수가 없다. 그래서 카르노사이클의 발명의 경위를 알리기 위해서 그 발명의 필요성을 인지한 카르노 일가의 활약상을 소개하기로 하였다.

그런데 엔트로피라는 새로운 양은 열공학의 상태량과 똑같은 특성을 가진다는 점에서 상태량으로 규정되었으나 이 상태량이 구체적으로 어떤 상태의 양을 나타내는지 도무지 알 수가 없었다. 그것이 “볼츠만의 원리”에 의해 통계역학에서 말하는 “경우의 수”라는 개념의 양임이 밝혀진 것이다. 이와 같이 엔트로피라는 양이 개념적으로 규명됨으로써 이 양이 물리현상이 아닌 정보공학에도 사용될 수 있게 되었고, 그 밖의 사회현상에도 도입되고 있다.

본 책자에는 엔트로피의 발견과정과 그것이 지니는 특성 그리고 그것의 활용사례들이 담겨져 있다. 그런데 엔트로피 발견의 모태가 열공학이며, 그것의 개념이 규명된 것이 통계역학적 해석 덕분이었다는 점을 감안할 때 여기서 소개하려고 하는 내용들을 기술하는데 수식의 전개를 피할 수가 없었다. 그래서 본문에서의 수식의 도입은 내용의 흐름을 이해할 수 있는 범위로 최소화하고, 수식의 전개과정이나 본문의 이해를 돕기 위해 필요한 용어의 설명은 부록으로 넘겼다. 그리고 엔트로피를 조리 있게 소개하기 위해 4개의 장으로 구성하였다. 그러나 읽는 순서로써 제4장부터 읽는 것도 좋을 듯하다.

엔트로피라는 양은 막연한 양이 아니고 과학적인 근거를 가진 양이며, 우리 생활에도 밀접한 관계가 있는 알기 쉬운 개념의 양이기도 한다. 그러므로 우리 생활에서도 엔트로피의 개념, 즉 엔트로피의 증대법칙을 받아들이는 자세가 필요하다는 것이 이 책에서 강조되어 있다.

2020. 12

조강래

추천사

엔트로피(영어: entropy, 독일어: entropie)는 독일의 물리학자 루돌프 클라우지우스가 1850년대 초에 도입하였는데, 열량과 온도에 관계되는 물질계의 상태를 나타내는 열역학적 양(量)의 하나이다. 고찰하는 계(系) 내에서, 온도가 어느 정도로 구분되어 있는지, 구분이 되어 있지 않은 무질서에 가까운지를 측정하는 척도로 사용된다. 물질이나 열(熱)의 출입이 없는 계열에서는 엔트로피는 결코 감소하지 않으며, 비가역 변화(非可逆變化)를 할 때는 언제나 증대(增大)한다. 정보 이론에서는 정보의 불확실함의 정도를 나타내는 양으로 사용되고 있다. 열역학의 기본법칙에는 열역학 제1법칙과 제2법칙이 있다. 제1법칙은 에너지 보존에 관한 것이며, 제2법칙으로부터 엔트로피라는 새로운 상태량이 정의된다. 자연계의 무질서한 정도를 나타내는 물리적 개념으로 정의되고 있는 엔트로피는 제2법칙에 의하면 항상 증가한다. 엔트로피가 증대한다는 것은 사용 불가능한 에너지가 증가하는 것을 의미한다. 사용 불가능한 에너지의 집합이 공해라는 것이다. 공해 중 산업 폐기물은 낭비된 에너지의 산물이다. 열역학 제1법칙에 따르면 에너지는 창조할 수도 소멸할 수도 없고, 단지 그 형태가 바뀔 뿐이다. 그리고 제2법칙에 따르면 외부에 변화를 남기지 않고 반대 방향으로 에너지(열)를 이동시킬 수는 없다. 이러한 점에서 공해라는 용어는 바로 엔트로피에 붙여진 별명이라고도 할 수 있으며, 계에서 생성된 사용 불가능한 에너지를 의미한다. 지구상의 모든 생명체도 숨쉬고 신진대사를 하는 과정에서 자신의 몸체의 물질 엔트로피를 증가시키고 있으며, 사망으로 인해 엔트로피의 최대점을 찍고 끝나는 것이다.

이 책의 저자인 조강래 명예교수는 1937년 일본 오사카에서 출생하여 오사카대학 치(치과)학부에 입학하고, 다시 오사카부립대학 공학부에 들어가 기계공학과를 졸업하였다. 졸업 후 ㈜ISHII공작소 유체기계 설계과에서 근무한 후 오사카대학 대학원에서 1970년 공학박사 학위를 받았다. 오사카대학 공학부 문부교관 조수로 근무하다가 1971년 연세대학교 공과대학에 부임하여 부교수, 교수로 근무하였다. 터보기계의 유동해석과 소음에 관한 연구, 공기베어링의 유동해석에 관한 연구, 토크컨버터의 유동해석에 관한 연구 등을 수행하였다. 1990년 KSME-JSME(한일) 유체공학술대회 조직위원장을 맡았으며, 1996년에 한국유체기계학회의 초대 및 2대 회장을 역임하였다. 대한기계학회 학술상 수상, 대한민국 옥조근정훈장 및 과학기술훈장 웅비장을 수훈하였다. 저서로는 『기계용어집』(공저), 『유체기계』, 『펌프설계의 기초』(공저) 등이 있으며, 저자는 2014년 한국과학기술한림원 『석학, 과학기술을 말하다』 시리즈⑳으로 "엔트로피가 우리에게 알리는 진실"을 저술하였다. 1996년 창립된 한국유체기계학회는 2020년 서울특별시 중구 서소문로 유원빌딩 1210호 사무실을 매입하였고, 이를 기념하는 출판사업의 일환으로서 조강래 초대회장님이 증편한 본 저서를 후원 출판하게 되었다. 팔순(八旬)이 넘은 연세에도 불구하고 『엔트로피와 우리 생활』을 집필하신 조강래 초대회장님께 경의를 표하고, 만수무강하시길 기원합니다.

사단법인 한국유체기계학회

第16대 회장 김경엽 올림

차례

제1장
카르노사이클과 엔트로피

이 장에서는 카르노사이클의 발명과 엔트로피의 발견에 관한 내용이 다루어져 있다. 카르노사이클을 연구의 대상에서 보았을 때 공학적인 업적이라고 할 수 있지만 연구내용의 순수성에서 보았을 때는 완전히 물리학이며, 이로 인해 엔트로피가 발견되었다는 점에서 아주 획기적인 연구 성과라고 할 수 있다.

"필요는 발명의 어머니"라고 하지 않는가? 카르노사이클도 필요성이 긴박해서 발명된 것이었다. 필요성의 유래는 우리에게도 와 닿는 바가 있다고 보았다. 그래서 카르노가 카르노사이클의 원리를 발견하게 된 역사적인 배경을 보면 카르노의 가문과 그들의 국가에 대한 충성심이 얼마나 높았는지를 알 수 있으며, 과학기술이 국가의 존속에 얼마나 중요한가를 우리에게 깨우쳐준다.

1-1 인류와 동력

(1) 동력의 필요성

엔트로피의 발견이 동력과 관련이 있었으므로 동력이 인간의 삶에 얼마나 중요한가를 살펴본다. 동물이 생존하기 위해서는 서로 먹고 먹히고를 되풀이 한다. 그러기 위해서는 상대방을 쓰러뜨리기 위한 큰 순발력이 필요하다. 인간도 처음은 동물과 다를 바 없었지만, 체력 면에서 딸렸기 때문에 두뇌를 활용할 수밖에 없었다.

인간은 기원전 7000년쯤에 목축과 농경을 시작했다. 문명의 발달과 더불어 식량소비가 증가하여 이에 대응하기 위한 동력의 확보가 필요해졌다.

축력시대에는 인간과 가까이 있었던 가축인 말이나 소 등의 동력을 이용하려고 했을 것이다. 그래서 가축을 동력원으로 활용하기 위해 필요한 가축 동력의 전달기구와 가축을 다스리는데 필요한 장치들이 개발되었다.

인구의 증가와 생활수준의 향상으로 더 많은 식량이 필요해졌다. 이에 필요한 동력을 인력이나 축력만으로 충당하기가 어려워졌다. 거기서 착안된 것이 수력(물레방아)이나 풍력(풍차)이라는 자연의 동력을 이용하는 방법이었다. 그런데 동력이 필요하다고는 하는데, 동력이라는 것은 무엇일까? 동력의 정의로는 단위 시간에 하는 일의 양으로 정의되어 있다. 모내기를 한 사람이 하는 것보다 10사람이 같이 하면 10배 빨리 할 수 있다. 이럴 때 우리는 능률이 좋다고 한다. 이와 같이 같은 시간에 많은 일을 할 수 있는 능력을 동력이라고 한다. 그래서 시대와 함께 큰 동력의 수요가 급증하기 시작했다. 그런데 에너지의 동력화에는 제약이 있고 어려움이 있다. 제일 비근한 에너지는 불일 것이다. 불이 있다고 하여 동력이 얻어지는 것은 아니다. 에너지에서 동력을 얻는 장치가 필요하다. 어쨌든 불을 이용해서 발생하는 증기에 눈이 뜬 것이다. 그러나 수증기의 에너지를 동력으로 이용하는 것은 쉬운 일은 아니었을 것이다. 여러 과정을 거치면서 근대에 들어서 물의 비등과 응축의 현상을 이용하는 증기기관이 발명되었고, 최근에 들어서는 내연기관이나 가스터빈과 같은 고도의 기술력이 요구되는 열기관이 개발되게 되었다.

(2) 제임스 와트의 증기기관의 개발경위

증기기관의 시초는 영국의 실험기계 제작자인 하위헌스(Huygens)의 조수였던 프랑스 태생의 파팽(Denis Papin, 1647~1712)이다. 그는 1687년 무렵 실린더 안에서 화약을 폭발시켰다고 하는데, 폭약대신 [그림 1-1]과 같이 물을 집어넣어 실린더의 가열과 냉각으로 발생하는 진공과 대기압과의 압력차를 힘으로 이용한 인양장치가 시험적으로 제작되었다. 그 때 당시 피스톤이나 실린더의 형태는 주철로 만들어졌기 때문에 절삭가공기술의 미숙으로 그들의 사이의 기밀유지가 어려웠다. 그리고 파팽의 열기관은 실린더가 보일러의 역할도 겸하고 있었으므로 피스톤의 왕복운동의 사이클 횟수가 너무 적어 인력보다 큰 동력을 얻기가 어려웠다. 또 그 열효율이 워낙 낮아서 실용화를 이루지 못했다.

그러나 파팽의 장치는 실린더에서 물의 공급과 가열에 의해 증기를 발생시키고, 그리고 이를 냉각시킴으로써 얻은 진공으로 동력을 발생시켰다는 점과, 이 과정을 순차적으로 계속할 수 있는 반복 작동(사이클)이라는 개념을 구현했다는 점에서 기계공학에 획기적인 기여를 한 것이다.

파팽의 증기기관을 개선한 것이 토머스 뉴커먼(Thomas Newcomen,

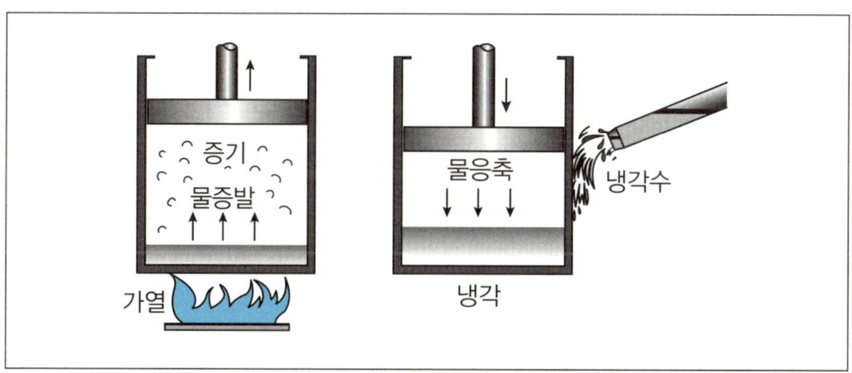

[그림 1-1] 파팽의 열기관

1663~1729)이다. 그는 탄광용 펌프를 제작하기 위해 파팽의 열기관에서 실린더가 보일러를 겸하고 있었던 것을 분리하여 보일러를 실린더 바깥에 따로 설치한 증기기관을 1712년에 개발하였다.

뉴커먼의 증기기관 중에는 실린더의 크기가 직경 2m에 달하는 것도 나타나 상당히 큰 동력도 얻을 수 있었다. 그런데 이 방식도 실린더에서 진공을 얻기 위해 냉각수인 물을 실린더 내에 뿌려야 했으므로 피스톤의 왕복 횟수에 제약이 있을 수밖에 없었고 또한 보일러 압력이 대기압이었으므로 얻을 수 있는 출력에 한도가 있어서 기껏해야 30마력 정도가 한계였다. 그러나 이 방식은 그때 당시의 기술수준에서 봤을 때 대기압 보일러를 이용할 수밖에 없었고, 그것이 오히려 안전성이 확보되어 있었다는 점에서 이점이 있었다.

그런데 동력의 수요는 증대하기만 하였고, 뉴커먼의 방식은 오래 가지 못했으며, 그의 방식에 따른 한계는 와트의 증기기관에 의해 타파되었다.

(3) 와트의 증기기관이 왜 발명되었는가?

1765년 글래스고 대학에서 뉴커먼의 증기기관을 개량하는 연구를 하고 있었던 와트(James Watt, 1736~1819, 그림 1-2)는 증기기관과 밀접한 연관이 있는 철강기술을 확인하기 위해 1758년에 설립된 스코틀랜드의 Carron 철강소(제철소)를 방문하였다. 당시까지만 해도 유럽대륙에는 철강소가 없어서 청동제 대포를 고수할 수밖에 없었던 시절이었다. 그러나 1709년 영국의 아브라함 다비(Abraham Darby)가 철광석을 환원

[그림 1-2] 젬스 와트의 초상화

시키는 환원제로 코크스를 사용한 코크스제련법을 개발함으로써 영국의 주철기술은 아주 독보적인 것으로 되었다. 그 덕분에 영국의 대포는 그때 당시 이미 주철대포로 대체될 수 있었다.

Carron 철강소는 주철대포를 영국해군에 납품하기 위해 설립된 것이었지만, 증기기관의 개발이라는 붐을 타고, 그때 마침 군수산업부문 이외의 민간부문에도 사업 확장을 시도하던 중에 대포와 비슷한 제품인 증기기관의 실린더 제작에도 도전한 것이었다. Carron사가 증기기관에 관심을 보인 것은 그 밖에 코크스제철법의 성능개선을 위해 필요했던 대 풍량의 송풍기용 동력원으로 쓰일 강력한 대 동력의 증기기관이 필요했던 것이었다.

와트는 신개념의 증기기관을 고안하여 1769년 특허를 취득했다. 그리고 그때까지의 증기기관은 증기에서 진공을 얻기 위해 다량의 냉각수가 필요했으므로, 진공에 의한 힘의 이용을 포기하고 대기압보다 높은 증기압의 힘을 직접 이용하는 방식으로 바뀌었다. 그리고 증기 팽창 후 증기회수는 실린더와 별도로 설치된 복수기에서 수행하였다. 이것으로 지금까지 동력의 힘의 원천이었던 진공과 대기압과의 압력 차 1기압이라는 한계를 넘어설 수 있게 되었으며, 이로써 열효율도 획기적으로 개선되었고, 연이은 기술개발로 효율은 더욱 높아졌다.

그런데 고압의 증기를 이용하기 위해서는 실린더와 피스톤 사이의 간극의 공차(公差: allowance)가 적어야 했다. Carron 철강소는 처음에는 그것을 만족시킬 수 없었으나, 1774년 윌킨슨의 "보링(Boring)" 기술 개발로 마침내 1776년 와트의 증기기관이 탄생할 수 있었다.

한편 Carron사는 윌킨슨의 보링기술로 새로운 대포 개발에도 착수하였다. 이 기술로 실린더(포신)와 포환 사이의 틈새, 즉 windage를 획기적으로 축소시킬 수 있었다. 그 결과 발사용 화약을 적게 써도 될 수 있었고,

또한 발사로 인한 반동을 줄일 수 있었고, 포신의 냉각시간도 단축될 수 있어서 주어진 시간에 더 많은 포환을 더 멀리 퍼부을 수 있게 되었다. 1778년 Carron사는 이 새로운 대포를 Carronade라는 이름으로 출시하였다. 이 최초의 Corronade에 의해 영국은 1779년 프랑스 함대와의 해전에서 그들을 괴멸시켰다. 그 후 20년 간 이 Carronade 덕분에 유럽해전의 판도가 영국 중심으로 바뀌었다.

이상과 같이 영국에서는 1760년대부터 산업혁명이 시작되었다. 이에 반해 철강 산업에서 뒤쳐진 유럽대륙에서는 1825년 쯤 벨기에와 미국에서, 그리고 1830년대에 들어서 프랑스에서 산업혁명이 시작되었다.

(4) 카르노의 연구와 그의 조국 프랑스

카르노사이클은 열기관 효율의 최고치를 제시하는 기본 사이클이다. 그리고 엔트로피가 발견되는 계기를 제공하였다. 그런데 엔트로피가 상태량이라는 것까지는 확인되었으나, 그것의 실체는 불명하였다. 그것이 볼츠만에 의해 통계학적으로 해명되었고 만물의 변화를 설명할 수 있는 기본법칙임이 밝혀진 것이다. 이러한 중대한 법칙의 단서를 제공한 카르노가 왜 동력기관에 관심을 가지게 되고 카르노의 원리라고 불리는 중대한 연구결과를 발표하기에 이르렀던 것인가? 그것은 카르노의 부친이 동력기관의 동력은 산업 및 군사력에 미치는 영향이 지대함을 자식에게 시사했던 것에 유래한다. 그리고 그 사실에 동감한 자식 사디 카르노가 엄청난 연구 성과를 발표하기에 이르렀던 것이다. 카르노의 연구에 이러한 배경이 있었다는 것은 대단히 흥미로운 일이 아닐 수 없다. 그래서 다음에 이에 관련된 역사적인 연구배경을 소개한다.

1) 카르노의 가문

사디 카르노(Sadi Carnot: 1796~1832)의 아버지 라잘 카르노(Lazare Carnot: 1753~1823)는 법관의 아들로 태어났다. 그는 1784년에 비탄성 충돌에서 발생하는 에너지손실에 관한 논문을 발표하기도 했고, 정치활동에도 참여했다. 그는 같은 해 그의 친구 몽골피에 형제(형: Joseph-Michel Montgolfier, 1740~1810, 동생: Jacques-E'tienne, 1745~1799)의 열기구 실험의 기념식에서 1776년에 발명되었던 와트의 증기기관과 더불어 새로운 기술혁명의 시대가 열렸음을 밝혔다. 그는 프랑스 혁명정부의 엘리트장교들의 교육을 담당하였으며, 그들의 교육기관으로서 Ecole Polytechnique를 설립하였다. 이 교육기관은 역사에 남는 수학자나 과학기술자들을 다수 배출하였으며, 사디 카르노도 여기 출신이었다. 사디 카르노의 부친 라잘 카르노는 나폴레옹의 등장으로 새 정부의 주요인사로 등용되기도 했다.

1778년 영국의 Carron이란 철강회사는 (3)항에서 소개되었듯이 주철제 대포 Carronade를 개발하였는데, 이 대포로 영국은 1779년 프랑스 해군과의 해전에서 프랑스 함대를 박살냈다. 그 승리의 원인은 프랑스가 아직 주철 제 대포를 만들지 못해 청동제 대포를 쓰고 있었기 때문이었다. 프랑스 해군이 왜 박살났는가 하면 앞에서도 언급되었듯이 청동제 대포는 주철제 대포에 비해 포신과 탄환 사이의 틈이 커서 탄환발사용 화약의 사용량이 많아야 했으며, 그로 인해 발사 후 포신 냉각에 시간이 걸려, 같은 시간 내에 발사할 수 있는 포환의 수가 적을 수 밖에 없었고, 도달거리도 짧았기 때문이었다.

그때 당시 이탈리아는 한때 나폴레옹의 점령 지역이었지만, 1798년 주철 대포로 무장한 호레이쇼 넬슨(Horatio Nelson 1st, 1758~1805)의 영국군에 의해 나폴레옹이 이집트에 고립된 적이 있어서 이탈리아에 대한 지배력을 상실한 상태였다. 그래서 프랑스의 새 지도자가 된 나폴레옹은 1800년 5월 이탈리아에 대한 지배력을 되찾기 위해 사디 카르노의 부친 라잘 카르노를 전쟁장관으로 임명하여 다시 이탈리아로 진격하였다.

1804년 나폴레옹이 황제로 즉위함으로써 프랑스 혁명으로 탄생했던 프랑스 공화국은 막을 내렸다. 뼛속까지 공화주의자이었던 카르노의 부친은 나폴레옹의 황제 등극에 반대하다가 야인으로 물러났다. 이 때문에 43살이었던 카르노의 부친 라잘 카르노는 1796년에 얻은 늦둥이 첫 아들 사디 카르노의 교육에 많은 시간을 쏟게 되었다. 그것이 인류사에 길이 남는 업적을 탄생시키는 초석이 되었다. 사디 카르노는 1812년 아버지가 설립한 교육기관인 Ecole Polytechnique에 진학하였다.

황제에 오른 나폴레옹은 아직 자기에게 굴복하지 않았던 영국을 다시 침공하려 했으나, 1805년 10월 트라팔가르 전투(Battle of Trafalgar)에서 호레이쇼 넬슨제독이 이끄는 함대의 주철대포에 의해 다시 박살났다. 그래서 나폴레옹은 영국을 포기하고 그 대신 유럽대륙 동쪽의 신성로마제국 쪽을 점령하였다. 그 후 몇 년간 프랑스 제국은 전성기를 맞이했다.

1814년 나폴레옹은 러시아 원정에서 실패하여 패퇴하기 시작했다. 그랬더니 동맹연합국이었던 연합군들도 반기를 들어 물밀듯이 프랑스에 몰려들었다. 이때 야인으로 물러나 있던 61세의 카르노의 부친 라잘 카르노는 분연히 일어나 다시 프랑스군에 복귀하여 탁월한 군사전략으로 자신이 맡은 도시를 끝까지 방어하였으나 결국 나폴레옹은 항복하여 엘바 섬(Elba island)에 유배되었다. 그로 인해 프랑스에는 부르봉왕가가 다시 부활하여 길로틴(guillotine)에 처형당했던 루이 16세의 동생 루이 18세가 새로운 프랑스 왕이 되었다.

나폴레옹은 1815년 3월 엘바 섬을 탈출하여 다시 정권을 잡자, Sadi의 부친은 다시 내무장관으로 임명되어 국민방위군을 조직하였으나 나폴레옹은 워털루 전투(Battle of Waterloo)에서 패해 100일 천하로 끝났고, 사디 카르노의 부친은 독일로 추방되었다.

2) 카르노의 연구 배경

프랑스에 남은 아들 사디 카르노는 군대에서 장교생활을 했지만, 1814년 왕정복고 이후의 승진인사에서 철저히 배제되어 고난의 길을 겪었다. 1819년 사디 카르노는 결국 야전 장교의 길을 포기하고, 파리에서 학문의 길을 다시 시작하기로 하고 1821년 독일로 추방 당한 아버지를 만나러 갔다. 거기서 오랜만에 만난 두 부자는 수주일 동안 같이 지내면서 많은 이야기를 나누었다. 특히 아버지 라잘은 프랑스가 영국에 패한 결정적인 원인은 "와트가 발명한 증기기관"이라고 언급하였다. 그렇게 말한 배경에는 아마 프랑스가 영국에 패한 원인으로 우선 영국해군의 주철제 대포가 있었고, 그것을 만든 철강회사가 코크스제련법의 채택으로 철강의 대량생산이 가능했고, 그것에 필요한 대형 송풍기의 가동이 와트의 증기기관에 의해 가능했다는 것, 1782년 와트에 의해 개발된 링크장치에 의해 군함을 만들 수 있게 되었다는 것, 그리고 프랑스가 미국에서 온 풀턴(Robert Fulton, 1765~1815)에게 잠수함(1800년)과 증기선(1803년)의 제작을 의뢰했으나 그들에 사용되는 와트의 증기기관의 수입이 영국의 금지조치로 좌절되었다는 사실 등이 있었기 때문이었다. 그래서 아들 사디 카르노는 증기원동기에 인생의 목표를 걸게 되었다.

사디 카르노는 파리에 돌아오자마자 영국의 증기기관을 집중적으로 파고들었다. 그런데 영국의 많은 문헌들에 엄청나게 많은 양의 실험적 자료들이 들어있기는 했지만 그들을 꿰뚫는 통일된 "이론"은 아직 나와 있지 않았음을 알았다.

1823년 부친 라잘 카르노가 망명지에서 사망하고, 아버지와 같이 살고 있었던 사디 카르노의 동생 이폴리트 카르노(Hippolyte Carnot, 1801~1888)가 파리에 돌아와 형 사디와 합류한다. 파리에서 형과 재회한 동생은 형이 독일에서 망명 중인 아버지와 만나고 난 후 이전에는 없었던 완전히 새로운 연구를 완성했다는 것을 알게 되었다. 하지만 수줍음이 많았던 사디는 이 연구의 발표를 주저하고 있었는데, 외향적이던 동생은 형을 설득하여 이를 1824년 출판하게 하였다. 그것이 바로 "카르노사이클"로 유명해진 불후의 저작물이었던 것이었다. 하지만 이 책은 단 600부만이 인쇄되었고, 당시 왕정복고하에서 Carnot라는 이름이 금기 대상으로 되어있었으므로 주목받지 못한 채 금세 잊혀졌다. 이 책이 사람들에게 알려지게 된 것은 1830년 7월 혁명으로 부르봉 왕조가 다시 무너지게 되면서이다.

7월 혁명 당시 러시아에서 엔지니어 생활을 했던 크라페이론(Clapeyron)은 프랑스에서 7월 혁명이 일어난 것을 듣자마자 즉시 귀국하여 공화파들의 서클이었던 생-시몽 모임에 가입하였다. 그는 거기서 이 모임을 주도하였던 사디 카르노의 동생 이폴리트와 만난다. 이 만남으로 크라페이론은 당시 아무도 주목하지 않았던 사디 카르노의 저서를 알게 되었고, 이 연구의 엄청난 폭발력을 바로 간파하였다. 그는 이 책의 내용에서 약간 장황했던 것들을 훨씬 효과적으로 표현할 수 있는 방법 등에 대해 연구를 시작했고, 사디 카르노도 역시 자신의 연구에서 다수의 결함들을 발견하고 이들을 수정하는 연구에 박차를 가했다. 그런데, 불행하게도 1832년 3월 쯤 파리를 급습했던 콜레라로 1만 8천명이란 많은 희생자가 발생했는데, 사디 카르노(그림 1-3)도 그것으로 급사했다.

[그림 1-3] 카로노의 초상화
(이공대학 재학중의 17세 때 사진)

당시의 전염병 처리 관행에 따라 그의 소지품도 대부분 불에 태워졌고, 1824년 이후에 진행된 그의 후속연구도 대부분 소실되었다.

다행이 후배 크라페이론이 생-시몽 모임에서 만난 이폴리트 카르노를 통해 사디 카르노의 연구를 이어갈 수 있었다. 특히 그는 스스로 고안한 각종 그래프들을 통해 사디 카르노의 이론을 훨씬 이해하기 쉽게 설명했으며, 마침내 1834년 크라페이론의 저서가 출판되었다. 그로 인해 비로소 카르노의 원리가 세상에 알려지게 되었고, 이 책을 읽은 클라시우스(Rudolf Clasius: 1822~1888)와 켈빈(Williams Thomson, 1st Barron Kelvin: 1824~1907)이 열역학에 뛰어들게 되었다.

사디 카르노의 요절을 너무나 안타까워했던 사디의 동생 이폴리트 카르노는 1837년에 아들을 낳자 애 이름을 형의 이름과 똑같은 사디 카르노(Sadi Carnot)라고 지었고, 그 아들은 1887년 프랑스 제3공화국의 대통령이 되었다.

1-2 카르노사이클

(1) 카르노의 열기관의 원리

카르노는 증기기관의 효율에 관련된 제약들을 분석하여 자국의 경제와 군사력 증강에 도움 되고자 했다. 당시 동력기관의 효율제고를 위해 일반적으로 고려되었던 것은 증기 대신 공기와 같은 다른 물질로 대체하고, 이를 위험한 정도로까지 압력을 높이는 것이었다. 그 당시 열이라는 것은 일종의 계량 불가능한 유체물질로서 열에 의해 이뤄지는 일은 마침 물이 내리막을 흘러 수차를 돌리듯이 고온에서 저온으로 흐르는 열소(熱素)에 의해 이뤄지는 것이라고 여겨지고 있었다. 그리고 카르노도 같은 견해를 가졌던 것 같다.

비록 이 모델은 틀리기는 했으나 카르노는 획기적이며 경이적인 결론에 도달할 수 있었다. 그것이 바로 1824년에 발표된 카르노의 원리다.

카르노가 "카르노의 원리"를 발표할 당시는 다행히 파렌하이트(G. D. Fahrenheit, 1686~1736)에 의해 1714년에 개발된 화씨온도계가 있었고, 그리고 1742년에 셀시우스(A. Celsius, 1701~1744)가 발명한 섭씨온도계도 있어서 온도에 대한 개념은 확립되어 있었다. 그러나 열과 일 사이의 정량적인 관계는 카르노의 원리가 발표된 지 한참 후(24년 후)인 1848년에 줄(J. P. Joule, 1818~1889)의 실험에 의해 확인된 것이었으므로 카르노는 이에 대해서는 언급하지 않았다. 그러나 당시 열은 앞서 언급되었듯이 열소설에 의해 질량이 0인 물질로서 물과 같은 유체라고 간주되고 있었고, 절대온도는 물의 낙차와 같은 개념으로 그리고 열량은 수량과 같은 개념으로 인식되고 있었다. 이것이 오히려 카르노의 원리를 창출하는데 도움이 되었던 것 같다. 참고로 카르노의 원리가 발표된 당시에는 이미 1787년에 샤를(Charles Jacqes, 1746~1823)에 의해 절대 0도(다음 항의 절대온도 참조)의 값이 예측되어 있었고, 그가 1802년에 발표한 샤를의 법칙에 이미 반영되어 있었다.

카르노가 수행한 연구의 초점은 "열의 동력화에 한계가 있는가? 또 열기관 개량에는 어떤 방법에 의해서도 넘을 수 없는 사물의 본성에 따른 한계가 존재하는가? 그렇지 않으면 끝없이 가능한 것인가?와 같은 대단히 근본적인 것이었다.

카르노가 그에 관한 원리를 도출하기 위해서 설정한 중요한 가설로서 모든 변화과정은 열적으로나 기계적으로 손실이 없는 이상화 된 준정적 변화(과정)(부록 1-1 참조)로 이루어지는 것으로 하였고, 또한 이 변화과정은 주위에 아무런 영향도 남기지 않고 다시 원상태로 되돌아올 수 있는 가역 변화(과정)(부록 1-2 참조)라고 하였다. 여기서 도입된 준정적 변화와 가역적 변화라는 두 개념은 카르노의 원리에서 처음으로 도입된 것으로 보이며, 대단히 획기적인 개념이었다. 이들의 변화과정은 사고 상으로는 가능하지만, 실제로는 시간적 제약과 마찰 등의 발생으로 실행 불가능한 것이다.

준정적 변화와 가역변화는 생소한 용어이므로 부록 1-1, 1-2에 따로 설명해 두었다. 그러나 이 용어의 개념은 카르노의 원리의 핵심이며, 앞으로 자주 나오므로 여기서 간략하게 설명해 둔다. 먼저 준정적 과정이라는 것은 물체의 운동이나 매체의 상태변화에서 그들 변화가 열적 그리고 역학적 균형을 이루면서 진행되는 것을 의미한다. 특히 열전달은 보통 온도차에 의해 이뤄지는 것인데, 이와 같은 경우의 열전달은 열적 균형이 깨져 있으므로 온도차가 없는 궁극적인 상태에서 이뤄지는 열전달이어야 한다. 준정적 과정만을 생각한다면 마찰이 있는 운동의 경우도 아주 천천히 역학적 균형을 이루면서 움직인다면 준정적 과정은 가능하다.

다음에 가역과정이라는 것인데, 어떤 물리현상도 그와 관련된 물리법칙에 의해 일어나는 것으로 설명되며, 그 현상의 진행이 반대가 되어도 그들의 법칙은 그대로 적용될 수 있다. 그러나 그 변화과정이 실제로 원상태로 되돌아갈 때 주변에 아무런 변화도 남기지 않아야 하며, 그랬을 때의 변화과정이 가역과정으로 된다. 따라서 마찰이 있는 변화과정은 준정적과정으로 이룰 수 있으나 원상태로 되돌아갈 수는 없다. 왜냐면 운동이 원상태로 되돌아간다고 하여도 마찰의 특성상 마찰에 의해 발생한 열은 원상태로 되돌아갈 수는 없고, 주변에 마찰에 관련된 열적 영향이 남을 수밖에 없으므로 가역과정은 불가하다. 현실적으로 가역과정에 제일 가깝다고 여겨지는 것으로 진자운동을 꼽을 수 있다. 진자가 그의 회전지지 부위에서 발생하는 마찰이 만일 없고, 공기저항이 나타나지 않는 진공 상자 안에서 움직인다면, 그때의 진자운동은 완전한 가역과정(가역운동)이다.

열전달은 보통 온도 차가 있는 두 물체 사이에서 일어나는 것이다. 그러나 온도차를 아주 작게 해가며 궁극적으로 온도차가 없는 상태가 되면 열적인 평형이 이뤄지게 되며, 이때의 열전달은 준정적이다. 그리고 이때의 열전달은 가역적 상태가 되며, 반대방향으로의 열적이동도 가능하다.

카르노는 이상과 같은 준정적과정과 가역과정을 염두에 두고 수차를 모델로 하여 "카르노의 열기관의 원리"를 다음과 같이 정식화하였다.

① 열기관이 작동할 때 열은 고온열원에서 저온열원으로 흐른다. 즉 열기관에는 고온과 저온의 두 열원(수차에서의 고수위와 저수위의 낙차에 해당)이 필요하다.

② 온도 차가 0이라는 열평형 상태를 유지하면서, 즉 준정적과정으로 열전달이 이뤄질 때 열기관의 효율은 최대가 된다.

③ 열기관의 작동이 준정적으로 이루어지고 또한 외부에 아무 영향도 남기지 않는 경우 그 작동은 가역적이다. 다시 말해서 순방향의 작동에서 발생한 일양과 같은 일양으로 역방향으로 작동시키면 순방향에서의 열 이동양과 동일한 양의 열을 저온열원에서 고온열원으로 이동시킬 수 있다. 즉, 이때의 열기관은 완전히 가역적이다.

④ 열기관의 열효율은 가역기관에서 최대가 되며, 최대의 열효율 η_{max}은 고온열원의 절대온도 T_h와 저온열원의 절대온도 T_l만의 함수로 표시된다. 이 최고 효율은 열기관 내에서의 온도의 변화가 빠르거나 느리거나 또는 단계적이거나 전혀 상관하지 않는다.

⑤ 따라서 열기관의 최대 열효율은 열기관의 구조나 작업물질에는 전혀 관계하지 않는다.

(2) 카르노사이클의 구성 및 열효율

1) 카르노사이클의 구상

카르노의 열기관의 원리는 위와 같이 소개되었는데, 이를 열기관의 사이클로서 구체화할 필요가 있었다. 그러기 위해서 위에서 지적된 원리의 내용들을 요약하면 다음과 같다.

① 카르노의 열기관의 최대 효율은 열기관의 구조나 그것에 사용되는 작업물질과는 관계하지 않는다.

② 카르노의 열기관에는 고온열원과 저온열원이 필요하다. 즉, 기본적으로는 각각 하나씩이면 된다.

③ 열기관의 작동과 열전달을 포함한 모든 과정은 준정적이고 가역적이어야 한다.

이상과 같이 요약된 카르노의 원리는 너무나 개념적이어서 구체적인 열기관을 구상하지 않는 한 이해하기가 어려웠다. 그리고 카르노의 원리가 시사하는 바가 워낙 획기적이었으므로 당대의 과학자들에게 외면당했다. 그러다가 카르노의 발표 후 10년이 지난 1834년에 크라페이론(Clapeyron)이 카르노의 논문을 재정리하여 출판하게 되었다. 그 때 그 책을 읽고 큰 관심을 보였던 사람 중에 클라시우스와 켈빈이라는 당대 최고의 과학자가 있었고, 그들이 카르노의 원리를 구체화하였다. 그것이 우리가 오늘날 알고 있는 카르노사이클이다. 이 사이클을 구상하기에 이르렀던 과정을 저자 나름대로 다음과 같이 구상해 보았다.

먼저 위에서 요약된 카르노의 원리를 구체화하기 위해서 당시 이미 존재하였던 왕복동식 열기관을 대상으로 하였다. 그리고 이 열기관의 작동에는 마찰이 없고, 고온열원과 저온열원이 각각 하나씩 있다고 한다. 그러므로 이들 열원과 열기관과의 열전달은 필요시에 실린더와의 접촉에 의해 이뤄지는 것으로 하고, 그때의 열전달이 가역적으로 이뤄질 수 있도록 열원의 온도와 작동가스의 온도가 같은 온도에서 이뤄지게 한다.

이상과 같은 열기관에서 나타나는 열의 출입과 일(부록 1-3 참조)의 출입은 준정적으로 이뤄지기 때문에 작업가스의 상태 변화는 작업가스의 압력 p와 부피 V의 상태선도에서 표시될 수 있으며, 최종적으로 그려지게 된 그림이 [그림 1-4]의 $p-V$ 선도와 같이 되었다.

지금부터 열기관에 관한 작동은 [그림 1-4]의 $p-V$ 선도 상에서 설명하게 되는데, 실린더 내의 완전가스를 작업물질이라고 부르며, 그 물질을 포함한 영역을 계(系, system)라고 한다. 이 계 내부의 작업물질은 열기관으로서 작동하는 과정에서 여러 상태로 변화한다. 이때 반드시 만족하고 있어야 하

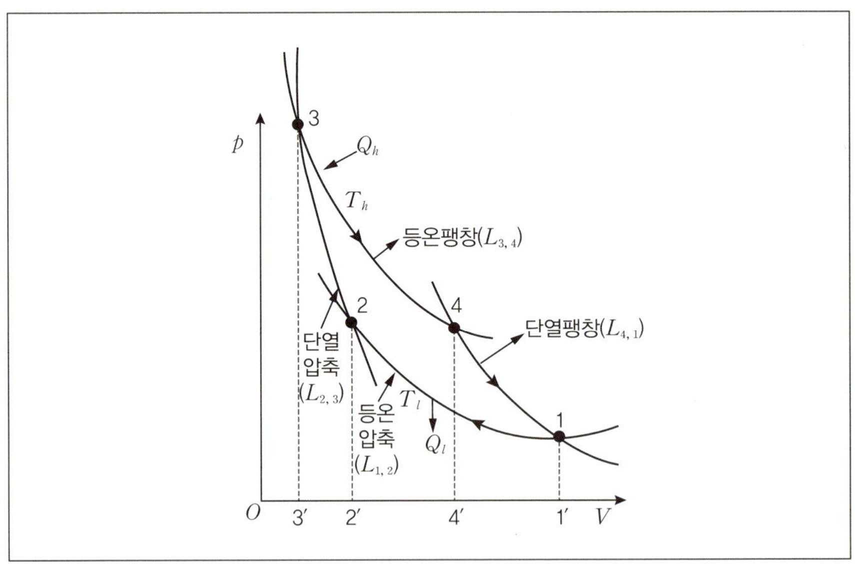

[그림 1-4] 카르노사이클의 $p-V$ 선도

는 것은 물리학의 기본법칙(부록1-4 참조)인 질량보존법칙과 에너지보존법칙이다. 그러나 여기서 다뤄지는 열기관은 피스톤의 왕복운동에 의한 것이므로 실린더 내의 계는 외부와 물질의 교환은 없다. 그러므로 질량보존법칙은 저절로 만족되고 있다. 한편 계와 계 외부는 열과 일의 주고받음이 있으므로 그 모든 과정에서 에너지의 보존법칙이 만족되고 있어야 한다. 그러므로 계의 변화과정에 대하여는 이점에 늘 관심을 두고 해석되어야 한다.

2) 카르노사이클의 구성

열기관이 작동하기 시작할 때 실린더 안에 들어 있는 작업물질의 부피는 제일 크므로, 그때의 상태 점을 [그림 1-4]의 점 1로 표시한다. 이 열기관이 일을 하기 위해서는 먼저 고온열원에서 열을 받아야 하는데, 이것이 고온열원과 같은 온도 하의 열전달로 이뤄져야 하기 때문에 작동 가스는 고온열원의 온도까지 압축되어야 한다. 그러므로 작동 가스는 우선 외부로부터 일을 받아 점 3까지(실제는 점 2를 거쳐 2단으로) 압축되어야 한다. 이 점이 사이클의 끝점이 된다. 즉, 작동 가스는 점 3에 도달한 순간에 고온열원에서 열에너지를 받고 일을 하면서 다시 점 1에 되돌아와야 한다. 그 후부터는 열기관은 자체적으로 발생한 일의 일부를 이용하여 작동가스를 다시 점 3으로 압축하여 되돌아오게 되며, 열기관으로서의 작업을 계속할 수 있다. 작동의 끝점인 점 3은 작동가스의 압축 기술과 고온열원의 온도 등에 의해 결정될 것이다. 다시 말해서 점 1과 점 3은 설계시방으로 주어지는 점이 된다. 다음 과제는 시작점 1과 끝점 3 사이의 왕복과정을 작업물질(완전가스)의 적절한 변화과정으로 연결하는 것이다.

열역학에서 다뤄지는 완전가스의 상태변화는 열적 평형을 이루면서 변화하는 것을 전제로 하고 있다. 그 변화과정에서 열의 주고받음이 있게 되는데,

그것은 계의 열역학적 상태방정식에 의해 결정된다. 그런데 보통 상태방정식을 다룰 때 계를 출입하는 열이 어떻게 전달되는 지에는 문제로 삼지 않고 단지 필요한 열량이 준정적이며 가역적으로 주어지는 것으로 되어 있다. 즉 간단히 말하면 그냥 주어지는 것이다. 따라서 상태변화만이 가역변화로 되어 있는 것이다. 그러나 계에의 열의 주고받음의 과정까지 포함해서 계의 변화과정이 가역적으로 이뤄지기 위해서는 계는 열원과 같은 온도에서 열의 주고받음이 준정적으로 수행되어야 한다.

그래서 카르노사이클은 이상과 같은 가스의 상태변화에 관한 사실을 감안하여 열과 일의 관계를 나타내는 가역사이클을 설정해야 한다. 우선 계의 상태변화로서 열량과 일량 사이의 관계가 1대 1의 관계로 맺어져 있는 것이 바람직하다(부록 1-5 참조). 그러한 열역학적 변화과정 중에 가역과정이 가능한 상태변화로는 등온과정이 있고, 이과정은 온도차 없이 열의 주고받음을 가역적으로 이룰 수 있다. 또 열의 주고받음은 없지만 계에 공급된 일을 계의 열에너지로 바꾸어 주는 단열변화가 있다. 이 단열과정은 계가 열원과의 열의 주고받음을 같은 온도에서 수행할 수 있도록 계의 온도를 조절할 수 있다. 이 두 개의 변화과정의 조합으로 사이클을 구성한 것이 [그림 1-4]이다.

이제 [그림 1-4]의 $p-V$ 좌표계에서 점 1과 점 3을 통과하는 이들 변화곡선의 구성이 문제가 된다. $p-V$ 좌표계에 그려진 상태곡선에서 그들 상태변화의 곡선부분과 아래쪽의 가로축인 V 좌표축 사이에 나타나는 면적은 계의 상태변화과정에서 주고받는 일양을 나타낸다. 그러므로 점 3→점 1의 팽창과정에서는 계에서 밖으로 나오는 일을, 점 1→점 3의 압축과정은 계에 공급되어야 하는 일을 나타내게 된다. 그래서 한 사이클에서 일을 얻기 위해서는 [그림 1-4]에서와 같이 점 1→점 3의 압축과정과 점 3→점 1의 팽창과정은 각기 다른 경로로 연결되어야 함은 물론이고, 이들 곡선에 의해 둘러싸이는 면적이 열기관에서 얻어지는 일양을 나타낸다는 점을 고려해서 사이클 곡선이 결정되어야 한다. 그래서 일이 계에서 얻어지기 위해서는, 즉 열기관이 일(즉 동력)을 발생하기 위해서는 앞서 언급된 등온곡선과 단열곡선의 기울기가 $p-V$ 좌표계에서 각기 달리 나타나는 점을 고려하여, 다음과 같이 해야 함을 알 수 있다. 즉, 점 1과 점 3에서 이들 점을 통과하는 등온곡선과 단열곡선을 함께 그려보면, [그림 1-4]와 같이 이들 곡선이 점 2와 점 4에서 교차하는 폐곡선이 형성되며, 이 폐곡선이 카르노의 원리에서 언급된 열기관의 사이클 곡선이 된다.

이상과 같이 해서 형성된 변화과정을 부분별로 설명하면 다음과 같다. 설명의 편의상 점 3에서부터 시작한다.

① 점 3→4(등온팽창): 앞 단계의 압축과정의 결과 작업가스의 온도는 고온열원의 온도와 같은 온도 T_h로 높아져 있다. 그 상태에서 고온열원과 접촉하여 계의 온도와 같은 온도 하에서 준정적이면서 가역적으로 열을 받는다. 이때 등온을 유지하기 위해서 이 열이 바로 계의 팽창일로 변환되어야 하며, 그 결과 점 4까지 등온팽창이 이뤄진다. 이때 이뤄진 일은 점 3과 점 4사이의 곡선 밑의 면적의 크기로 나타나며, 이 일양을 $|L_{3,4}|$ ($L_{3,4}$는 계에서 나오는 일이므로 관례에 따라 마이너스로 취급됨)으로 표시한다. 등온 하에서 계에 공급된 열량을 Q_h(계에 들어가는 열량이므로 플러스로 취급됨)로 나타내면, 에너지보존법칙에 의해 $|L_{3,4}|=Q_h$의 관계가 있다(부록 1-5 참조).

② 점 4→1(단열팽창): 이 과정은 단열팽창이므로 외부로부터의 열의 유입은 없고, 작업가스의 온도에 비례하는 내부에너지 U의 소비로 팽창 일이 준정적이면서 가역적으로 이뤄지면서 계의 온도는 떨어진다.

이 과정은 계의 온도가 저온열원의 온도 T_l로 떨어질 때까지 진행된다. 단열팽창으로 점 4와 점 1사이에서 계 밖으로 이뤄진 일은 두 점 사이의 곡선 밑의 면적으로 나타나며, 그 일양을 $|L_{4,1}|$으로 표시한다. 그리고 이 과정은 내부에너지의 감소량 $\Delta U_{4,1}$에 의해 이뤄지기 때문에 $|L_{4,1}|=\Delta U_{4,1}$의 관계가 있다. 내부에너지는 완전가스의 경우 온도만의 함수이므로 $\Delta U_{4,1}$은 작업가스 온도의 하강량 (T_h-T_l)에 정비례한다.

③ 점 1→2(등온압축): 이 과정은 등온압축이다. 압축을 위해 공급된 일은 계의 압축열로 바뀌는데, 등온을 유지하기 위해서 발생한 열은 바로 계에서 열원으로 방출되어야 한다. 그래서 점 1, 2사이에서 발생한 열량 $|Q_l|$은 계의 온도와 같은 온도 T_l인 저온열원에 준정적이면서 가역적으로 방출된다. 이때 압축을 위해 공급된 일양은 점 1과 점 2사이의 곡선 밑의 면적으로 나타나고 있으며, 이를 $L_{1,2}$로 표시하면, 이것은 저온열원에 방출된 열량 $|Q_l|$과 동일하다. 즉 $L_{1,2}=|Q_l|$의 관계가 있다(부록 1-5 참조).

④ 점 2→3(단열압축): 이 과정은 단열압축이며, 앞 단계의 등온압축과정에서 저온열원의 온도 T_l로 유지되어 있었던 계의 온도를 준정적이면서 가역적으로 단열압축에 의해 고온열원의 온도 T_h가 될 때까지 압축되어야 한다. 이때 단열압축을 위해 작업가스에 공급된 일양은, 점 2와 점 3사이의 곡선 밑의 면적에 해당하며, 이를 $L_{2,3}$으로 표시하면, 이것은 이 단열과정의 온도상승으로 내부에너지의 증가량 $\Delta U_{2,3}$으로 나타나며, $L_{2,3}=\Delta U_{2,3}$의 관계가 있다. 완전가스의 내부에너지는 온도만의 함수이므로 내부에너지의 증가량 $\Delta U_{2,3}$은 작업가스의 온도의 상승량 (T_h-T_l)에 정비례한다.

이상의 변화과정에서 ②와 ④의 단열과정에서 나타나는 내부에너지의 증감량은 같은 온도 차의 상승과 하강에서 나타나는 것이므로 그 양의 크기는 같고 부호만이 반대이므로 서로 상쇄된다. 그러므로 카르노사이클에서 발생하는 일양은 등온팽창에서 발생한 일양에서 등온압축을 위해 공급된 일양을 뺀 $|L_{3,4}|-L_{1,2}$으로 표시되며, 이 양은 두 열원에 대한 열의 출입양 $Q_h-|Q_l|$과 동일하다. 따라서 열기관의 열효율은 계에 공급된 열량 Q_h에 대한 발생 일양 $|L_{3,4}|-L_{1,2}$과의 비율로 정의되므로 카르노사이클의 열효율 η_c는 다음과 같다.

$$\eta_c = \frac{|L_{3,4}|-L_{1,2}}{Q_h} = \frac{Q_h-|Q_l|}{Q_h} = 1-\frac{|Q_l|}{Q_h} \tag{1-1}$$

그런데 카르노사이클의 경우 사이클의 모든 과정, 즉 모든 곡선부분이 열역학적 변화곡선에 의해 구성되어 있으므로 이들에 관한 상태식(열역학적 관계식)을 이용하면 위의 효율식 중의 열량비 $|Q_l|/Q_h$는 부록 1-6에서와 같이 다음으로 표시되는 고온열원과 저온열원의 온도비 T_l/T_h와 동일하다는 관계식이 도출된다.

$$\frac{|Q_l|}{Q_h} = \frac{T_l}{T_h} \tag{1-2}$$

따라서 카르노사이클의 열효율 식은 다음 같이 표시된다.

$$\eta_c = 1-\frac{|Q_l|}{Q_h} = 1-\frac{T_l}{T_h} \tag{1-3}$$

이상의 결과로부터 카르노사이클의 효율은 고온열원과 저온열원의 온도에만 관계함을 알 수 있다. 이것은 카르노의 원리에서 언급되어 있었던 내용과 일치한다. 그리고 카르노의 열기관은 마찰이 없는 가역과정이므로 카르노의 열효율이 최고가 됨을 알 수 있다. 이상으로 일반 열기관도 고온열원의 온도가 높을수록, 그리고 저온열원의 온도가 낮을수록 열효율이 높아진다는 것이 쉽게 예측된다. 궁극의 상태로는 저온열원의 온도(절대온도) T_l이 0으로 되면 카르노사이클의 열효율은 100%로 될 수 있다. 그러나 그것은 열기관의 작동을 1회의 작동만으로 달성해야 한다는 것을 의미하므로 현실적으로 그러한 열기관은 불가능하며, 아무리 이상적인 열기관이라 하여도 열효율 100%는 불가능한 것이다.

(3) 절대온도

카르노의 원리나 카르노사이클에서 절대온도가 도입되고 또한 사용되었으므로 여기서 절대온도에 대하여 간단하게 언급한다.

온도는 원래 물체의 따뜻함과 차가움의 정도를 나타내는 말이었는데, 따뜻한 것은 차가운 것보다 온도가 높다고 하여 이를 열소가 많은 것에 의한 것이라고 인식되고 있었다. 그러다가 온도의 높고 낮음을 객관적으로 표현할 수 있는 온도계가 필요해졌다.

우리들이 현재 사용하고 있는 섭씨온도계는 뉴콤맨(Th Newcomen)이 증기기관을 발명한 1712년보다 30년이나 늦은 1742년에 발명됐다. 그런데 카르노사이클의 발명을 계기로 하여 발견된 엔트로피에서 필요한 온도도 섭씨온도가 아니고 절대온도이다. 이것은 용어 그대로 절대 0도를 기준으로 하여 정의된 온도를 의미하는 것이다. 이 온도는 물체의 온도를 낮추어가며, 그 이상 온도가 떨어지지 않는 상태에서의 온도를 기준점으로 하여 정의되는 온도이다. 게이뤼삭(Joseph Louis Gay–Lussac, 1778~1850)이 절대온도를 구하기 위해 몇 가지 가스에 대하여 실험을 하여 그 부피와 섭씨온도 사이의 관계에서 절대온도를 예측한 것이 처음이다. 그는 가스의 부피와 섭씨온도 사이의 실험점을 연장하여 액화점을 지난 후의 0도라고 볼 수 있는 점에서의 온도를

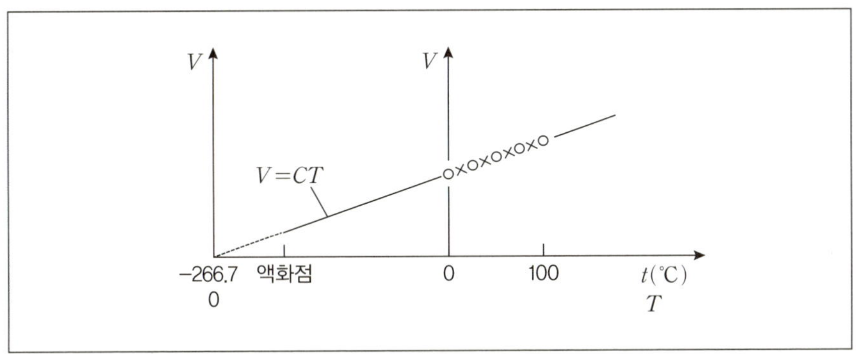

[그림 1-5] 샤를의 절대 0도의 발견

추정하였다. 그것이 [그림 1-5]에서와 같이, −266.7℃로 나타났다. 후일에 정확히 측정된 값은 −273.15℃이다. 따라서 절대온도는 섭씨온도에 273.15를 더한 값이며, 단위로는 K(Kervine)이 사용된다.

그런데 온도의 정체는 무엇에 기인하는 것인가? 그것은 분자론의 입장에서 해석되어야 하며, 그 해석의 결과 물질 분자의 통계열역학적인 평균 운동에너지라고 설명될 수 있다. 즉, 물리적으로는 이상기체에 있어서 분자 한 개당의 평균운동에너지에 해당한다. 그리고 그것의 거시적인 성질인 온도는 다른 물체에 열(분자의 운동에너지)을 어느 정도 전달할 수 있는지의 여부를 판단하는 열역학적 상태를 나타내는 척도라고 할 수 있다.

1-3 엔트로피의 발견

이 장에서는 엔트로피가 발견된 경위와 엔트로피의 최대 특징인 엔트로피 증대법칙의 발견과정을 설명한다.

(1) 클라시우스의 적분

1) 카르노사이클에서 발견된 새 보존량

카르노사이클의 열기관과 같이 마찰이 없고, 열전달이 온도 차 없이 준정적으로 그리고 가역적으로 이뤄진다면 그것의 열효율은 식 (1–3)과 같이 고온열원의 온도 T_h와 저온열원의 온도 T_l과의 비로 주어졌다. 그 밖에 카르노사이클에는 중요한 정보가 숨어있다는 것이 클라시우스에 의해 발견되었다.

카르노사이클은 열기관의 작업가스의 변화과정이 준정적이며 가역적으로 이뤄지는 것이었으므로 작업가스의 상태변화에 열역학적 관계식을 부록 1–6에서와 같이 적용함으로써 식 (1–2)가 도출되었다.

$$\frac{|Q_l|}{Q_h} = \frac{T_l}{T_h} \qquad (1\text{–}2)(\text{기출})$$

계에 들어오는 열량은 플러스, 나가는 것은 마이너스로 취급하는 관례에 따라 $|Q_l| = -Q_l$로 표시하면, 위 식은 다음과 같이 표시된다.

$$\frac{Q_h}{T_h} + \frac{Q_l}{T_l} = 0 \qquad (1\text{–}4)$$

위 식은 카르노사이클의 1회전 사이에 이뤄지는 Q/T의 출입양의 총합은 0으로 됨을 의미한다. 이것은 바꾸어 표현하면 카르노사이클에서, 한 사이클 후에 원상태로 되돌아간 계의 Q/T의 값에는 변함이 없음을 의미하고 있으며, 이점에서 Q/T의 양이 보존 양, 즉 상태량임을 의미하고 있다.

그런데 위 식 (1–4)에서 Q/T의 양이 보존된다고 하는 것은 카르노사이클이란 특수한 경우에 한해서라고도 볼 수 있다. 그래서 클라시우스는 식 (1–4)가 일반 가역사이클에서도 성립하는 클라시우스의 적분식을 도출하였으며, 이것이 엔트로피의 정의식으로 이어졌다.

2) 일반 가역변화와 폴리트로프 변화

카르노사이클의 효율식을 유도하는 과정에서 Q/T가 상태량일 것임이 암시되었다. 그러나 이것이 확실히 상태량인 것을 확신하기 위해서는 일반 가역사이클에서 확인될 필요가 있다.

일반적으로 알려져 있는 열역학적 변화인 등압변화나 일반 변화과정인 폴리트로프 변화과정은 가역변화이다. 그리고 그 변화과정에서 출입하는 열은 간단하게 이해할 수 있게 그냥 주어지는 것으로 되어 있다. 그러나 그들의 변화과정에서 열의 주고받음이 계와 열원 사이에서 일어나는 경우는 그 과정도 당연히 가역적이어야 한다. 그러기 위해서는 열을 주고받는 과정이 어느 일정 온도의 한개 열원에서 순시에 일어나서는 가역이 될 수 없다. 열을 주고받는 과정이 가역과정으로 되기 위해서는 카르노사이클에서와 같이 계의 변화에 따라 나타나는 계의 온도변화와 같은 온도의 일련의 열원과 등온 하에서 열의 주고받음이 일어나게 해야 한다. 그 결과 계가 최종적으로 주고받는 열량은 그들의 열원에서 주고받은 열량을 총합한 것과 같아지므로 열역학적 변화에서의 열의 주고받음은 실은 그렇게 이루어지고 있는 것이다. 그래서 결과적으로 보면 계에의 열량이 변화과정에서 그냥 주어진 것처럼 보일 뿐이다.

그래서 완전가스의 계가 열을 받아서 온도가 변화하는 과정이 가역변화라고 볼 수 있게 하기 위해서는 다음에 소개하는 미소과정의 집적(集積)으로 구성되어야 한다.

지금 [그림 1-6]에서와 같이 온도 T_1의 계의 점 1이 열량 Q를 받아 온도가 $T_2(>T_1)$인 점2의 상태로 변화하는 경우를 생각한다.

계의 온도가 T_1과 T_2인 두 점 사이에 온도차가 ΔT인 열원을 다수 배치한다. [그림 1-6]에는 온도간격이 ΔT인 등온선이 다수 그려져 있다.

그림에서 ×표로 표시된 $T_1+(i-1)\Delta T$의 굵은 등온선 상의 오른쪽 끝점

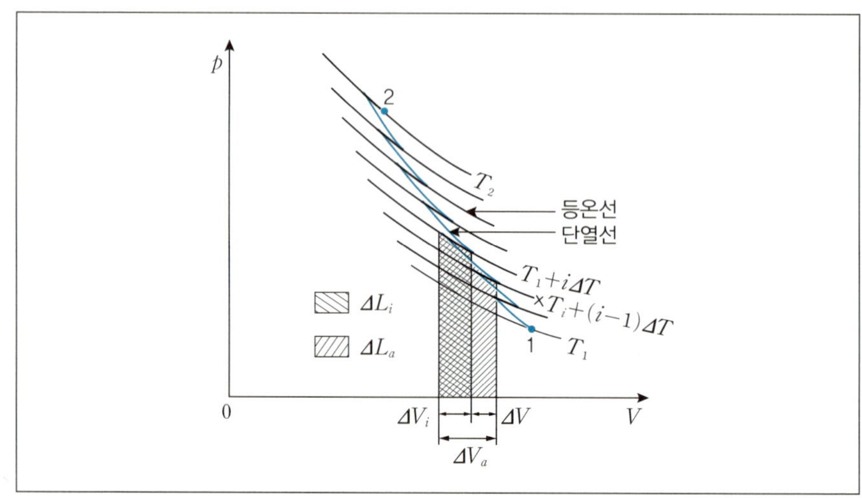

[그림 1-6] 미소열원으로 대체된 일반 가역변화의 경로

에서 위로 올라가는 단열변화 선에 따라 압축하여 미소온도 ΔT만큼 높여 $T_1+i\Delta T$으로 한다. 이때 계에 공급된 일은 ΔL_a, 체적 감소는 ΔV_a이다. 다음에 이 계를 온도 $(T_1+i\Delta T)$의 열원과 접하여 등온팽창으로 ΔQ의 열을 받게 한다. 이 과정에서 계의 체적은 ΔV_i만큼 증가하며, 외부로 ΔL_i의 일을 한다.

지금 열원의 개수를 m라고 하면, 계는 각 열원에서 등온과정으로 $\Delta Q=Q/m$의 열량을 받도록 하고, 각 압축과정에서 $\Delta T=(T_2-T_1)/m$ 만큼의 온도를 상승시키도록 하며, 단열압축과 등온팽창의 두 조작을 포함해서 도합 $2m$회의 조작으로 점 1→2에의 도달 과정을 완료한다. 각 미소변화는 모두 가역이므로 전 과정도 가역이다. 이 상태변화의 모델은 [그림 1-6]과 같이 지그재그 형태로 나타난다. 그러나 m을 아주 크게 하면 지그재그는 매끄러워진다. 이 방법은 열의 주고받음은 모두 등온변화에서 수행하고, 온도변화는 단열변화에 의해 이뤄지게 하고 있으므로 카르노사이클의 응용이다.

이상의 변화과정은 부록 1-7의 항 (1)에서 설명되어 있듯이 미소 등온변화의 일양 dL_i과 미소단열변화의 일양 dL_a와의 비 dL_i/dL_a를 일정으로 하면 소위 폴리트로프 변화 $pV^n=const$(n: 폴리트로프 지수)가 얻어지며, n의 값에 따라 임의의 가역변화를 얻을 수 있다. 이때 등온변화에서 받는 열량 dQ는 $dQ=c_n dT$로 표시되며, dT는 $dT=(T_2-T_1)/m$이다. 단, 폴리트로프 열용량 c_n은 $c_n=Q/(T_2-T_1)$의 형태로 주어진다. 폴리트로프 지수 n은 부록 1-7의 항 (1)에서의 설명에 따라 $n=(c_n-c_p)/(c_n-c_v)$으로 정의된다. 단 c_p, c_v는 등압열용량(등압비열)과 등적열용량(등적비열)이다. 그 결과 과정 1→2사이를 폴리트로프 변화로 나타냈을 때 주고받는 열량 Q는 부록 1-7 식 9의 적분의 결과 다음과 같이 표시된다.

$$Q = c_v \frac{n-k}{n-1}(T_2-T_1) \tag{1-5}$$

단, $k=c_p/c_v$이며, 비열비(Specific heat ratio)이다.

3) 일반 가역사이클과 클라시우스의 적분(또는 엔트로피의 적분식)

[그림 1-7] (a)에 제시된 일반 가역사이클이 있다고 하면 지금까지의 설명에서 알 수 있듯이 사이클의 경로는 미소등온변화와 미소단열변화의 집적으로 구성될 수 있다. 그래서 사이클 곡선에 따라 $2n$개의 미소온도차의 열원이 존재한다고 하면 계는 이들의 열원과 가역적으로 ΔQ의 열량을 주고받으면서 사이클을 완료할 수 있다. 그와 같이 하기 위해 지금 이 사이클 곡선을 [그림 1-7] (a)와 같이($n-1$)개의 미소간격의 단열 선으로 횡단(분할)시키고, 사이클 곡선과 교차하는 부분에서 두 단열선 사이를 이동하기 위한 등온선을 그린다. 이 과정을 확대하여 그린 것이 [그림 1-7] (b)이다. 등온선의 위치는 두 단열선과 사이클 곡선과의 교차점 사이가 된다.

등온선을 따라 열을 주고받고 다음 옆 단열선과 교차하는 점에서 다시 단열선을 따라 이동하여 미소온도변화를 이룬다. 이 과정을 나타낸 것

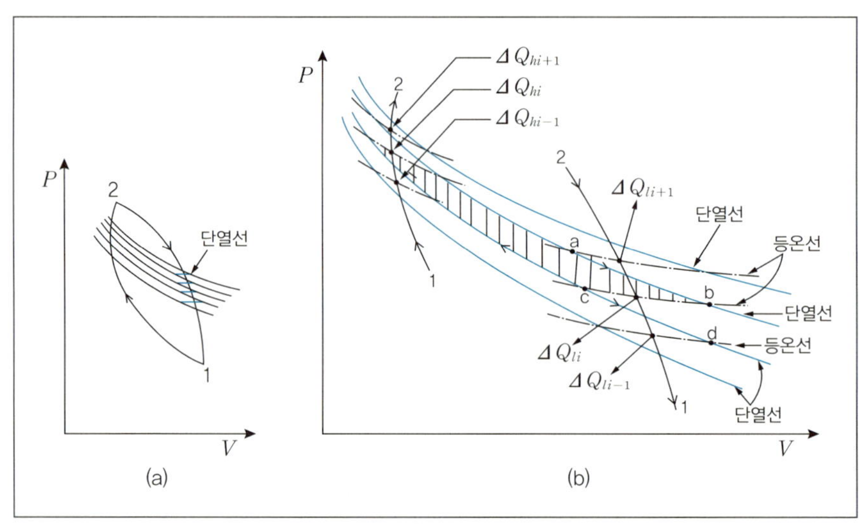

[그림 1-7] 일반 가역사이클

이 [그림 1-7] (b)의 오른쪽 부분에 표시된 a→b→c→d의 경로이다. 즉, 단열선 상의 점 a에서 점 b까지 단열팽창하여 온도는 $\varDelta T$ 떨어진다. b→c는 점 b를 통과하는 등온선에 따라 다음 옆 단열선과 교차하는 점 c까지 등온압축한다. 이 과정에서 열 $\varDelta Q_{li}$가 저온열원에 방출된다. c→d는 단열 선에 따라 다음 등온선과의 교차점 d까지 단열팽창하여 온도는 다시 $\varDelta T$ 떨어진다. 이와 같은 미소단열과 미소등온의 과정을 통해서 일반 가역과정 2→1에 따라 이동할 수 있다.

그래서 사이클의 왕복경로 양쪽에서 각각 n개 씩 도합 $2n$개의 미소온도차의 열원을 배치하는 것이다. 그리고 두 개의 실선으로 그려진 단열곡선사이에 그려진 일점파선의 등온곡선에 따라 계가 열원과 가역적으로 미소 열량 $\varDelta Q_i$의 열을 주고받는 것으로 하면 n개의 빗금 친 부분으로 표시된 미소 카르노사이클이 형성될 수 있음을 알 수 있다.

사이클의 출력 L은 사이클을 출입하는 열 $\varDelta Q_i$의 부호를 고려한 총합으로 다음과 같이 표시된다.

$$L = \sum_{i=1}^{2n} \Delta Q_i \tag{1-6}$$

여기서 기호 $\sum_{i=1}^{2n}$은 i=1에서 $2n$개의 열원에서 주고받는 미소열량 ΔQ_i를 덧셈함을 의미한다. 그리고 빗금 친 부분으로 표시된 미소 카르노사이클의 출력의 총합은 원래 사이클의 출력 L과 동일하다. 그리고 카르노사이클에서 도출된 식 (1–4)는 각 미소 카르노사이클에 대하여도 성립하므로, ΔQ_i의 부호 약속을 따르게 하면 일반 가역사이클에 대하여는 다음과 같이 표시된다(부록 1–7 (2) 참조).

$$\sum_{i=1}^{2n} \frac{\Delta Q_i}{T_i} = 0$$

위 식의 T_i는 미소열량 ΔQ_i를 계와 주고받는 열원의 온도이다. 이 온도는 열이동이 모두 가역 등온변화로 이뤄지고 있으므로 계의 온도이기도 하다.

위 식을 문장으로 나타내면 다음과 같다.

[일반 가역 사이클의 폐곡선에 따라 배치된 다수의 열원과 주고받은 $\Delta Q_i/T_i$의 미소량을 한 바퀴 돌면서 총합한 값]=0 (1–7)

위 식은 수학적으로 적분식의 형태로 나타낼 수 있으므로 이를 클라시우스의 적분 또는 클라시우스의 관계라고 불린다.

이상으로 일반 가역사이클 곡선에 따라 $\Delta Q_i/T_i$를 합산한 것은 바로 위의 클라시우스의 적분식에 의해 0으로 되므로, 이것은 원상태로 되돌아간 계의 Q/T의 양의 값에는 변함이 없음을 의미한다. 따라서 Q/T가 보존양이고 상태량이라는 것이 일반 가역사이클에 대하여도 증명된 것이다.

여기서 클라시우스는 상태량 Q/T의 양의 정체를 밝히는데 고민하다가 작업물질에 열 ΔQ가 들어가고 나가는 과정에서 그와 함께 '무엇인지' 잘 모르지만 $\Delta Q/T$라는 형태의 양이 함께 출입하는 것이라고 생각하였다. 이 무엇인가라는 $\Delta Q/T$의 양에 아무 이름도 없이 연구하다가 1865년쯤에 드디어 "이동해 가는 것"이란 뜻을 가진 "엔트로피: Entropy"라는 이름을 붙이고, S라는 기호로 표시하였다. 그래서 클라시우스의 적분 식 (1-7)은 엔트로피의 적분식이라는 이름으로 불리기도 한다. 이상으로 엔트로피는 압력이나 내부에너지와 같은 새로운 독립적인 상태량으로 등장하게 되었다.

(2) 클라시우스의 부등식

클라시우스는 엔트로피를 카르노의 가역사이클에서 무언가가 전달되고 있는 상태량이라고 하였다. 이 상태량의 실상은 알 수는 없지만 존재하는 것만은 사실이다. 그리고 이 양의 존재는 일반 가역사이클에서도 확인되었다. 그러나 만일 사이클에 비가역 부분이 있다면 이 양은 어떻게 될 것인가? 엔트로피의 실상은 알 수 없다고 치더라도 그의 특성만이라도 알아야 하지 않을까? 그래서 클라시우스는 먼저 두 열원에서 열을 주고받는 비가역사이클에 대한 엔트로피의 관계식을 도출하고, 다음에 다수의 열원과 열을 주고받는 일반 비가역사이클로 확장하였다. 그것이 클라시우스의 부등식이다. 이 부등식에 의해 엔트로피의 핵심인 엔트로피 증대법칙이 도출되었다.

열기관은 1사이클을 돌아가는 사이에 고온열원 T_h에서 열량 Q_h를 받고 일을 하고, 그 후 원상태로 되돌아가기 위해서 이용하지 못했던 열량 $|Q_l|$을 저온열원 T_l에 방출한다. 관례에 따라 계에 들어가는 모든 양은 플러스, 나가는 양은 마이너스로 취급한다. 여기서는 편의상 설명상의 혼동을 피하기 하기 위해 마이너스 값에는 절대치를 붙여서 설명한다. 1회의 사이클 사이에 열기관이 수행한 일양 L은 $(Q_h-|Q_l|)$로 표시되므로 열효율 η는 다음과 같이

표시된다.

$$\eta = \frac{Q_h - |Q_l|}{Q_h} = 1 - \frac{|Q_l|}{Q_h} \tag{1-8}$$

위의 효율식은 열기관의 작동이 가역이건 비가역이건 상관없이 적용되는 효율의 정의식이다. 그런데 $(Q_h - |Q_l|)$이란 열량이 모두 일로 전환될 것인가라는 의문이 생길 수 있을 것이다. 그러나 그렇다는 것이다. 왜냐면 열역학 또는 열기관에서의 에너지의 이동 형태는 열과 일의 두 가지만을 상대로 하고 있고, 열은 일로만, 그리고 일은 열로만 전환되는 것으로 생각해도 아무런 하자가 없기 때문이다.

카르노사이클의 효율 η_c도 식 (1-8)과 같은 형태로 표시된다. 그러나 카르노사이클의 경우 사이클의 변화과정이 모두 가역과정으로 구성되어 있으므로, 이들 가역변화과정은 열역학적 상태량의 관계식으로 다룰 수 있다. 그래서 식 (1-8)의 효율식 중의 열량 비는 식 (1-2)에서 소개되었던 열원의 온도비로 표시될 수 있었다. 따라서 η_c는 다음과 같이 표시될 수 있다. 먼저 카르노사이클의 효율식을 다시 쓰면 다음과 같다.

$$\eta_c = \frac{Q_h - |Q_l|}{Q_h} = 1 - \frac{|Q_l|}{Q_h} \tag{1-9}$$

카르노사이클의 효율 η_c는 식 (1-2)에 의해 다음과 같다.

$$\eta_c = 1 - \frac{T_l}{T_h} \tag{1-10}$$

실제 열기관은 모두 비가역과정으로 구성되어 있으므로 그들의 열효율은 그들에 내포되어 있는 비가역성 때문에 가역 열기관인 카르노사이클의 열효율을 능가할 수 없다. 따라서 다음의 관계식이 성립한다.

$$\eta \le \eta_c \tag{1-11}$$

위 식에 η의 식 (1−8)과 η_c의 식 (1−10)을 대입하면 다음과 같다.

$$\frac{|Q_l|}{Q_h} \geq \frac{T_l}{T_h} \tag{1-12}$$

등호는 일반 열기관의 변화과정이 모두 가역과정으로 형성되었을 경우이며, 부등호는 비가역과정이 존재할 때의 경우이다.

이 단계에서 계에 출입하는 양의 부호의 관례에 따라 $|Q_l| = -Q_l$을 식 (1−12)에 적용하면 다음 식과 같이 표시된다.

$$\frac{Q_h}{T_h} + \frac{Q_l}{T_l} \leq 0 \tag{1-13}$$

위 식에서 제1항은 플러스의 수를, 제2항은 마이너스의 수를 나타낸다. 그리고 이 식은 고온, 저온의 열원이 한 쌍으로 존재할 때의 식이며, 온도 T_h, T_l은 고온열원과 저온열원의 온도를 나타낸다. 등호가 성립하는 가역사이클의 경우의 열전달은 계와 열원 사이의 열전달이 온도차 없이 이뤄지지만, 부등호가 성립하는 비가역사이클의 경우는 온도차에 의해 열전달이 이루어진다. 그때의 계의 온도를 열원의 것과 구별해서 T_h', T_l'으로 표시하면 $T_h' < T_h$, $T_l' > T_l$의 관계가 있다.

식 (1−13)의 등호가 성립하는 가역 사이클인 카르노사이클의 경우는 열전달이 계와 열원의 온도가 같으므로 계와 열원 사이에서 이뤄지는 엔트로피(Q/T)의 전달 양에는 차이가 없다. 그러므로 카르노의 열기관 사이클에서 계가 1사이클 후에 다시 원상태로 되돌아왔을 때의 계는 고온열원에서 받은 엔트로피와 같은 양의 엔트로피를 저온열원에 방출했다는 것이며, 계 내의 엔트로피 양에 증감이 없을 뿐더러 열원 쪽의 두 열원 전체에서 엔트로피의 증감도 상쇄되어서 엔트로피의 증감은 없다. 이것이 식 (1−13)의 등호가 의미하는 내용이다.

한편 열의 주고받음의 과정에서 온도차가 있거나 계 내부에 마찰 등에 의한 발열이 있는 비가역 사이클에서는 식 (1-13)의 부등호 쪽이 성립한다. 이것은 고온열원 쪽에서 계에 열 Q_h를 전달할 때 $T_h' < T_h$의 관계로 인해 계가 받는 엔트로피는 고온열원이 전달하는 엔트로피의 양보다 많다는 것이며, 또 계에서 저온열원에 열 Q_l을 방출할 때는 $T_l' > T_l$의 관계가 있어서 계가 방출하는 엔트로피의 양은 저온열원이 받는 엔트로피의 양보다 적다는 것이어서 계의 엔트로피는 열전달이 이뤄질 때마다 증가한다.

그런데 비가역 열기관의 변화과정에서 열의 누설이 없는 한 1사이클 후 작업물질의 계의 상태량은 원상태로 되돌아가야 하므로 계의 엔트로피의 양에는 증감이 없어야 한다. 그러므로 위의 식 (1-13)이 성립하기 위해서는 계가 저온열원에 방출하는 열량 Q_l이 많아져야 함을 의미한다(부록 1-8 참조). 이 식에서 유의해야할 점은 계와 열원 사이에서 주고받는 열량에는 변함이 없으나 온도에는 차이가 있고, 식에서의 온도 표시는 열원 쪽의 온도로 표시되어 있다는 것이고, 그리고 계에서 출입하는 모든 양은 계를 중심으로 들어오는 양은 플러스, 나가는 양은 마이너스로 취급되고 있다는 것이다.

식 (1-13)의 부등식을 일반화하기 위하여 다수(n개)의 열원과 열을 주고받는 경우에 적용하면 다음과 같이 표현될 수 있다. 여기서 아래첨자 i는 열원 n개 중의 i번째 열원과 주고받는 열량과 그곳(열원)의 온도를 나타낸다.

[임의의 사이클 폐곡선의 각 부분의 열원(i로 표시)에서 출입하는 열원 쪽의 엔트로피 $\Delta Q_i/T_i$의 양을 한 바퀴 돌면서 총합한 값] ≤ 0 (1-14)

위 식은 임의의 사이클, 즉 사이클의 변화과정이 가역과정(등호)이건 비가역과정(부등호)이건 어느 경우에도 적용될 수 있으며, 단 변화과정에 비가역과정이 존재하는 경우는 부등호 쪽이 적용된다. 위 식을 클라시우스의 부등식이라고 한다.

실제 열기관에서 이뤄지는 열원과의 열의 주고받음은 연속적이라고 봐야 한다. 그러므로 식 (1-14)에서 열원의 개수 n은 $n\to\infty$로 해야 할 것이며, 그때 각 열원에서 주고받는 열량도 미소량으로 취급되어야 한다. 그러한 경우의 식 (1-14)는 수학적으로 사이클을 1회전하는 적분식으로 표시된다. 이와 같은 표현식의 내용은 식 (1-14)와 동일한 것이므로 이것 역시 클라시우스의 부등식이라고 한다.

(3) 엔트로피의 증대법칙

1) 비가역과정과 사이클 구성

엔트로피에 관한 가장 중요한 엔트로피 증대법칙을 도출하기 위해 이에 필요한 준비를 먼저 해야 한다. 엔트로피 증대법칙은 비가역과정에서의 엔트로피는 반드시 증가한다는 것인데, 이 법칙의 도출을 위해 비가역과정과 가역과정으로 구성된 사이클 곡선을 형성하여 여기에 클라시우스의 부등식을 적용하는 것이다. 계에서의 비가역 현상은 계안에서도 여러 형태의 비평형상태에서 일어나는 것이므로 계의 작업물질의 상태변화는 $p-V$선도 상에 제시할 수 없다. 그러나 설명의 편의상 비가역과정이 [그림 1-8]에서와 같이 경로 $1a2$로 표시되었다고 하자. 여기서 점 2는 계의 비가역과정의 결과 나타나는 최종상태를 나타내며, 최종상태는 평형상태로 되어 있으므로 $p-V$선도 상에 확정적으로 표시될 수 있다.

그런데 비가역과정이라 하여도 두 점 사이에서 열원이 계에 제공한 엔트로피의 양은 알 수 있다. 이들의 덧셈으로 열원이 계에 제공한 전체의 양도 계산될 수 있다. 그러나 계가 받은 엔트로피의 양은 열전달 과정이나 계 내부에서 일어나는 비가역성 때문에 알 수가 없다.

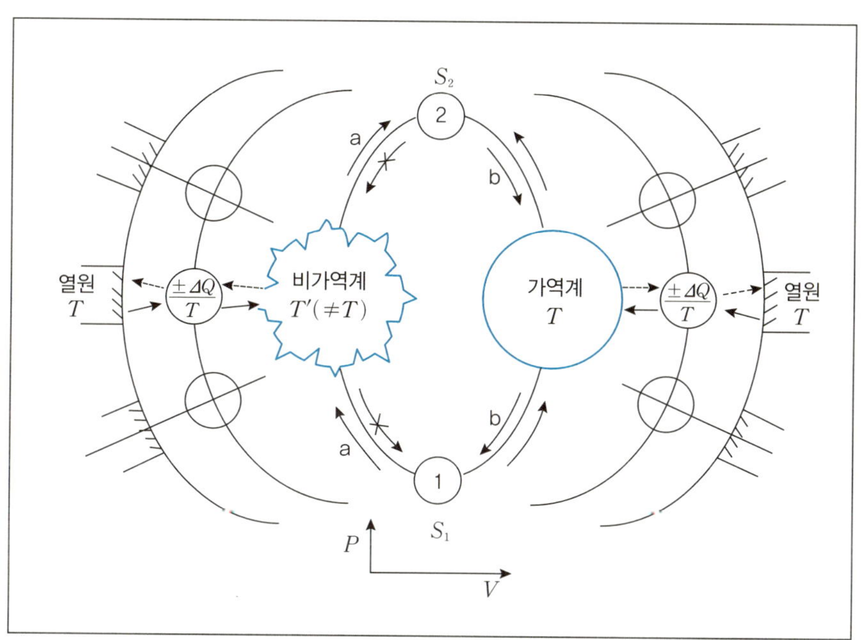

[그림 1-8] **비가역사이클의 $p-V$선도**

그러나 비가역과정의 두 점 사이에서 계에 일어난 엔트로피 변화량 (S_2-S_1)을 알기 위해 이들 두 상태 점 1, 2 사이에 본 절의 1-3항의 (1)의 2)에서 설명되었듯이 미소열원의 분포로 가역과정으로 형성할 수 있다. 그것이 등온변화와 같은 간단한 가역과정이 될 수도 있으나 일반적으로는 폴리트로프 변화로 구성된다. 이 경로가 [그림 1-8]의 $2b1$로 표시되어 있다. 그러면 이 경로에 따른 열역학적 취급으로 계의 두 점 사이의 엔트로피 변화량은 구할 수 있게 되고, 비가역과정의 경로 $1a2$와 함께 두 점 사이를 연결하는 비가역 사이클에 클라시우스의 부등식을 적용할 수 있게 된다.

2) 비가역과정에서의 엔트로피 증대법칙

다음에 상태 점 1, 2 사이의 비가역과정의 결과 계에 나타나는 엔트로피

변화량(S_2-S_1)과 그 과정에서 열원이 계에 제공한 엔트로피의 양과의 관계를 알아본다. 그러기 위해 임의의 비가역 사이클로서 앞 항 1)에서 취급되었던 [그림 1-8]의 두 점 1, 2 사이의 경로 1a2를 비가역경로로 하고 되돌아오는 경로 2b1을 가역경로로 하는 비가역 사이클에 식 (1-14)로 표시되는 클라시우스의 부등식을 적용한다. 이때 경로 1a2가 비가역과정이므로 클라시우스의 부등식에서 등호는 없어져 다음 식과 같이 표시된다.

[비가역 사이클의 비가역경로 1a2에 따라 열원(i로 표시)이 제공한 $\Delta Q_i/T_i$의 총합한 값]+[가역과정 2b1에 따라 열원(i로 표시)이 제공한 $\Delta Q_i/T_i$의 총합한 값] < 0 (1-15)

위 식의 왼쪽 제2항은 점 2에서 점 1사이의 가역변화의 곡선 2b1에 따른 열역학적 관계식의 적분에 의해 구할 수 있는 값이므로 그 값은 (S_1-S_2)로 표시된다(첨자 1, 2의 순서에 주의). 우리가 문제로 삼고 있는 엔트로피의 증가량은 점 1에서 점 2로 계가 비가역적으로 변했을 때의 계의 엔트로피의 변화량(증가량) (S_2-S_1)이므로, 이는 2b1의 가역과정에서 구한 엔트로피의 양 (S_1-S_2)에서 단지 기호의 순서만이 바뀌어 있을 뿐이다. 그래서 이 기호의 순서를 바꾸고, 또한 이를 반대 변으로 옮기고, 각 항의 내용도 간략하게 표현하면 다음과 같이 표시된다.

(S_2-S_1) > [비가역경로 1a2에 따라 각 부분의 열원이 제공한 $\Delta Q_i/T_i$의 총합한 값] (1-16)

위 식의 좌변의 (S_2-S_1)은 점 1, 2 사이의 가역과정에서 열역학적 관계식에 의해 구한 엔트로피라는 상태량의 변화량이지만, 이것은 상태 1, 2 사이의 비가역과정의 결과 계에 나타난 엔트로피의 증가량과 같은 것이다. 그래서

식 (1−16)은 다음과 같이 해석된다. 즉

① 비가역과정의 계에 나타나는 엔트로피의 증가량 (S_2-S_1)은 그 과정에서 열원이 계에 제공한 엔트로피의 양보다 반드시 커진다. 즉 다음과 같다.

> [비가역과정으로 계에 나타나는 엔트로피의 증가량(S_2-S_1)] > [비가역과정에서 열원이 계에 제공한 엔트로피의 양]

② 계의 비가역과정이 단열상태$(\Delta Q=0)$에서 일어난다고 하면 식 (1−16)의 우변의 값은 0으로 되며, 다음과 같이 된다.

$$S_2 > S_1 \tag{1-17}$$

위 식은 계의 비가역변화가 단열적, 즉 열원에서 계에의 열(엔트로피)의 출입이 없어도 계 내부의 비가역성 때문에 계의 엔트로피는 반드시 증가함을 나타내고 있다. 이것이 엔트로피 증대법칙이다.

그런데 여기서 알려두고 싶은 것은 엔트로피의 증대법칙을 "엔트로피는 항상 증대한다"는 식으로 오해하기 쉽다는 것이다. 그것은 "단열상태"에서라는 전제조건이 있다는 것을 망각하고 있기 때문이다.

부언하지만 계에 열이 공급되면 공급받은 쪽 계의 엔트로피는 반드시 증가하며, 그 증가량은 상황에 따라 달라진다. 반대로 열을 공급한 쪽의 엔트로피는 제공한 만큼 감소한다.

(4) 엔트로피 증대법칙의 사례

1) 열전달 현상

실제 열전달 현상은 두 물질 사이의 온도 차로 고온에서 저온 쪽으로의 열 이동으로 이뤄진다. 이와 같은 경우는 열평형이 이루어져 있지 않기 때문에 그 양상은 [그림 1-9] (a)와 같이 모형적이지만 시시각각 변해가는 복잡한 온도분포로 나타난다. 이러한 복잡한 열전달의 경계면을 단순화하여 [그림 1-9] (b)와 같이 하나의 직선으로 대체하고 나머지 경계면은 단열재로 된 벽이라고 한다. 그러면 고온부분의 A와 저온부분의 B사이에서 열의 이동만이 일어날 것이다. 열은 높은 쪽에서 낮은 쪽으로 이동하며, 조만간 양자의 온도차는 없어진다.

이상의 열 이동현상을 엔트로피를 기준으로 생각하면 다음과 같다. [그림 1-9] (b)와 같이 어느 순간에 계안의 고온부분 A에서 저온부분 B로 약간의 열량 ΔQ가 이동하였다고 하면 이 열 이동은 온도 차로 인해 나타나는 것이므로 비가역이다. 그리고 열전달에 의해 계안에 나타나는 고온부분과 저온부분의 온도는 시시각각 변하고는 있지만 각 순간마다의 A쪽의 엔트로피 변화량, 즉 감소량 ΔS_A는 $-|\Delta Q|/T_h$로, B쪽의 엔트로피 변화량, 즉 증가량 ΔS_B는 $|\Delta Q|/T_l$로 표시된다. 따라서 각 순간마다의 계 전체의 엔트로피 변화량은 양자를 합한 것이므로 다음 식과 같이 표시된다. 단, T_h, T_l은 시시각

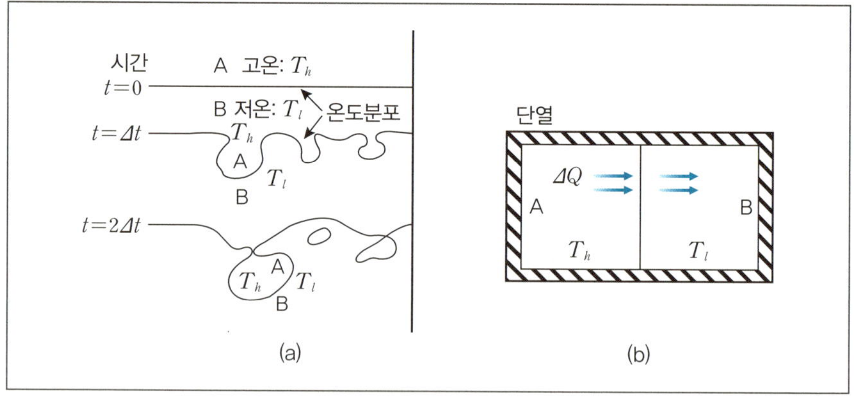

[그림 1-9] 열전달 현상

각 변하고 있어도 언제나 $T_h > T_l$이다.

$$\Delta S_A + \Delta S_B = -\frac{|\Delta Q|}{T_h} + \frac{|\Delta Q|}{T_l} = |\Delta Q| \, \frac{T_h - T_l}{T_h T_l} > 0 \qquad (1\text{–}18)$$

위 식과 같이 열전달 현상으로 나타나는 계 내부의 엔트로피 변화량은 어느 순간에도 항상 증가 쪽으로 나타난다.

그래서 열전달의 경우나, 온도 차가 있는 물질의 혼합과 같은 현상에서는 온도분포로 인한 열의 비평형 상태가 나타나며, 그와 같은 경우는 계 내부의 고온 부분과 저온 부분 사이에서 위에서와 같은 열전달 현상이 일어나며, 계의 온도는 점차 균일한 평형 상태로 이행해 간다. 그리고 계 전체의 엔트로피는 위에서의 설명과 같이 증가하다가 평형상태에서 최대가 된다.

이상의 예는 외부와 단열된 계안에서 온도차로 인해 나타나는 열적 비평형상태에 의한 열전달 현상이었다. 그러므로 이때의 엔트로피 증가는 엔트로피 증대법칙의 한 예가 된다. 위 예에서와 같이 자발적으로 진행해가는 변화는 항상 평형을 이루려는 방향으로 진행되며, 그 방향은 엔트로피가 증가하는 방향이다. 그래서 자연계에서 일어나는 모든 현상은 엔트로피 증대법칙에 따른다고 할 수 있다.

2) 자유팽창

자유팽창이라는 것은 [그림 1–10]에서와 같이 좌측공간에 갇혀 있던 완전기체 입자가 가운데 칸막이가 없어짐으로써 우측의 진공 공간까지 외부에 아무런 일도 하지 않고 열의 출입도 없이 준정적으로(그러나 가역은 아님) 자유롭게 이동해 가는 것을 의미한다. 그러므로 이때의 각 분자가 갖는 운동에너지에는 변함이 없으며, 따라서 분자 한 개당의 평균 운동에너지를 의미하는 절대온도에도 변함이 없다. 즉 절대온도는 일정하다. 그러나 이와 같이 팽창한 기체를 원래의 상태로 되돌리려고 하면 그대로는 불가능하며, 외부에서 일을 공급해 주어야한다. 그러므로 그로 인한 흔적이 외부에 남을 수밖에 없으므로 자유팽창은 전형적인 비가역현상이다. 그래서 비가역현상인 자유팽창의 엔트로피 변화량은 직접 구할 수 없다. 이 경우의 엔트로피 증가량을 구하려면 엔트로피증대법칙을 도출할 때 이용했던 수법과 같이 변화과정을 가역과정으로 대체하는 방법을 활용해야 한다. 즉, 자유팽창 후와 같은 상태가 될 수 있는 가역과정을 찾아 그에 관한 열역학적 관계식에 의해 엔트로피의 증가량을 구하는 것이다. 그러한 방법으로서 보통의 경우는 미소 단열변화와 미소 등온변화의 연속적인 변화로 구성된 폴리트로프 변화로 대체하게 되는데, 자유팽창의 경우는 변화 후의 온도가 변하지 않음을 알고 있으므로 이 변화는 바로 등온팽창 변화로 대체될 수 있다.

대체된 등온팽창은 팽창과정에서 열을 흡수하므로 이 열량을 계의 일정 온도로 나누면 계에서의 엔트로피 증가량이 산출된다. 따라서 자유팽창에서의 엔트로피 증가는 부록 1-9에서와 같이 도출되며, 온도 T인 $n\,mol$의 완전기체가 부피 V_1에서 V_2로 자유팽창했을 때의 엔트로피 증가량은 다음과 같다.

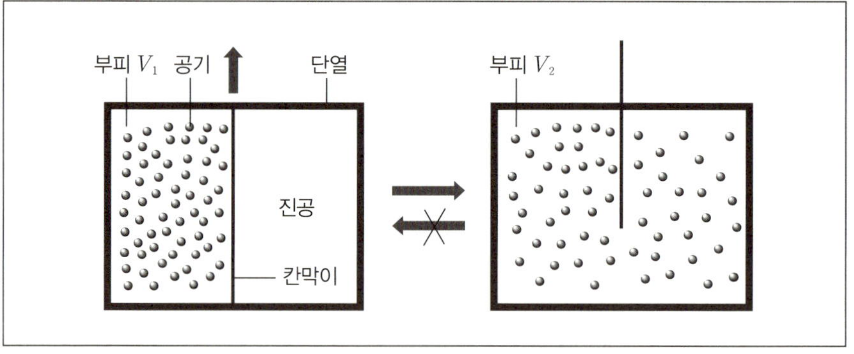

[그림 1-10] 이상기체의 자유팽창(비가역 과정)

$$S_2 - S_1 = nR\log_e \frac{V_2}{V_1} \tag{1-19}$$

위 식에서 $V_2 > V_1$이므로 $\log_e(V_2/V_1) > 0$이며, $S_2 > S_1$으로 된다. 즉 비가역 현상인 자유팽창의 엔트로피는 증가함을 알리고 있다.

비가역과정의 대표적인 것으로 마찰이 있다. 마찰은 바로 열로 바뀌기 때문에 이 열로 단열된 계 내부의 마찰현상에 의해 엔트로피가 증가할 것이 쉽게 이해될 수 있다. 이것도 엔트로피 증대법칙의 사례에 해당한다.

그런데 자유팽창이라는 현상에 의해 나타나는 엔트로피의 증가량($S_2 - S_1$)은 어떻게 이해해야 할 것인가라는 의문이 생길 것이다. 열 출입 없이 단열적으로 이뤄지는 자유팽창에서의 엔트로피 증가는 그 원인을 부피확대에서 찾아야 할 것인데 말이다. 자유팽창의 경우 운동에너지에 변함이 없다고 하므로, 그렇다면 자유팽창에서의 엔트로피 증가는, 분자의 운동에너지가 아닌 부피 확대로 인한 다른 상태의 변화에서 설명되어야 할 것이라는 짐작이 갈 것이다. 이와 같은 사유(思惟)가 발전해서 제2장에서 설명되는 볼츠만의 원리에 이어졌다고 볼 수는 없을까? 또 하나 의문이 나는 것은 단열인데도 불구하고 등온팽창으로 대체된 변화과정에서 계에 유입된 것으로 되는 열량에서 엔트로피 증가량이 평가되었다는 것이다. 이것은 잘 알 수는 없지만 계가 가지는 유효에너지라는 것이 있어서 그것이 비가역현상으로 인해 열로 바뀐 열량을 대표하고 있는 것이 아닐까라는 것이다. 이 개념은 제3장에서 소개되어 있는 기브스의 자유에너지라는 개념과 관련지어진다.

위에서 설명된 자유팽창은 팽창 후에도 온도는 변하지 않는다고 하였다. 그 근거는 줄의 법칙에 따른 것이었다. 그런데 줄·톰슨효과를 나타내는 자유팽창에서는 온도가 떨어진다. 이 온도변화는 어떻게 설명되어야 하는가에 대하여 의문이 생긴다. 이점은 부록 1-10 줄의 법칙과 줄·톰슨의 효과에서 설명되어 있다. 여기서 두 현상의 차이점을 요약하면, 기체를 높은 압력에서 낮은 압력 쪽으로 준정적으로, 즉 천천히 흘리면 완전기체(이상기체라고도 함)라고 볼 수 있는 경우에는 온도변화가 나타나지 않으나 실제 기체의 경우는 압력차에 비례하는 온도 변화가 나타난다는 것이다.

3) 우주의 열적 죽음

처음 열적평형상태에 있었던 계가 단열 비가역과정을 겪으면서 다음의 열적 평형상태에 도달하였을 때, 이때의 엔트로피 값은 엔트로피 증대 법칙에 따라 처음 상태의 엔트로피보다 반드시 증가하고 있다. 이렇게 말할 수 있는 것은 계가 단열되어 있을 때이다.

예를 들어 열기관 등의 실린더 내의 기체에 와류가 발생하여 그것이 열로 변하는 경우나, 실린더와 피스톤이 접촉하여 마찰열이 발생하는 경우 등은 실린더 벽을 통해서 방열되는 것보다 훨씬 빠르게 열적 변화가 일어나므로 순간적으로는 단열적이라고 볼 수 있다. 따라서 시간차를 별도로 하면 사실상 모든 변화는 단열적이라고 볼 수 있다. 더욱이 외부로부터 차단된 비가역과정에서는 엔트로피는 자발적으로 증대하는 것이다.

그러면 계를 확대하여 우주 전체를 하나의 계라고 본다면 우주는 하나의 폐쇄된 계, 즉 단열된 계라고 생각할 수 있을 것이다. 그러면 우주에 대하여 엔트로피 증대법칙을 적용하면 [우주의 엔트로피는 계속 증가해 간다]고 표현할 수 있다.

우주의 에너지가 일정하다고 하면 언젠가는 우주는 최대 엔트로피의 상태, 즉 궁극적인 평형상태에 도달하여 종말을 맞이할 것이다. 이것이 소위 우주의 [열적 죽음]이라고 불리고 있는 것이다. 열적 평형상태가 된 우주는 온도차도 없고, 에너지 차도 없으므로 궁극적인 정지상태가 된다.

단, 열역학적 이론에 의해 위와 같은 결론을 내리기는 했지만 열역학이라는 이론체계가 그대로 우주에 적용될 수 있는지의 여부는 학자에 따라 의견 차이가 있다. 그리고 우주 밖의 상태는 상상할 수도 없으므로 우주는 고립계라고 볼 수 있는지에 대하여도 문제가 있다. 우주가 고립계가 아니라고 하면 우주에 엔트로피 증대법칙을 적용할 수 없으므로 위의 예언은 의미가 없어진다.

제2장
엔트로피의 실상

2-1 볼츠만의 통계역학적 엔트로피

자유팽창에 의한 엔트로피 증대량은 제1장에서 구해졌듯이 엔트로피가 상태량이라는 점을 이용하여 자유팽창의 시작과 끝의 상태가 같아지는 등온팽창과정으로 대체하여 열역학적 관계식에 의해 식 (1-19)와 같이 부피변화의 식으로 구해졌다. 이것이 무엇을 뜻하는가 하면 자유팽창에 의한 엔트로피 증가에는 부피변화를 근거로 구하는 것과 등온팽창과정으로 대체된 계가 흡수한 열량을 기준으로 [(열에너지 Q)/(절대온도 T)]에 의해 구한 것에 공통된 개념이 포함되어 있다고 볼 수 있다는 것이다. 이것은 또한 마침 일반 상태량인 압력이나 부피 및 온도가 기체 분자의 운동에 의해 기체의 상태방정식에 의해 서로 연관되어 있는 것과 같이 엔트로피라는 양도 분자라는 입자의 거동으로 설명될 수 있음을 짐작케 한다. 이와 같은 관점에서 엔트로피가 통계역학적이란 무대에 등장하게 되었다고 본다.

통계역학의 기초를 확립한 볼츠만(Boltzman, 1844~1906)은 기체분자운동론을 근거로 하여 엔트로피와 확률의 관계 식을 도출하였다. 그 식은 다음 식과 같이 표시되었으며, 볼츠만의 원리라고 불리고 있다. 실은 이와 같은 식의 형태로는 프랑크가 나타낸 것이었으나 볼츠만이 그 식의 원형을 제시하였다는 점에서 그렇게 불리고 있다.

$$S = \varkappa_B \log_e W \qquad (2-1)$$

여기서 W는 "경우의 수"라고 불리는 것이며, 통계역학적으로 정의되는 양이다. 그리고 $\varkappa_B$는 열 엔트로피의 단위와 맞추기 위해 도입된 볼츠만 정수다.

위의 식 (2-1)에 들어있는 경우의 수에 대한 것이나 이와 관련된 엔트로피의 양에 대하여는 통계역학적으로 엄밀히 다뤄져야 하지만 여기서는 경우의 수와 이에 관련된 엔트로피의 양과의 관계에 대해서만 알아본다.

(1) 경우의 수

볼츠만의 식 (2-1)에 따르면 엔트로피는 "경우" 또는 "상태"라고 불리는 것의 수와 직접 연관되어 있다. [경우의 수]라는 개념 자체도 우리들에게 생소하기도 하고 거부감을 느끼게 하는 용어이지만, 이것을 물질의 구성요소인 분자를 대상으로 설명해 본다.

우선 분자에 귀속되는 개념으로서 공간(위치)이나 에너지 그리고 그 밖에 여러 것들이 생각될 수 있다. 그들 중의 아무 것이나 상관이 없으나 만일 분자의 공간적인 위치만을 대상으로 한다면 분자에는 분자 자체의 크기가 있고, 공간에는 그것을 분자의 크기로 분할한 수만큼의 분자가 위치할 수 있는 공간의 자리가 존재한다. 이와 같은 경우의 '경우의 수'는 분자의 크기로 분할 된 공간 내에 모든 분자가 존재할 수 있는 경우의 수를 의미하게 된다. 이 '경우의 수'가 식 (2-1)에 의해 엔트로피의 양과 관련지어지는 것이다. 이때의 엔트로피에는 [위치 엔트로피]라고 불리며, 위치라는 수식어가 붙는다.

경우의 수로서 분자가 갖는 에너지의 상태를 생각하는 경우는 각 분자가 어떤 크기의 에너지를 가지고 있고, 각각의 에너지 크기의 분자가 공간 내에 어떻게 분포하며, 그러면서 전체로서 일정한 에너지 상태를 나타내는 그러한 '경우의 수'가 있게 된다. 이와 같은 에너지에 관한 '경우의 수'와 관련된 엔트로피는 에너지 엔트로피 또는 열역학적 엔트로피라고 불린다.

엔트로피에는 제1장에서 소개된 [증대법칙]이라는 엔트로피 고유의 법칙이 있었다. 이 법칙의 내용을 일상적인 용어로 표현하면 "자발적인 변화 방향은 엔트로피가 증대하는 방향으로 일어난다."고 표현될 수 있고, 보다 쉬운 표현으로는 경우의 수의 개념을 도입하면 [난잡해지는]법칙이라고도 표현될 수 있을 것이다. 다음에 이에 대한 사례를 설명한다.

(2) 경우의 수와 난잡성 그리고 엔트로피

지금 넓은 운동장의 공간에 초등학교 학생 40명이 있다고 한다. 학생들에게 "정렬"이라고 호령하면 학생들은 금방 정렬할 것이다. 잠시 동안은 정렬된 상태가 유지되어 있지만, 시간이 지나면 학생들은 움직이기 시작한다. 시간이 갈수록 학생들의 움직임은 심해지고 선생님이 잠시라도 자리를 비운다면 질서는 무너져 학생들은 운동장 전체로 흩어질 것이다. 이와 같은 현상은 어느 학교에서도 볼 수 있다. 우리는 이러한 현상을 학생들의 정렬이 [난잡해졌다]고 표현한다. 학생들이 교정 안에 있을 수 있는 넓이가 처음의 정렬된 자리의 넓이보다 넓으면 넓을수록 난잡성은 심해진다. 그것은 학생들이 교정 전체에서 차지할 수 있는 위치의 경우의 수가 정렬된 상태에서의 것보다 훨씬 많기 때문이다. 이것을 확률이란 용어로 표현하면 학생이 흩어지는 확률이 교정이 넓을수록 높기 때문이라고 표현할 수 있다.

이상과 같이 [난잡해진다]는 것은 [상태의 수, 즉 경우의 수가 증가한다]는 것과 동등하다. 그래서 [난잡해진다]는 것은 식 (2-1)에 의해 [엔트로피가 증가한다]는 것으로 표현된다.

위에서 설명된 현상은 제1장에서 설명되었던 자유팽창에서 공간 가운데에 있는 칸막이에 의해 한 쪽에 갇혀 있었던 기체 분자가 칸막이라는 규제가 없어짐으로써 공간 전체로 확산하여 엔트로피가 증가하는 현상과 동일하다.

이상으로 엔트로피는 [난잡성]의 정도를 나타내는 척도라고도 할 수 있다. [난잡성]은 [무질서]라는 용어로 바꿔 말할 수도 있다. 정리 정돈된 방은 엔트로피가 작으며, 흩어진 방은 엔트로피가 크다고 할 수 있는 것이다. 엔트로피라는 것은 이와 같이 결코 어려운 개념의 것은 아니고, 우리들의 일상생활에서 그 실체를 경험할 수 있는 개념이다. 그리고 엔트로피는 자연현상을 이해하는데만 도움이 되는 것이 아니고 우리들의 사회생활이나 인생관에 까지 관련지어 설명될 수 있는 개념이라고도 할 수 있다.

2-2 통계역학적 엔트로피의 정의와 열역학적 엔트로피

(1) 통계역학적 엔트로피

열역학적 엔트로피는 “열량/절대온도”의 형태로 아주 간단명료하게 정의되었다. 그 정의 식에 들어있는 열량이나 절대온도라는 양은 이해하기 쉬운 개념의 양들이며, 또한 쉽게 측정될 수 있는 양들이다. 그런데 이들 두 개 양의 비율로 표시되는 양이 구체적으로 어떤 개념의 양을 나타내는지 도무지 이해할 수가 없었다. 그런데 볼츠만에 의해 개념적으로 이해하기 쉬운 통계역학적 엔트로피가 정의되었고, 그것이 열역학적 엔트로피와 동일하다는 것이 증명됨으로써 열역학적 엔트로피의 개념이 구체적으로 이해될 수 있게 된 것이다.

그런데 엔트로피라는 것은 열역학에서 먼저 발견되고 정의된 것이다. 그래서 통계역학적 엔트로피를 정의할 때 그 점이 고려되어서 열역학적 엔트로피가 지니는 거동과 똑같이 되도록 배려되었다. 다음에 통계역학적 엔트로피의 정의를 알아본다.

지금 계로서 계 외부와 물질이나 에너지의 주고받음이 없는 물리계를 생각한다. 이를 [고립 계]라고 하는데, 예를 들어 [단열재로 감싸인 용기 속에 봉입된 물질이나 공간]이 그것이다. 지금 고립계 전체의 에너지 E가 주어져 있다고 하여도 그 고립계 자체는 에너지 E와 별개로 여러 상태로 변할 수 있다. 예를 들면 전 에너지 일정이란 조건 하에서 기체의 분자는 여러 가지 위치나 속도를 가질 수 있다. 이와 같이 에너지 E가 일정이란 물리계에서 분자가 취할 수 있는 상태의 수가 소위 “상태 수”가 되며, 이를 W로 나타낸다. 이때 W는 에너지 E의 함수가 된다.

엔트로피가 가져야할 가장 중요한 성질은 “엔트로피의 덧셈법”이다. 지금 두 개의 독립된 계 A, B가 있고 그들의 에너지 E_A, E_B가 일정하며, 그 상태에서 그들의 각각이 가질 수 있는 상태의 수를 W_A, W_B라고 한다. 다음에 이들 두 개의 계를 합쳐서 하나의 계로 하면, 합쳐진 큰 고립계의 상태 수는 두 상태수의 곱인 $W=W_A \cdot W_B$가 된다. 그런데 두 계가 합쳐진 후의 엔트로피는 합치기 전 각각의 계의 엔트로피의 합으로 주어지는 것이 바람직하며, 사실 열 엔트로피가 그렇게 되어 있다. 그러기 위해서는 [상태 수의 자연대수($\log_e$ 또는 ln으로 표시됨)의 양]으로 취급되어야 그것이 가능하다. 그래서 식 (2-1)에서 경우의 수 또는 상태의 수를 나타내는 W에 자연대수 $\log_e$가 붙여졌다. 왜 자연대수인가 하면, 그것은 대수로는 상용대수나 그와 다른 밑수를 가진 대수도 가능하지만, 단지 수학적인 처리가 필요할 때 자연대수가 편리하다는 이유뿐이다.

그런데 계의 상태 수는 그 상태의 실현 확률에 비례한다는 것이 확률분포 등에서 이해할 수 있는 사실이다. 그래서 비가역과정에서 그 상태 수가 늘어난다는 것은 그것의 실현 확률이 커져가는 현상으로 해석될 수 있다. 우리는 열역학에서 [비가역과정을 엔트로피가 증가하는 과정]으로 알고 있으므로, 이 현상을 [실현 확률]이거나 [상태 수]라는 양과 관련지을 수 있을 것으로 기대하는 것은 자연스럽다. 그래서 볼츠만의 원리에서 경우의 수를 엔트로피와 연관짓게 하기 위해서 덧셈법을 만족할 수 있는 [상태 수의 대수]로 표현하였던 것이다. 그러나 이상의 절차에 따라 통계역학적 엔트로피가 열역학적 엔트로피와 정성적으로는 일치할 수는 있다고 하여도 아직 정량적으로는 일치하지 않는다. 그래서 [볼츠만 정수 $\varkappa_B$]가 도입되었고, 볼츠만 정수 $\varkappa_B$는 분자 한 개당의 기체정수로 정의되었다. $n\ mol$의 전체분자 수를 N, 그리고 $1\ mol$의 분자 수, 즉 아보가드로수를 N_A라고 하면, $n=N/N_A$이며, $\varkappa_B=nR/N$로 표시된다. 여기서 일반가스정수 $R=8.315\ J/(K \cdot mol)$, 아보가드로 수 $N_A=6.02\times10^{23}$이다.

다음에 이와 같이 정의된 엔트로피가 열역학에서 사용되고 있는 엔트로피와 실제로 일치하는지의 여부가 문제가 된다. 만일 이것이 확인되었다고 하면 비가역과정에서의 [엔트로피 증대]가 [취할 수 있는 상태 수의 증대 즉, 실현 확률의 증대]와 직결되어서 열역학에서 정의된 엔트로피보다 훨씬 이해하기 쉬워진다는 장점을 지닌다.

그래서 통계역학에서 정의된 엔트로피와 열역학에서의 것과 같은 것임을 확인할 필요가 있다. 그런데 기체를 구성하는 분자의 상태에는 분자의 위치와 속도(즉, 에너지)라는 두 상태가 있으므로, 이들의 두 가지가 정확하게 고려된 '상태의 수'에서 평가된 엔트로피와 열역학적 엔트로피와의 일치가 검증되어야 한다.

여기서는 먼저 통계역학의 엔트로피와 열역학의 엔트로피가 동일함을 보여주는 간단한 예로서 분자의 위치만이 문제가 되는 자유팽창의 예를 알아본다.

(2) 자유팽창에서의 공간 엔트로피의 증가

자유팽창은 여러 차례 설명되었듯이 자유팽창 후의 부피는 증가하고 온도는 변하지 않았다. 이 경우의 엔트로피 변화량은 비가역 현상이므로 직접 구할 수는 없다. 그래서 엔트로피가 상태량이란 특성을 이용하는 것이다. 즉 자유팽창이라는 비가역 과정을 변화 후의 상태와 같아지는 열역학적 가역변화인 등온변화로 대체하여 구하는 것이다. 그 결과가 제1장의 식 (1–19)이다(부록 1–9 등온팽창 참조).

한편 볼츠만은 자유팽창이란 현상을 통계역학적으로 취급하였는데, 자유팽창으로 부피가 두 배로 늘어난다고 하면, 이 현상은 미크로(미시: 微視) 적으로 보았을 때 원래 한 쪽 공간에만 존재하였을 때의 개개의 분자가 존재할 수 있는 공간의 위치의 수 즉, 가능한 경우의 수가 2배로 증가하는 것이므로, 이것을 N개의 모든 분자에 적용하였을 때 나타나는 가능한 경우의 수는 그들 N개 분자 각각의 2배 증가의 곱셈으로 표시되므로, 전체로는 2^N배로 증가한다.

그래서 볼츠만의 엔트로피의 식 (2–1)에 따른 엔트로피의 증가 ΔS는 원래의 경우의 수 W가 부피 증가로 인해 2^N배로 증가하게 되므로, 즉 $W\times 2^N$으로 증가하므로 다음과 같이 표시된다.

$$S+\Delta S = \varkappa_B \log_e (W\times 2^N) = \varkappa_B \log_e W + \varkappa_B \log_e 2^N$$

따라서 ΔS에 해당하는 양은 다음과 같다.

$$\Delta S = \kappa_B \log_e 2^N \tag{2-2}$$

한편 자유팽창에 의한 엔트로피의 증가량은 완전가스의 부피가 V_1에서 V_2로 팽창하였을 때 나타나는 엔트로피 증가가 제1장의 식 (1−19)에 의해 다음과 같이 주어져 있다.

$$\Delta S = S_2 - S_1 = nR \log_e \frac{V_2}{V_1} \qquad \because (1-19)$$

위 식에서 부피가 두 배로 팽창하였다는 것은, 즉 $\frac{V_2}{V_1} = 2$이다. 그리고 n몰의 가스정수가 nR, 전체 분자 수가 N이므로 한 개당에 대한 가스정수, 즉 볼츠만 정수 κ_B는 $\kappa_B = nR/N$으로 표시되므로 이를 위 식 (1−19)에 대입하면 다음과 같다.

$$\Delta S = nR \log_e 2 = \frac{nR}{N} \log_e 2^N = \kappa_B \log_e 2^N \tag{2-3}$$

이상으로 열역학적으로 평가된 식 (2−3)과 통계역학적으로 평가된 식 (2−2)가 일치함을 알 수 있다.

이상은 공간 증가에 따른 엔트로피의 증가였으나, 엔트로피의 원래의 정의식에 유래하는 열에너지의 출입이 있는 경우의 엔트로피도 통계역학에서의 경우의 수로 해명될 수 있다고 생각하여 연구된 결과 볼츠만의 원리 식 (2−1)에 의해 제시될 수 있게 된 것이다.

(3) 열에너지의 이산화

열역학적 엔트로피에서 열의 출입이 있을 때의 엔트로피가 통계역학적 엔트로피와 일치함을 보여주기 위해서는 열에너지의 이산화(離散化)가 필요하다. 이를 위해 열에너지가 분자입자의 각기 다른 크기의 운동에너지의 총합이라는 점에 주목하여 분자라는 미크로의 레벨에서 열에너지의 이산화를 시도할 필요가 있다. 이렇게 함으로써 열에너지의 양도 분자입자의 운동에너지로 이산화될 수 있으며, 경우의 수의 대상이 될 수 있다. 그런데 분자입자의 상태의 수로서는 운동에너지의 크기만이 아니라 분자의 운동 상태도 대상이 되어야 한다. 운동 상태란 무엇인가 하면, 그것은 분자의 운동방향이나 회전 또는 진동 등을 의미하며, 이들도 고려되어야 한다는 것이다. 이들까지 고려된 것이 맥스웰-볼츠만의 분포법칙이다. 이 분포법칙에 의하면 어느 기체 분자의 집단이 있고, 여기에 포함되는 기체 분자 중에서 에너지의 크기 E를 갖는 기체 분자의 존재확률 $f_{MB}(E)$는 T를 절대온도, $\varkappa_B$를 볼츠만 정수라고 하면 다음과 같이 표시된다는 것이다.

$$f_{MB}(E) \propto e^{-E/\varkappa_B T} \qquad (2-4)$$

위의 맥스웰-볼츠만 분포는 [그림 2-1]과 같이 기체 분자의 에너지가 높

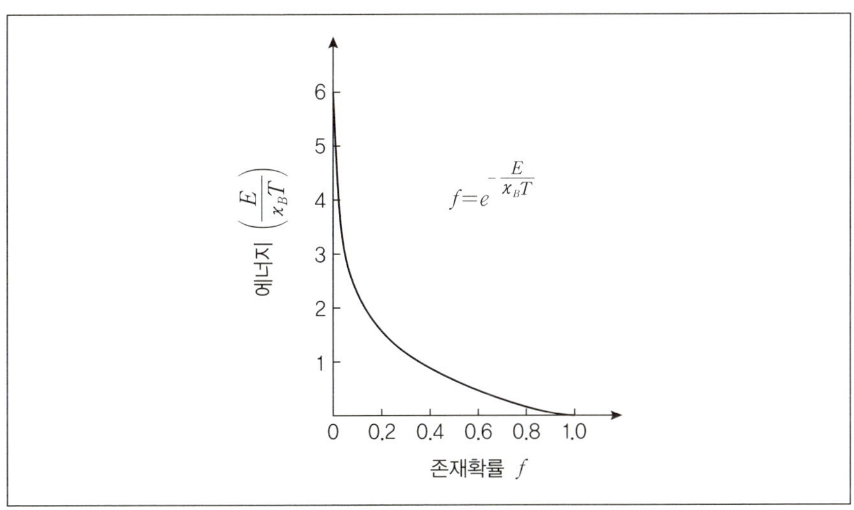

[그림 2-1] 맥스웰-볼츠만의 분포법칙

아질수록 그러한 분자의 존재 확률이 급속히 작아짐을 나타내고 있다. 이 분포가 대상이 되는 것은 뉴턴 역학에서 취급될 수 있는 입자들이며, 기체 분자는 그 대표적인 것이다. 상세한 내용은 다음 항에서 소개한다.

1) 맥스웰-볼츠만의 분포법칙(볼츠만 분포법칙)

상자 안에 든 기체는 거시적으로 봤을 때 균일한 정지 상태로 보이나, 미시적으로는 기체 분자가 상자 안의 공간을 자유롭게 움직이고 있다. 지금 기체 분자의 상태로서 개수가 N인 분자가 상자 안의 좌측 반의 공간에 있는가 우측 반의 공간에 있는가에만 주목하는 매크로한(거시적: 巨視的) 상태에서도 앞의 (2)항에서 설명되었듯이 2^N가지의 상이한 상태의 하나에서 다른 하나로 어지럽게 변해가는 운동이 내포되어 있었다. 그러나 기체 분자의 미크로의(미시적인) 상태를 지정할 때는 이와 같은 분자의 위치가 좌측인가 우측인가 만으로는 너무 거칠다. 가령 위치에 관해서는 그것으로 족하다고 하여도, 분자의 에너지를 생각해야 할 때는 분자의 운동 상태까지 생각해야 할 것이다. 그런데 분자의 속도만 해도 가지각색인데, 다원자(多原子)라면 구성 분자의 회전이나 진동도 고려되어야 하므로 매우 복잡하다. 그래서 여기서는 단원자(單原子)에 한해서 취급하기로 한다.

분자의 속도는 x, y, z의 좌표계에서 v_x, v_y, v_z로 지정할 수 있다. 그리고 이들의 값은 연속적으로 변하므로 그들의 운동의 종류는 연속 무한 개 존재한다. 그것을 알아보기 쉽게 하기 위해 [그림 2-2]와 같이 v_x, v_y, v_z를 좌표축으로 한 공간, 즉 속도공간을 생각하여 그 안의 한 점(대표점이라 함)으로 각 분자의 속도를 나타내기로 한다. 이와 같이 하면 여러 속도를 가진 분자는 각각 이 속도공간 안의 한 점으로 표시될 수 있게 되며, 기체전체의 분자의 운동 상태는 이 속도 공간 내에 분포하는 N개의 점으로 표현된다. 벽이나 상호

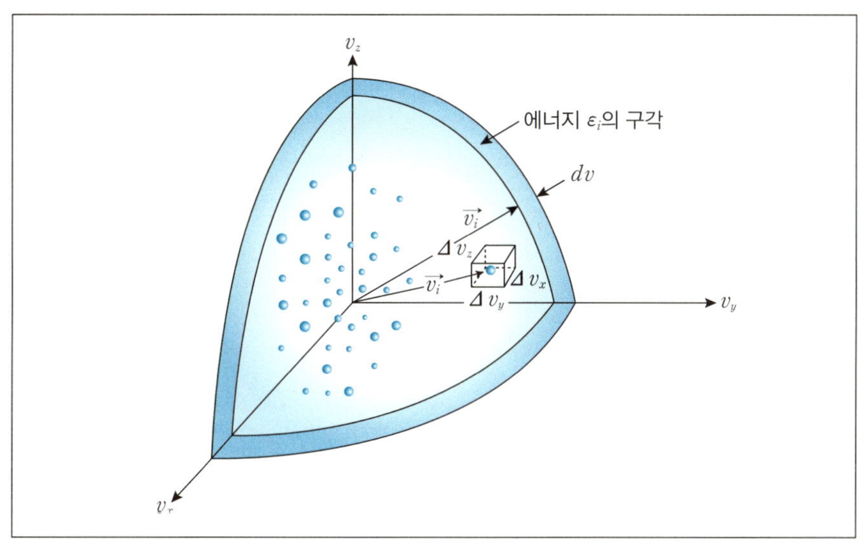

[그림 2-2] **속도공간과 양파껍질**

간의 충돌로 속도가 변하면 그것의 속도의 위치는 속도 공간 내의 해당 대표점을 옮겨가는 것으로 되지만, 열평형 상태에서는 전체로서의 분포는 변하지 않을 것으로 간주된다. 그렇다면 그때의 대표점의 분포는 어떻게 되어 있을까?

그것을 구하기 위해서는 연속분포로는 취급하기 어려우므로 이 속도공간을 그림에서와 같이 작은 입방체의 4각형으로 분할한다. 3차원 공간에서는 복잡해짐으로 [그림 2-3]에 v_x, v_y면에의 투영면만을 그려냈다. 그런데 4각형의 간격을 어떻게 택해야 할 것인가에 대하여는 양자역학을 기초로 한 고찰이 있어야 한다. 그러나 여기서 그것까지는 언급하지 않고 단순히 충분히 작은 간격의 값 δ라고 하자. 그리고 분자의 속도로는 [그림 2-3]에 원형 점으로 표시된 곳만이 허용된다고 하자. 그와 같이 할 수 있는 것은 미크로의 운동에는 측정 상의 한계가 있어서 고전역학에서와 같이 위치나 속도를 정확하게 측정할 수 없다고 하는 하이젠벨그의 불확정성 원리에 따른 것이며, 결코

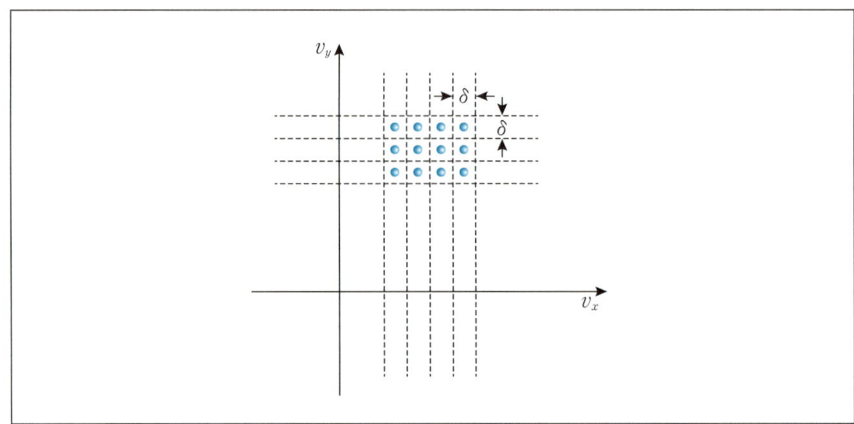

[그림 2-3] 분자가 들어갈 수 있는 바둑판 위치

속임수는 아니다. 이와 같이 하면 분자운동의 종류는 띄엄띄엄 점으로 표시할 수 있게 되므로 그 수는 막대하다고 하여도 번호 매김이 가능하다. 그래서 속도공간의 원점에서 출발하여 순차로 멀리 갈수록 적당히 1, 2, 3, …이란 일련번호를 매기기로 한다. 그와 같이 번호가 매겨진 j번 째의 상태(자리 또는 위치)의 에너지를 $\varepsilon^{(j)}$로 표시하면 그것은 다음과 같다. 여기서 m은 분자 한 개당의 질량이다.

$$\varepsilon^{(j)} = \frac{m}{2}(v_{jx}^2 + v_{jy}^2 + v_{jz}^2) \tag{2-5}$$

위 식에서 j는 분자에 허용된 운동 상태의 번호이며, 분자를 식별하기 위한 고유번호가 아님에 유의해야 한다. 번호가 달라도 에너지가 같은 운동(속도는 같아도 방향이 다른 것)의 입자는 존재한다.

그런데 기체의 경우 이와 같이 분류하면 너무나 복잡하기 때문에 분자가 갖는 에너지 $\varepsilon^{(1)}$, $\varepsilon^{(2)}$, $\varepsilon^{(3)}$, …을 그룹으로 나눠, 에너지가 제일 낮은 g_1개의 상태(평균 에너지 ε_1), 다음으로 낮은 g_2개의 상태(평균 에너지 ε_2), …과 같이 묶기로 한다. 이와 같은 에너지의 분류는 소위 에너지 준위라는 것이며, 에너지의 크기가 단계적으로 변하는 것으로 보는 것이다. 그와 같이 하면 분자운동의 상태는, 속도공간의 원점을 중심으로 한 동심 구로써 양파껍질과 같이 안에서부터 차례로 속도공간을 미소두께 dv를 가진 구각으로 분할하여 번호를 붙이고, 각각의 구각에 포함되는 바둑판의 개수를 g_1, g_2, g_3, …, 그리고 그들 각 구각에 포함되는 운동 상태의 에너지 평균치를 ε_1, ε_2, ε_3, …라고 하면 취급될 수 있다.

지금 N개의 단원자(單原子)분자가 들어있는 기체가 있고, 그 전체의 에너지 U가 주어져 있다고 하자. N개 분자의 각각은 [그림 2-3]의 바둑판 눈의 하나에서 다른 하나로 어지럽게 움직이고 있다. 지금 에너지의 크기 순위인 제1, 제2, 제3, …그룹의 운동을 하고 있는 분자의 개수가 N_1, N_2, N_3, …이었다고 하면, 다음 식이 성립한다.

$$\sum_i N_i \equiv N_1+N_2+N_3+\cdots = N \tag{2-6}$$

$$\sum_i N_i \varepsilon_i = N_1\varepsilon_1+N_2\varepsilon_2+N_3\varepsilon_3+\cdots = U \tag{2-7}$$

여기서 N_1, N_2, N_3의 각 수는 고정되어 있는 것이 아니라 시시각각 변하는 수라는 점에 유의해야 한다.

(N_1, N_2, N_3, …)라는 수의 조합은 위의 두 조건식을 만족하고 있어야 하지만 그러한 한 조 (N_1, N_2, N_3, …)를 생각하였을 때 그것을 다시 세밀히 보면 어느 분자가 어느 그룹[어느 에너지의 그룹, 즉 어느 구각(球殼)]에 속하며, 그 그룹 중에 존재하는 g_i개의 상태[x, y, z의 속도성분에 따른 운동방향에 관한 상태별 자리] 중의 어느 상태(자리: g_i중의 어느 곳)에 있는가에 따라 여러 경우가 있게 된다. 그들의 개수(경우의 수)를 구해야 하는데, 상세는 부록 2-1에서 설명되어 있으며, 그 결과는 다음과 같다.

먼저 N개의 분자를 N_1, N_2, N_3, …으로 나누는 수, 즉 양파껍질 별로 분자를 배치하는 경우의 수 $W_1(N_1, N_2, N_3, \cdots)$을 구해야 한다. 이 문제는 수학에서 "모두가 반드시 상이하지 않는 것, 즉 같은 에너지 ε_1의 것 N_1개, 같은 에너지 ε_2의 것 N_2개, …일 때 이 N에서 만들어지는 순열의 문제"에 해당하며, 그 결과는 다음과 같다.

$$W_1(N_1, N_2, N_3, \cdots) = \frac{N!}{N_1!N_2!\cdots} \tag{2-8}$$

여기서 $N!$는 N계승(皆乘)이라고 불리는 것이며, 1에서 N까지의 곱셈 즉, $1\times2\times3\cdots\times N$을 나타낸다.

다음에 각 그룹(각 구각) 내에서 개수 g_i의 상태의 어디에 N_i개의 분자가 들어가는지를 생각해야 한다. 각 분자에는 g_i가지의 선택의 자유가 있으므로 개수 N_i의 분자에 대하여는 $g_i^{N_i}$가지가 가능하다. 이들을 모든 그룹에 대해 곱셈하고, 위의 $W_1(N_1, N_2, N_3, \cdots)$과 곱셈한 것이 N개의 분자가 취할 수 있는 경우의 수 $W(N_1, N_2, N_3, \cdots)$가 되며, 다음과 같이 표시된다.

$$W(N_1, N_2, N_3, \cdots) = \frac{N!}{N_1!N_2!\cdots} g_1^{N_1}g_2^{N_2}g_3^{N_3}\cdots \tag{2-9}$$

$W(N_1, N_2, N_3, \cdots)$안의 $N_1, N_2, N_3, \cdots$의 값들은 조건 식 (2-6)과 식 (2-7)를 만족하고 있는 값들이며, 그러한 $N_1, N_2, N_3, \cdots$값들 중의 각각의 개수에는 여러 값들이 가능하다. 열평형 상태를 생각하면 이들 조건식을 만족하는 모든 배치가 같은 확률로 나타난다고 보는 것은 극히 그럴듯하다. 그러나 그중의 대부분이 통계역학적으로 보면 $N_1, N_2, N_3, \cdots$은 [그림 2-4]와 같이 이들 각각은 $N_1=\overline{N}_1$, $N_2=\overline{N}_2$, $N_3=\overline{N}_3$, …이라는 분포의 기대치를 가지며, 분포는 그 기대치에서 극히 예리한 극대치를, 즉 그 근방에 거의 모든 경우가 나타난다는 것이다. 그래서 우리가 입자의 분포를 거시적으로 관측하는 한 열평형 상태에서의 에너지 $\varepsilon_1, \varepsilon_2, \varepsilon_3, \cdots$의 상태를 취하는 분자의

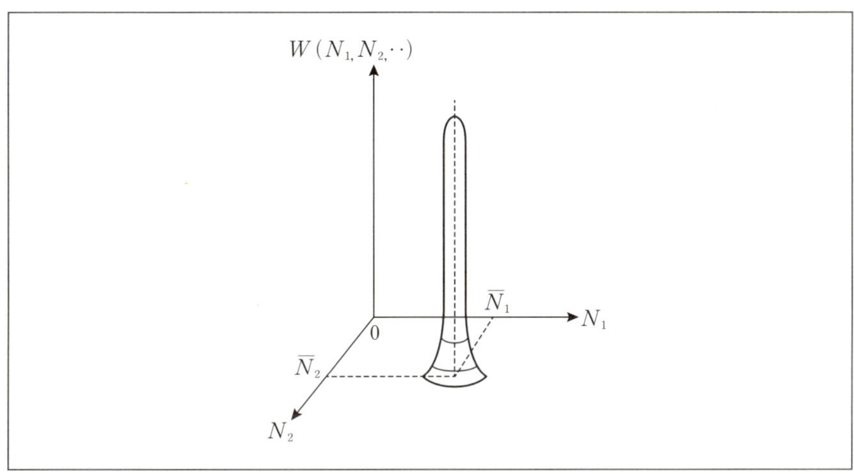

[그림 2-4] 3차원(다차원 중 3차원)의 경우의 기대치

평균수는 $\overline{N}_1$, $\overline{N}_2 \cdots$으로 관측되는 것이다.

따라서 $W(N_1,\ N_2,\ N_3,\ \cdots)$는 $W_{\overline{N}} \equiv W(\overline{N}_1,\ \overline{N}_2,\ \overline{N}_3,\ \cdots)$으로 대신할 수 있고, $W(N_1,\ N_2,\ N_3,\ \cdots)$는 기대치 $(\overline{N}_1,\ \overline{N}_2,\ \overline{N}_3,\ \cdots)$에서 극히 예리한 극대치를 가진다(부록 2-2 통계역학의 요점 참조).

그래서 열평형에서의 분자 수의 분포를 구하기 위해서는 가장 일어나기 쉬운 경우의 수로서 W가 최대가 되는 극대치(極大値)를 찾으면 된다. 경우의 수 W가 큰 경우에는 대수 쪽이 다루기 쉬우며, 또한 W의 대수가 W의 단조증대 함수이므로 W의 극대치를 구하기 위해 W의 자연대수에 대한 $d(\log_e W)=0$를 만족하는 N_i, 즉 $\overline{N}_i$를 찾으면 된다. 그 결과는 부록 2-3에 의해 다음과 같다.

$$\overline{N}_i = g_i e^{\alpha - \beta\varepsilon_i} \tag{2-10}$$

여기서 α와 β는 라그랜지(Lagrange)의 미정계수라는 정수이며, 위의 식 (2-10)을 식 (2-6)의 N과 식 (2-7)의 U의 식에 대입한 다음 이들 식들에서 구할 수 있는 상수이며, 특히 β는 분자 한 개당의 평균에너지와 관련해서 도출되는 양이다. 완전기체의 경우 $\beta=1/(\varkappa_B T)$이다(부록 2-4 참조). 식 (2-10)은 앞 항 (3)에서 이미 소개된 바가 있는 식 (2-4)와 같은 형태의 것이며, 맥스웰-볼츠만의 분포법칙(Maxwell-Boltzmann's law of distribution)[보통 간단하게 볼츠만 분포법칙]이라고 불리는 법칙이다. 이것을 이상기체에 적용한 것이 다음에 설명되는 맥스웰의 속도분포법칙이다. 식 (2-10)의 맥스웰-볼츠만 분포법칙에 따라 분자의 에너지 ε_i가 높아질수록 그들 분자의 존재 개수가 급속히 줄어듦을 알 수 있다.

2) 맥스웰의 속도분포법칙

다음에 위의 식 (2-10)의 맥스웰-볼츠만 분포법칙(볼츠만 분포법칙)을 사용하여 이상기체분자의 에너지 분포를 구한다.

이상기체의 경우 분자의 움직임을 속도좌표계에서 취급할 수 있다. [그림 2-2]의 공간에서 속도 v와 $v+dv$의 반지름을 갖는 구면으로 형성된 양파 껍질과 같은 구각을 생각하면 그 체적은 $4\pi v^2 dv$이다. 그 속에 존재하는 상태의 수, 즉 바둑판의 눈금수를 세기 위해 공기 입자 하나의 상태를 변의 길이가 각각 δ인 미소입방체로 대표한다. 원점에서 이 입방체에 그은 속도벡터 $\vec{v_i}$는 기체 분자의 운동 상태를 대표하고 있다. [그림 2-2]에는 그러한 입방체가 하나만 그려져 있지만, 그러한 영역은 속도공간 내에 무한으로 존재할 수 있다.

지금 i번째 구각에 포함되는 바둑판의 눈의 수, 즉 분자가 위치할 수 있는 공간의 수 g_i는 다음과 같이 표시될 수 있다.

$$g_i = \frac{4\pi v^2 dv}{\delta^3} \tag{2-11}$$

이 한 개의 구각 내에 포함되는 자리(운동 상태)의 수는 i번째 그룹의 분자의 상태의 수를 나타낸다. 그리고 이 그룹에 속하는 분자 1개가 갖는 에너지 ε_i는 다음과 같다.

$$\varepsilon_i = \frac{m}{2} v^2 \tag{2-12}$$

여기서 m은 분자 1개당의 질량이며, v는 원점으로부터 i번째의 해당 구각 면까지의 속도벡터의 크기이다. 그리고 ε_i는 각각의 구각에 포함되는 운동 상태의 에너지 평균치를 나타낸다. 그러면 열평형 상태에서 구각 i번째의 속도 v와 dv사이에 존재하는 분자의 수 $\overline{N}_i$는 위 식의 ε_i와 g_i의 식 및 식 (2−10)으로 표시되는 맥스웰−볼츠만 분포법칙으로 부터 부록 2−4의 절차에 따라 다음과 같이 도출된다.

$$\overline{N}_i = 4\pi N \left(\frac{m}{2\pi \varkappa_B T} \right)^{\frac{3}{2}} e^{-mv^2/2\varkappa_B T} v^2 dv \tag{2-13}$$

여기서 $\varkappa_B$는 볼츠만 정수이며, T는 절대온도이다. 기체 분자의 속도는 여러 가지이지만 열평형 상태에서는 이와 같은 비율로 입자가 분포되고 있다. 이 식을 입자 수 $\overline{N}_i$, 즉 구각 별 입자의 속도 v를 가지는 입자의 수를 나타내는 식이라고 보면 이것은 입자의 속도분포를 나타내게 되므로 이것을 맥스웰의 속도분포법칙(maxwells' law of velocity distribution)이라고 한다.

이상으로부터 식 (2−9)의 통계역학적 경우의 수 W는 그것의 모든 N_i를 $\overline{N}_i$로 대체하고, $\overline{N}_i$에는 식 (2−13)을 적용하여 $v=0\sim\infty$까지 적분하면 구할 수 있다. 이 작업은 현기증이 나는 작업이다.

2-3 볼츠만의 원리와 열역학적 엔트로피

앞서 식 (2−1)로 제시된 볼츠만의 원리는 엔트로피 S와 확률적인 양인

"경우의 수 W"사이의 관계를 나타내는 중요한 식이다. 여기서는 확률적으로 표시된 엔트로피가 열역학적 엔트로피와 같은 개념의 것임을 확인(증명)한다.

앞 항에서 맥스웰의 속도분포법칙 식 (2-13)이 구해졌다. 거기서는 이상기체를 전제로 하였으나 일반기체에 대하여도 같은 식으로 적용할 수 있다. 지금 개수가 N개인 많은 입자가 모인 미크로의 계(기체 분자)가 있고, 이들은 서로 거의 간섭 없는 독립 상태라고 하자. "거의"라고 말한 것은 기체 분자는 때로는 서로 충돌한다는 것이며, 그러한 충돌로 인해 열평형 상태가 가능해 진다. 그리고 미크로의 계가 취할 수 있는 운동 상태에 번호를 매기고, 그들의 운동 상태를 에너지 크기 별로 나누어, 위의 2-2항에서와 같이 에너지의 크기 ε_1의 상태의 것이 g_1가지, 마찬가지로 ε_2의 상태의 것이 g_2가지, …와 같이 존재한다고 하였다. 그리고 매크로의 계 전체의 에너지 U는 미크로의 계의 에너지의 총합으로 $U=\sum_i N_i\varepsilon_i$와 같이 표시되었다. 이상의 내용이 이하에서 전개되는 일반론의 전제가 된다.

이상과 같은 계가 온도 T의 열평형 상태에 있을 때 에너지의 그룹별 분자의 개수 N_1, N_2, N_3 …의 실효치는 식 (2-10)과 같다. 이것을 볼츠만-맥스웰의 분포법칙이라고 하였다. 이 분포법칙을 사용하여 열평형 상태에서 속도좌표계의 i번째 구각의 속도 v와 dv 사이에 존재하는 분자의 개수를 구한 것이 식 (2-13)의 맥스웰의 속도분포법칙이다. 이 분포법칙에서 $\overline{N}_i$는 g_i에 비례하고 있으므로(식 (2-10) 참조) $\overline{N}_i/g_i$라는 양을 생각하면 이것은 i번째 그룹에 속하는 한 개의 상태에 관한 평균 분포 수를 나타낸다. 그리고 식 (2-10)에서 인자 e^{α}가 모든 에너지 그룹에서 공통이므로 온도 T의 열평형 상태에 있는 매크로의 계 중의 미크로(분자)의 계가 에너지 ε_i의 상태를 취할 확률은, $\beta=1/(\varkappa_B T)$를 도입하면 $\exp(-\varepsilon_i/\varkappa_B T)$에 비례한다고도 말할 수 있다. 이 인자 $\exp(-\varepsilon_i/\varkappa_B T)$를 흔히 볼츠만 인자라고 부르기도 한다. 이와 같이 하여 결정되는 $\bar{N}_1$, $\bar{N}_2$, $\bar{N}_3$, …를 식 (2–9)에 대입하였을 때의 식 $W_{\bar{N}} \equiv W(\bar{N}_1, \bar{N}_2, \bar{N}_3, \cdots)$에 대수를 취하고, 스털링(Stirling)공식과 식 (2–10)[$\bar{N}_i = g_i e^{\alpha-\beta\varepsilon_i}$]) 및 부록 2–3 식 7[$N = \sum_i \bar{N}_i$], 그리고 부록 2–3 식 10의 [$e^{\alpha} = N/\zeta$]를 적용하여 부록 2–7에 따른 변형을 하면 다음과 같은 결과가 도출된다.

$$d(\varkappa_B \log_e W_{\bar{N}}) = \frac{d'Q}{T} \qquad \text{(2–14) [=부록 2–7 식 7]}$$

위 식에서 $d'Q$는 계에 공급된 미소 열량을 의미하므로($d'Q$의 ($'$)은 상태량이 아니므로 붙은 것임), 우변의 식은 클라시우스에 의해 정의된 열역학적 엔트로피의 양과 같다.

즉 다음과 같다.

$$S = \varkappa_B \log_e W_{\bar{N}} \qquad \text{(2–15) [=부록 2–7 식 8]}$$

그래서 위의 식은 [통계역학의 "경우의 수 W"]와 [열역학적 엔트로피]와의 관계를 맺어주는 대단히 중요한 식이다. 다시 말해서 열역학적 엔트로피의 통계역학적 표현이라고 할 수 있다. 이로 인해 열역학 제2법칙의 여러 표현 중에서도 가장 이해하기 어려웠던 엔트로피 증대와 관련되었던 표현이 "어떤 계도 [경우의 수가 많은 상태]로 향해 변해 간다."는 의미로 해석될 수 있게 된 것이다.

이상으로 열역학적 엔트로피가 통계역학적 경우의 수로 표현되는 엔트로피와 동일함을 알게 되었다. 그러나 이상의 절차에서 알 수 있듯이 물질 엔트로피 또는 열역학적 엔트로피라고도 불리는 열 엔트로피를 통계역학적으로 구한다는 것이 얼마나 대단한 노력을 요하는 일인지 알았을 것이다. 그래서 열역학에서 엔트로피의 양이 열량과 절대온도의 비로 간단하게 구할 수 있다는 것이 얼마나 대단한 행운이었는지 경탄할 수밖에 없다. 어쨌든 이상과 같은 증명과정을 통해서 열역학적 엔트로피의 변화가 통계역학적 엔트로피의 개념으로 해석될 수 있게 된 것은 열역학적 현상변화를 이해하는데 큰 기여를 한 것이다.

2-4 정보공학의 엔트로피

(1) 정보 및 정보량

엔트로피의 양은 열역학에서 처음으로 정의된 것이다. 그래서 통계역학의 엔트로피를 정의할 때 정성적으로 열역학 엔트로피와 같은 특성을 갖도록 하였고, 정량적으로도 차원이 같아지도록 볼츠만의 정수가 도입되었다.

엔트로피의 최대 특징은 "엔트로피의 증대법칙"이다. 이 법칙은 열역학적 엔트로피에서 도출된 것인데, 이를 통계역학적 엔트로피의 정의에 따라 해석한다면 어느 계의 엔트로피에 해당하는 경우의 수는 언제나 많은 쪽으로 변해간다고 표현할 수 있다. 이 법칙을 확률적으로 다시 표현하면 확률이 높은 쪽으로 변해간다고 해석될 수 있게 되어, 이해하기 쉬워졌다.

정보공학의 엔트로피도 통계역학적 엔트로피의 경우와 유사하게 정의되었다. 이를 알아보기 위해 지금 씨름 시합을 예로 들어 설명한다. 우리는 씨름 시합에서 두 사람 중 어느 쪽이 이기는가에 관심을 갖는다. 이때 어느 쪽이 이겼다라는 소식이 정보인 것이다. 그리고 그 정보가 발생하는 씨름판을 정보원이라 한다. 정보에는 가치가 있다. 내일도 해는 동쪽에서 뜬다는 것은 당연한 일이므로, 이 정보는 가치가 없다. 이것을 확률적으로 말하면 해가 동쪽에서 뜨는지의 여부를 나타내는 확률 p는 $p=1$이며, $p=1$의 정보는 가치가 없다. 그래서 정보의 양이나 가치는 정보의 확률 p가 작을수록 크며, 확률이 1의 경우, 정보량은 0이며 가치가 없다. 따라서 정보의 계량수는 정보의 확률 p의 역수 $1/p$로 표시되어야 함을 알 수 있다.

다음에 2개의 독립적인 정보원(事象이라고도 함)의 정보가 있다고 하면 그것이 나타나는 확률은 곱셈으로 주어진다. 그러나 정보량이라는 개념에서 생각할 때는 덧셈으로 주어지는 것이 바람직할 것이다. 왜냐면 예를 들어, 대학입시의 합격을 알리는 우편물과 주택입주청약의 당첨을 알리는 우편물이 동시에 도착했다고 하면, 이들 두 개의 통보에서 얻어지는 기쁨은 두 배가 될 것이기 때문이다. 따라서 정보량이 덧셈으로 표시될 수 있게 하기 위해서는 통계역학적 엔트로피의 "경우의 수"와 마찬가지로 정보의 확률의 역수의 대수(밑수 2의 대수) 값으로 정의되어야 함을 알게 된다. 이와 같이 함으로써 열역학적 엔트로피의 경우와 같이 덧셈이 가능해 지며, 그래서 정보량은 다음과 같이 정의되었다.

$$\text{정보량} = (\text{정수})\times(\frac{1}{p}\text{의 대수}) = \log_2 e \times \log_e \frac{1}{p}$$

$$= \log_2 e \frac{\log_2 \frac{1}{p}}{\log_2 e} = \log_2 \frac{1}{p} \qquad (2\text{-}16)$$

정수를 정하는 방법에는 여러 가지가 있을 수 있지만, 위 식에서 정수를 $\log_2 e$로 한 것은 미지사상(경우의 수) 2^n개 중에서 1개를 알아내는 정보량을 n비트(bit)로 하기 위해 택해진 정수이다. 미지사상 2^n가 일어나는 확률은 $p=1/2^n$이며, 이것을 위 식에 대입하면 정보량$=\log_2 2^n = n \log_2 2 = n$(비트)로 된다. 좀 더 알기 쉽게는 $n=1$의 경우 1 비트이며, 이것은 미지사상 2개 중 한 개를, 즉 둘 중의 하나를 알아내는 정보량이며, 1개의 2진 숫자가 보유할 수 있는 최대 정보량이라고도 할 수 있다.

(2) 평균 정보량(정보 엔트로피)

씨름에서 프로와 아마추어의 두 선수가 있다고 하면, 어느 쪽이 이기고 지는가의 정보가 있게 된다. 어느 쪽이 이기든 정보에는 틀림없다. 아마추어가 이기는 확률을 p_1, 프로가 이기는 확률을 p_2라고 하면, 두 선수 각각이 이긴다는 정보량은 $\log_2(1/p_1)$와 $\log_2(1/p_2)$이다. 각각의 정보량에 각각의 확률을 곱하고 합한 것이 이 정보원이 가지는 전체의 평균 정보량 H가 된다. H의 내용을 좀 더 풀어서 설명하면 가치 있는 정보량은 작게 그리고 가치 없는 정보량은 크게 평가하여 합산한 것이며, 전체로서 불확실성의 정도를 나타낸다. 그래서 H가 크다는 것은 불확실성이 크다는 것이므로 이것을 정보공학에서 정보 엔트로피라고 부르고 있다.

$$H = p_1 \log_2 \frac{1}{p_1} + p_2 \log_2 \frac{1}{p_2} \tag{2-17}$$

위의 설명은 2인 대결의 시합이었지만 육상경기와 같이 1등에서 꼴찌까지 있는 경우에는 1등의 사상(A선수가 1등이 되는 일)이 일어나는 확률을 p_1, 2등의 사상(B선수가 2등이 되는 일)이 일어나는 확률을 p_2, …라고 하면, 정보원이 제공하는 평균 정보량, 즉 예상 엔트로피 H는 다음과 같다.

$$H = p_1 \log_2 \frac{1}{p_1} + p_2 \log_2 \frac{1}{p_2} + \cdots \quad \text{또는} \quad H = -\sum p_n \log_2 p_n \tag{2-18}$$

아마추어와 프로 간의 씨름의 평균 정보량, 즉 식 (2–17)의 정보 엔트로피 H는 아마추어와 프로가 이기는 확률이 같을 때, 즉 $p_1 = p_2$일 때 최대가 된다. 이것은 H의 표현식에서 아마추어의 씨름 실력을 변수로 하여 아마추어가 이기는 확률 p_1을 0~1.0으로 변화시키면 알 수 있다. 즉, $p_2 = 1 - p_1$의 관계를 고려해서 $H(p_1)$과 p_1 사이의 관계를 식 (2–17)에서 구하면 다음 식과 같이 표시되며, 그림으로 나타낸 것이 [그림 2–5]이다.

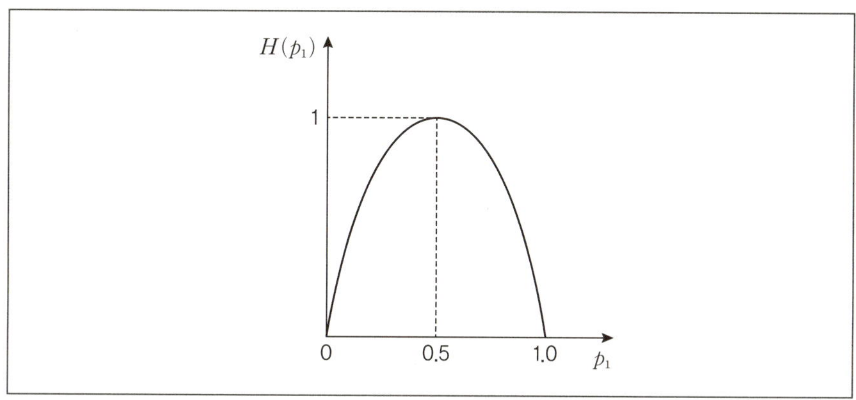

[그림 2-5] $H(p_1)$과 p_1의 관계

$$
\begin{aligned}
H(p_1) &= p_1 \log_2 \frac{1}{p_1} + p_2 \log_2 \frac{1}{p_2} \\
&= p_1 \log_2 \frac{1}{p_1} + (1-p_1) \log_2 \frac{1}{(1-p_1)}
\end{aligned} \tag{2-19}
$$

위 식의 엔트로피 $H(p_1)$은 $p_1=\frac{1}{2}\ (=p_2)$일 때 최대가 된다. 이것은 또한 극치(極値)를 구하는 미분학에서 위의 $H(p)$, 즉 $H(p_1)$의 식을 p_1으로 미분한 미계수가 $p_1=\frac{1}{2}$에서 0이 되는 것으로도 쉽게 확인할 수 있다. 그리고 그때의 H의 값, 즉 최대치가 $H=1$로 된다. 이것은 프로와 아마추어의 실력이 동등할 때, 즉 승부의 확률이 같은 $p_1=p_2=\frac{1}{2}$일 때 나타나는 것이며, 승부의 예측이 가장 어렵다는 것을 의미한다. 이 결과를 육상경기의 경우와 같이 여러 사상이 동시에 일어나는 경우에 적용하면, 그들 사상이 일어나는 확률이 모두 같을 때 그 엔트로피가 최대가 됨을 알 수 있다. 즉, 승부의 불확실성이 제일 높을 때 정보 엔트로피 H가 최대가 된다. 이를 달리 표현하면 정보 엔트로피의 크기는 정보(또는 확률분포)에서 습성(習性: 버릇, 차별화, 경향 등)의 적음의 정도, 또는 불확실성의 많음의 정도를 의미하며, 정보 엔트로피가 제일 크다는 것은 습성에 차별화가 전혀 없다는 것, 또는 불확실성의 정도가 제일 크다는 것, 즉 각 사상의 발생 확률에 차이가 없음을 의미한다.

정보 엔트로피도 이론적으로 통계역학의 엔트로피와 일치한다는 것이 자유에너지와 엔트로피의 관계식에 볼츠만 분포의 식을 적용함으로써 통계역학적으로 증명될 수 있다. 이에 대한 상세는 통계역학의 책을 참조하기 바란다.

이상으로 엔트로피라는 용어가 열역학이나 통계역학 그리고 정보공학에서 쓰이고 있는데 이들이 의미하는 개념은 이상의 설명에서와 같이 엔트로피가 불확실성의 정도, 또는 경우의 수의 많음의 정도 또는 혼동상태의 정도를 나타낸다는 점에서 같이하고 있음을 알 수 있다.

2-5 엔트로피를 구하는 방법

(1) 엔트로피의 구분(여러 명칭의 엔트로피)

1) 물질엔트로피

먼저 물질이 갖는 엔트로피 즉, 물질 엔트로피에 대하여 설명한다. 이것은 그 물질이 절대온도 0 K(Kelvin)에서부터 현재 놓여있는 상태의 온도에 이르기까지 흡수한 엔트로피의 총량을 의미한다. 그래서 엔트로피 양은 단순히 그것이 놓인 온도가 되는 사이에 흡수된 열량을 마지막 상태의 절대온도로 나누어서 구해지는 것이 아니라, 열이 흡수되는 순간마다의 절대온도로 나뉜 값, 즉 순간순간의 미소엔트로피의 양을 그 온도에 이르기까지 합산해서 구하는 것이다. 이와 같이 해서 구해진 엔트로피가 그 물질이 갖는 물질엔트로피라고 한다. 물질엔트로피 외에도 여러 이름으로 불리고 있는 엔트로피 이름이 있다. 다음에 그것들을 소개한다.

2) 공간엔트로피

물질은 온도상승에 따라 그의 상태나 성질이 변하며, 그 과정에서 고체는 액체로, 액체는 기체로 상변화 한다. 그런데 이와 같은 상변화 할 때는 반드시 상변화에 상응하는 열을 흡수하게 되며, 그때 물질의 온도는 일정하다. 그러나 온도는 일정하다고 하여도 흡수된 열량이 있으므로 물질엔트로피의 양은 증가한다. 특히 액체에서 기체로 상변화 할 때 물질엔트로피는 당연히 증가하지만 그때 부피가 엄청나게 증가한다. 그때의 물질엔트로피의 증대 량은 기화를 위해 흡수된 열을 그때의 절대온도로 나눈 값이지만, 이 엔트로피 증가량은 액(체)상 상태에서 기(체)상 상태로 물질공간이 확대함으로써 나타나는 공간에 관한 엔트로피의 증가량과 같다. 이를 물질공간의 확대에 따른 엔트로피 즉, 공간엔트로피라고 부르고 있다. 그래서 이 이름은 상변화로 인해 나타나는 공간 확대와 관련해서 붙여진 것이라고도 할 수 있다.

3) 열 엔트로피

물질의 온도상승이나 상변화를 위해서는 해당 물질에 외부로부터 열이 들어와야 한다. 이때의 열량을 열을 받거나 방출하는 쪽의 절대온도로 나눈 것도 엔트로피의 양이라고 한다. 이 엔트로피는 두 물질 사이를 이동하는 열에 관한 엔트로피이므로, 열 엔트로피라고 불린다. 열 엔트로피 또는 열역학적 엔트로피라는 용어는 본절의 통계역학적 엔트로피를 설명할 때 이미 사용되었으나, 그때의 그들의 명칭은 물질엔트로피라는 뜻으로 사용되었던 것이다.

그런데 열이 물질 사이에서 전달될 때 그 열의 양은 양쪽에서 같은 양이지만 열을 공급하는 쪽의 물질의 온도는 현실적으로 열을 받는 쪽의 물질의 온도보다 높다. 그래서 열전달을 엔트로피라는 양에서 보면 열을 전달하는 쪽의 엔트로피는 열을 받는 쪽의 것보다 작다. 이 처럼 두 물질 사이에서 주고받는 열 엔트로피는 열량은 같지만 그들의 엔트로피 양에 차이가 나타나는 것은 마치 마술처럼 열을 받는 쪽의 열 엔트로피가 증가한다. 이것은 제 1장의 부록 1-8 비가역적 열전달(두 개 열원)에서 설명되었듯이 엔트로피 증대법칙에 의해 확인될 수 있는 현상이다.

열 엔트로피와 물질엔트로피를 온도와 관련해서 본다면 열 엔트로피는 같은 열량에 대하여 온도가 높을수록 그 크기는 작아진다. 그러나 물질이 갖는 물질엔트로피는 물질의 온도가 높을수록 그 온도에 이르기까지 흡수한 엔트로피의 누적양이 많아지기 때문에 커진다. 그래서 같은 엔트로피라 하여도 그것이 어떤 경우에 쓰이고 있는 엔트로피인지를 확인해야 한다.

4) 혼합 엔트로피

물질 엔트로피에서 온도기준이 아니고 물질이 차지하는 공간용적이 기준이 될 때는 공간이 큰 쪽의 엔트로피가 크게 나타난다. 물질이 차지하는 공간은 일반적으로 고체, 액체, 기체의 순으로 늘어나므로 엔트로피도 이 순서로 커진다. 그리고 두 종류의 물질이 균질한 혼합물로 되는 경우는 각각의 성분을 기준으로 보았을 때 그들이 혼합 전에 차지했던 공간용적이 늘어나는 것이므로 혼합 전의 각각의 물질의 엔트로피를 합한 값보다 커진다. 이와 같은 경우의 엔트로피를 혼합엔트로피라고 한다. 이에 대한 상세는 본 절 (3) 3) 항에서 소개되어 있다.

5) 에너지 엔트로피

에너지 엔트로피라고 하니 열 엔트로피의 열은 에너지가 아닌가? 라는 생각이 들 것이다. 물론 열도 에너지이다. 여기서는 열에너지 이외의 에너지에 대한 엔트로피도 있으므로 이를 구별하기 위해서 에너지 엔트로피라고 따로 부른 것이다. 이들에 대한 설명을 하기 전에 먼저 에너지에 대한 개념을 정리할 필요가 있다. 이미 제1장의 부록 1-3의 "일, 에너지, 열"에서 설명되었듯이 에너지의 어원은 그리스어의 [일을 하는 능력]에서 유래한 것이다. 과학기술의 발전에 따라 여러 형태의 에너지를 이용할 수 있게 되었으며, 예를 들어 다음과 같은 에너지들이 있다.

- 역학적 에너지 • 열 에너지 • 화학 에너지
- 전자기 에너지 • 광 에너지 • 원자핵 에너지 등

에너지는 [일 하는 능력]이라고 정의되어 있다. 바다의 물도 그 상태에서 그 온도에 해당하는 열에너지를 가지고 있다. 그러나 바다의 열에너지는 그대로는 이용할 수 없고 그것을 이용하려면 반드시 바다의 온도보다 낮은 온도의 저온열원이 있어야 한다. 만일 그러한 열원이 있기만 하면 두 열원 사이에 열기관을 작동할 수 있고, 바다의 물도 일을 할 수 있는 능력을 가진다. 즉, 바다의 물도 열에너지를 가진다. 그러나 바다의 에너지에서 일을 발생시키려면 일을 할 수 있는 요건이 갖추어져야 한다. 즉 바다의 온도보다 낮은 저온열원이 있어야 하고, 두 열원 사이에서 작동하는 경제성 있는 장치가 있어야 하는 등이다. 이들을 고려하면 경제성 면에서 사실상 이용불가능하다. 따라서 바다의 열에너지는 쓸모없는 열에너지로 취급되고 있다.

물질이 갖는 에너지 중에는 역학적 에너지라는 것이 있다. 그 에너지 중에 위치에너지가 있는데, 이것은 물질이 그 자리에 가만히 있을 때는 아무 일도 하지 않으나 낮은 곳으로 낙하할 수 있는 여건이 갖춰지면 그 위치에서 갖는 위치에너지는 운동에너지로 바뀌어 일을 할 수 있다.

화학에너지의 경우는 반응이 일어날 수 있는 여건이 갖춰지면 화학반응으로 열이 발생하여 일을 할 수 있다. 나머지 전자기 에너지나 광 에너지 그리고 원자핵 에너지도 일을 할 수 있는 요건이 갖춰지면 일을 할 수 있으므로 에너지이다.

이들의 에너지는 여러모로 유용하게 이용될 수 있으며, 이용되고 난 후는 최종적으로 모두 열에너지로 바뀐다. 따라서 모든 에너지는 그 형태를 변하면서 최종적으로는 [에너지의 보존법칙]에 따라 같은 양의 열에너지로 변한다. 그러므로 물질이 갖는 에너지가 열로 바뀌면 그 에너지는 엔트로피로 평가될 수 있다. 그러한 점에서 열이 유래하는 에너지의 종류에 따라 그 이름이 엔트로피 앞에 붙여질 수 있다. 예를 들어 화학에너지가 열로 바뀌었을 때 그때의 열에너지와 온도로 평가되는 엔트로피에 대하여 화학에너지에 의한 열 엔트로피(화학에너지의 엔트로피)라고 불릴 수 있는 것과 같다.

(2) 물질 엔트로피를 구하는 방법

물질 엔트로피는 해당 물질의 열용량과 상태변화에 따른 열량을 기본으로 하여 구한다. 열용량이라는 것은 그 물질의 온도를 1℃(1K와 같음) 높이는데 필요한 열량을 의미하며, 엔트로피와 같은 단위 [J/K]를 가진다. 우리는 이것을 지금까지 비열이라고 불렀던 것인데 그것은 잘못된 표현이었다.

물질의 열용량은 물질의 고유한 일정치가 아니라 물질의 온도에 따라 변할 수 있다. 그러므로 가급적 작은 온도변화(아래 식 (2-20)의 dT에 해당)마다 열용량을 측정하여 그것에 온도 간격을 곱하면 그 온도 사이에서 흡수된 열량을 구할 수 있다. 그것을 그때의 절대온도(즉, 미소온도 간격의 평균온도)로 나눈 값이 그 온도 간격에서 물질이 받는 평균 엔트로피 양이 된다. 이 값들을 절대온도의 기점[0(K)]에서부터 해당 온도까지 총합한(적분기호인 $\int$로 표현) 것이 해당 온도의 물질이 갖는 물질 엔트로피가 된다. 단, 해당온도에 이르는 사이에 천이나 상변화가 있으면 그들에 대한 엔트로피는 따로 산출하여 더해야 한다. 상변화가 있을 때는 그 사이의 계(물질)의 온도는 일정하며, 그간 계가 받은 전 열량이라는 뜻으로 열보다 엔탈피의 변화량을 그때의 절대온도로 나눈 것이 상변화에 따른 엔트로피 증가량이 된다. 이를 구체적으로 기술하면 다음과 같다.

지금 일정한 압력 하에서 순물질의 온도를 0[K]에서 T[K]까지 높여가는 과정에서 다음과 같은 상전이(相轉移)가 일어난다고 한다.

고상 I→전이(전이온도 T_{tr}): 고상 II→융해(융해온도 T_{fus}): 액상→증발(증발온도 T_b): 기상

엔트로피의 최저 기준치로서 0[K]에서의 고상 상태 I의 엔트로피 값 $S_0(s, I)$을 0이라고 설정하였을 때, 이때의 엔트로피를 제3법칙의 엔트로피라고 부른다. 그리고 제3법칙을 따른 표준상태(1기압 즉, 1 bar)에서의 물질 1 mol의 엔트로피를 표준엔트로피라고 부르며, $S^{\ominus}$로 표기한다.

상변화가 일어나고 있을 때 계(물질)의 온도는 일정한 대신 부피변화가 일어난다. 계에 공급된 열량은 온도변화에서 측정해야 하는데, 상변화에서는 온도변화가 없으므로 계의 부피변화에서 구해야 한다. 압력이 일정할 때 계에의 공급열량은 엔탈피의 증가량과 동일하므로(부록 2-8 참조) 열량 대신 엔탈피의 증가량을 측정하여 상변화에서의 엔트로피 증가량을 산출한다.

이상과 같은 기준에 따라 기상상태의 임의 온도 T[K]에서의 물질의 표준엔트로피 $S^{\ominus}$는 다음 식과 같은 적분(합산)형태로 표시된다.

$$S^{\ominus} = \int_{0}^{T_{tr}} \frac{C_p(s,\ I)}{T} dT + \frac{\Delta H_{tr}}{T_{tr}} + \int_{T_{tr}}^{T_l} \frac{C_p(s,\ II)}{T} dT + \frac{\Delta H_{fus}}{T_f} +$$

$$\int_{T_l}^{T_b} \frac{C_p(l)}{T} dT + \frac{\Delta H_{vap}}{T_b} + \int_{T_b}^{T} \frac{C_p(g)}{T} dT \qquad (2-20)$$

단, 아래첨자에서 s, l, g는 고체, 액체, 기체의 상태를, tr, fus, vap는 전이, 융해, 증발의 상태를 나타내며, I, II는 고상 I, II를, T는 절대온도, C_p는 상마다의 정압 열용량, T_{tr}은 전이점의 온도, T_f는 융점의 온도, T_b는 증발온도이다. C_p와 ΔH는 열적 측정법에 의해 구해지는 양이다. ΔH는 정압 하에서의 상변화 시에 나타난 엔탈피의 변화량이며, 흡수된 열에너지의 총량과 동일하다(엔탈피는 부록 2-8을 참조).

이상과 같은 절차에 따라 25℃에서 구한 각종 물질의 표준엔트로피 $S^{\ominus}$값의 예가 부록 3-3의 [표-1]에 소개되어 있다.

위의 설명에서 알 수 있듯이 물질의 엔트로피에는, 각각의 일정한 상에서 공급되는 엔트로피의 양과 상변화를 위해 공급된 엔트로피 양의 두 가지가 포함되어 있다. 상변화를 위해 공급된 엔트로피는 분명 물질엔트로피의 일부이지만 이 부분만을 따로 호칭할 때는 열의 엔트로피라고 부를 수도 있다. 그리고 공급된 열에 의해 나타난 상변화의 결과, 예를 들어 물의 증발 결과 발생한 증기에 주목하여 그것에 따른 엔트로피의 증가를 물질의 존재공간의 확대에 따른 엔트로피 증가라고 부르기도 한다. 또 물의 응축의 경우는 물질의 엔트로피(수증기의 존재공간의 엔트로피)가 열의 엔트로피의 형태로 물질(계) 밖으로 방출되어 물이 응축되었다고 표현한다.

(3) 물질공간 엔트로피를 구하는 방법

물질엔트로피 중에는 물질이 차지하는 공간에 관한 물질공간 엔트로피가 있다. 물질공간의 엔트로피는 물질을 구성하는 분자가 차지하는 공간의 위치에 관한 "경우의 수"가 대상이 되는 엔트로피다. 그 대표적인 사례로서 자유팽창으로 나타나는 엔트로피 증가가 있고, 이 엔트로피를 구하는 방법에 대하여는 여러 곳에서 언급되었다. 이하에 공간엔트로피를 열역학적 입장과 통계역학적 입장에서 고찰해 본다.

1) 열역학적 가역변화과정의 대체로 구하는 방법

여기에서의 방법은 자유팽창이라는 비가역과정의 결과 나타나는 엔트로피의 증가를 가역과정으로 대체하여 구하는 방법을 말한다. 이에 대하여는 이미 여러 곳에서 언급되어 왔다. 이 경우의 엔트로피 증가는 변화 후의 상태가 같아지는 등온팽창으로 대체하여 열역학적으로 구하는 것이었으며, 그 결과는 다음 식과 같다. 여기서 V_1은 분자 수가 N인 n몰의 이상기체가 자유팽창하기 전의 부피, V_2는 팽창 후의 부피이며, R은 이상기체의 가스정수이다. 이 식의 두 번째 식에 볼츠만 정수 $\varkappa_B$를 도입한 식도 함께 제시하였다.

$$\Delta S = nR \log_e \frac{V_2}{V_1} = N\varkappa_B \log_e \frac{V_2}{V_1} \qquad \because [\text{본문 제1장의 식 (1-19)}]$$

2) 통계역학적으로 구하는 방법

a) 부피확대에 따른 경우의 수

계의 부피가 자유팽창의 경우와 같이 등온적으로 확대하는 경우, 즉 기체의 운동에너지가 그대로 유지된 채 확대하는 경우의 엔트로피 증가는 통계역학적으로 다음과 같이 구할 수 있다. 지금 기체 $n\,mol$의 입자의 수가 N인 물질이 그 존재 공간이 $V_1 \rightarrow V_2$로 확대되었다고 하면, 기체 입자의 존재가능한 수의 증가는 분자 1개당 (V_2/V_1)배가 되며, 이것은 모든 분자에 대하여 적용되므로 분자 N개에 대하여는 $(V_2/V_1)^N$배가 된다. 팽창하기 전의 부피에서 분자가 존재할 수 있는 경우의 수가 W이었다고 하면 부피증가 후의 경우의 수는 $W\times(V_2/V_1)^N$가 된다. 이를 볼츠만의 원리 식 (2–1)에 대입하여 엔트로피 증가량 $\varDelta S$를 구하면 다음과 같이 되며 위의 항 1)에서 구한 식 (1–19)와 일치한다.

$$S+\varDelta S = \varkappa_B \log_e \left\{W\times\left(\frac{V_2}{V_1}\right)^N\right\} = \varkappa_B \log_e W + \varkappa_B N \log_e \frac{V_2}{V_1}$$

$$\varDelta S = \varkappa_B N \log_e \frac{V_2}{V_1} = nR \log_e \frac{V_2}{V_1}$$

b) 물질입자의 크기를 기준으로 통계학적으로 구한 경우의 수

앞의 항 a)에서 구한 자유팽창에 의한 엔트로피의 증대는 팽창으로 인해 발생하는 분자의 거시적인 공간의 경우의 수에 주목해서 산출한 것이었다. 여기서는 공간 안에 존재할 수 있는 자리의 수에 주목하여 엔트로피 증대를 구한다.

기체 분자는 주어진 체적 안에 개개의 분자로서 구별될 수 없는 다수의 분자로서 무질서한 열운동을 하고 있다. 지금 개개의 분자의 운동에 대하여 눈을 감는다면 이들 분자의 평균적인 운동 상태는 동일하다고 볼 수 있다. 즉 분자 각각의 운동방향이나 회전과 같은 모든 운동 상태는 동일하다고 보고, 기체 분자가 차지하는 어느 순간의 위치에만 주목한다. 이상의 가정은 지금까지 다루었던 공간엔트로피에서의 분자의 경우가 그러하였다.

지금 분자 1개당의 체적을 V_m라고 하면 기체 1 mol을 대상으로 하였을 때 그 체적 V안에 기체 분자가 위치할 수 있는 자리 수 M은 다음과 같다.

$$M = \frac{V}{V_m} \tag{2–21}$$

기체 분자의 자리 수 M은 1몰의 기체 분자의 개체 수 N과 비교하면 압도적으로 크다.

N개의 분자는 M개 자리 중에서 자리를 차지하는데, 같은 자리에 N개의 분자가 자리를 바꾸어 들어가는 것을 허용한다면 이 문제는 중복조합 문제가 되며, 그 조합의 수는 M^N이다. 그러나 분자에는 구별이 없으므로 실질적인 경우의 수는 분자 N개의 순열의 수 $N!$으로 나누어야 한다. 따라서 분자 N개가 공간내의 자리의 수 M에 들어갈 수 있는 경우의 수 W는 다음과 같다.

$$W - \frac{M^N}{N!} \qquad (2-22)$$

따라서 기체체적 V안에 N개의 분자가 존재하는 기체의 엔트로피는 볼츠만의 원리의 식 (2-1)에 위 식 (2-22)를 대입하고 스털링 공식을 적용하면(부록 2-9 참조)다음과 같이 표시된다.

$$S(V) = \varkappa_B[N \log_e M - N(\log_e N - 1)] \qquad (2-23)[=부록\ 2-9\ 식\ 2]$$

다음에 자유팽창에서와 같이 분자의 운동에너지가 일정하게 유지된 채(등온상태) 체적이 V_1에서 V_2로 팽창하였을 때 나타나는 엔트로피 증대 $\varDelta S(V)$는 위의 식 (2-23)의 M에 식 (2-21)을 대입하면(부록 2-9 참조) 다음과 같이 정리된다.

$$\varDelta S(V) = S(V_2) - S(V_1) = N\varkappa_B \log_e\left(\frac{V_2}{V_1}\right) \qquad (2-24)[부록\ 2-9\ 식\ 4]$$

또 여기서는 1몰의 분자 수를 N이라고 하였으므로 $N\varkappa_B = R$이란 관계가 있다. 따라서 n몰의 기체를 취급하는 경우의 자유팽창에 따른 엔트로피의 증가량은 다음과 같이 표시된다.

$$\Delta S(V) = nR \log_e \left(\frac{V_2}{V_1} \right) \qquad (2-25)[=\text{본문 식 } (1-19)]$$

위 식의 결과는 자유팽창을 등온팽창으로 대체하여 같은 체적 비 V_2/V_1로 팽창하였을 때 나타나는 엔트로피 증가량 식 (1–19)와 일치한다.

3) 혼합에 따른 엔트로피 증대

지금 두 가지 기체가 있다. 그리고 이들 두 가지 기체 분자는 같은 환경하에서 무질서한 운동을 하고 있다고 한다. 그러면 이들 두 가지 분자의 평균적인 운동 상태는 동일하다고 볼 수 있으므로 분자의 위치에만 주목한 볼츠만의 경우의 수를 도출한다.

두 종류의 기체가 각각 차지하는 체적은 V_1, V_2이며, 분자의 수는 N_1, N_2라고 한다. 그러면 각각의 엔트로피의 식은 본 항 b)의 식 (2–23)을 참조하여 다음과 같이 나타낼 수 있다. 여기서 V_m은 분자 하나가 차지하는 공간의 크기이며, κ_B는 볼츠만 정수이다.

$$S(V_1) = \kappa_B[N_1 \log_e \left(\frac{V_1}{V_m} \right) - N_1(\log_e N_1 - 1)] \qquad (2-26)$$

$$S(V_2) = \kappa_B[N_2 \log_e \left(\frac{V_2}{V_m} \right) - N_2(\log_e N_2 - 1)] \qquad (2-27)$$

이 두 종류의 기체를 혼합하면 체적은 $V=V_1+V_2$, 분자 수는 $N=N_1+N_2$로 된다. 만일 같은 종류인 분자 1이란 분자 한 가지만 있을 경우는 분자마다 구별할 수 없다는 점에서 이때의 미시적인 상태의 수는 앞에서 설명되었듯이 $(V/V_m)^N$을 $N_1!$으로 나누어야 했다. 두 종류 기체의 혼합의 경우는 이들 분자의 종류에 따른 구별은 되지만 같은 종류의 분자끼리에 대하여는 역시 구별할 수 없으므로, 두 번째 분자에 대한 $N_2!$으로 나눠주어야 한다. 따라서 혼합기체의 미시적 상태의 수 W는 다음과 같이 표시된다.

$$W = [V/V_m]^N/(N_1!N_2!)$$

혼합 후의 엔트로피 $S(V)$는 앞서 $S(V_1)$, $S(V_2)$를 도출했을 때의 경우와 같이 스털링 공식에 의해 다음과 같이 표시될 수 있다(부록 2-9 식 3 참조).

$$S(V) = \kappa_B[N \log_e(V/V_m) - N_1(\log_e N_1 - 1) - N_2(\log_e N_2 - 1)] \quad (2\text{-}28)$$

따라서 혼합에 의한 엔트로피 증대 ΔS는 식 (2-28)과 식 (2-26), 식 (2-27)로부터 다음과 같다.(부록 2-10 참조)

$$\Delta S = S(V) - \{S(V_1) + S(V_2)\}$$

$$= \kappa_B\left[N_1 \log_e\left(1+\frac{V_2}{V_1}\right) + N_2 \log_e\left(1+\frac{V_1}{V_2}\right)\right] \quad (2\text{-}29)$$

위 식에서의 엔트로피 증가 ΔS는 수식에서 $V_1/V_2 > 0$, $V_2/V_1 > 0$이므로 언제나 플러스로 나타난다. 따라서 두 가지 기체(물질)를 혼합하였을 때의 엔트로피는 각각의 엔트로피 합보다 반드시 증대함을 알 수 있다.

위 식은 $p_1 = N_1/N = V_1/V$, $p_2 = N_2/N = V_2/V$라고 하면 다음과 같이 바꾸어 나타낼 수도 있다.

$$\Delta S = \kappa_B N\left(p_1 \log_e \frac{1}{p_1} + p_2 \log_e \frac{1}{p_2}\right) \quad (2\text{-}30)$$

위 식에서 p_1은 체적 V중의 임의의 분자가 분자 1이라는 분자일 확률, p_2는 분자 2라는 분자일 확률을 나타낸다. 혼합하기 전의 체적 V_1안에 있는 분자는 모두 1이라는 분자이며, V_2중에 있는 분자는 모두 2라는 분자로 구성되어 있었지만 혼합에 의해 체적 V중의 한 분자가 어느 번호의 분자인지 불확실해졌다. 따라서 이것은 한 분자당 상실된 확정도(정보), 즉 한 분자당의 불확정도(불확실성)를 나타내고 있으며, 정보 엔트로피의 식 (2–18)과 같은 뜻임을 알 수 있다. 단, 식 (2–30)에서 $\varkappa_B N$이 붙어있는 것은 통계역학적 엔트로피에서 언급되었듯이 물질 엔트로피의 단위와 맞추기 위한 것이다.

또 혼합에 의한 엔트로피 증대 $\varDelta S$의 식 (2–29)를 자유팽창의 경우에 적용한다면 이것은 다음과 같이 해석될 수 있다. 즉 분자 수가 N_1인 번호 1의 분자가 용적 V_1에 들어있고, 부피 V_2에는 분자가 들어있지 않는 경우에 해당한다. 따라서 번호 2의 분자 수가 $N_2=0$인 경우가 된다. 자유팽창에서 부피가 $V_1 \rightarrow (V_1+V_2)$로 확대되는 것은 혼합의 식에서 $V=V_1+V_2$로 되므로 식 (2–29)에서 $V_2/V_1=(V-V_1)/V_1=V/V_1-1$을 대입하고, 분자 수 N_1을 $1\ mol$의 분자 수라고 하면 이것에 볼츠만 정수 $\varkappa_B$를 곱한 것이 가스정수 $R=\varkappa_B N_1$으로 되므로 다음과 같이 됨을 알 수 있다.

$$\varDelta S = \varkappa_B N_1 \log_e\left(\frac{V}{V_1}\right)+0 = R \log_e\left(\frac{V}{V_1}\right) \qquad (2\text{–}31)$$

위 식은 자유팽창에서 도출된 식 (1–19)의 $n=1\ mol$ 경우의 식과 일치한다.

제3장 엔트로피의 활용법

3-1 $T-S$ 선도의 유효성

(1) 카르노사이클

카르노는 준정적 과정과 가역과정이란 개념을 확립하고, 고온열원과 저온열원이 각각 하나씩 있는 두 열원 사이에서 열기관이 가역적으로 작동하였을 때 열기관의 열효율이 두 열원의 온도비로 주어지며, 이때의 효율이 최대가 됨을 밝혔다. 이어 클라시우스는 제1장에서 소개되었듯이 카르노의 원리를 등온과정과 단열과정으로 구성되는 카르노사이클로서 발표하고 엔트로피라는 새로운 상태량을 발견하였다.

엔트로피 S의 정의는 계와 열원 사이에서 주고받는 열량을 Q, 그 열량을 주고받는 쪽의 절대온도를 T라고 하였을 때 $S=Q/T$로 표시되며, 미소량의 형태로는 $dS=d'Q/T$로 정의되었다.

어떤 계의 상태변화를 해석할 때 그들은 주로 세로축을 압력 p, 가로축을 부피 V로 하는 $p-V$ 선도 상에 표시된다. 그러나 열공학에 있어서 계를 출입하는 열량에 주목할 때는 그 변화과정을 T를 세로축, S를 가로축으로 한 $T-S$ 선도 상에 나타내는 것이 유익할 때가 많다. 왜냐면 $T-S$ 선도 상에서 계의 상태변화를 변화곡선 1→2로 표시한다면 S축을 향한 두 점사이의 곡선 아래 면적이 바로 계에 출입한 열량 Q를 나타내기 때문이다. 그러므로 열기관의 출력을 해석할 때는 $p-V$ 선도와 함께 $T-S$ 선도로 표시하는 것이 유익하다. 이하에 $T-S$ 선도에 관한 설명과 이 선도를 열기관에 적용했을 때의 유효성에 대하여 기술한다.

먼저 카르노사이클을 $T-S$ 선도로 나타낸 경우를 설명한다. 카르노사이클은 두 개의 열원 사이에서 이뤄지는 등온변화와 단열변화의 두 변화곡선으로 구성된다. 이들의 변화과정은 $p-V$ 선도 상에서 [그림 3-1] (a)와 같이 표시된다. 같은 변화과정을 $T-S$ 선도 상에서 나타내면 [그림 3-1] (b)와 같이 사각형으로 표시된다. 이 그림에서 변화과정 2→3은 단열압축, 즉 열의 주고받음이 없으므로 $Q=0$이어서 $S=$일정, 즉 $S_2=S_3$이며, 온도는 $T_2 \to T_3$로 상승한다. 변화과정 3→4는 등온팽창이므로 온도 $T=$일정 하에서 열원에

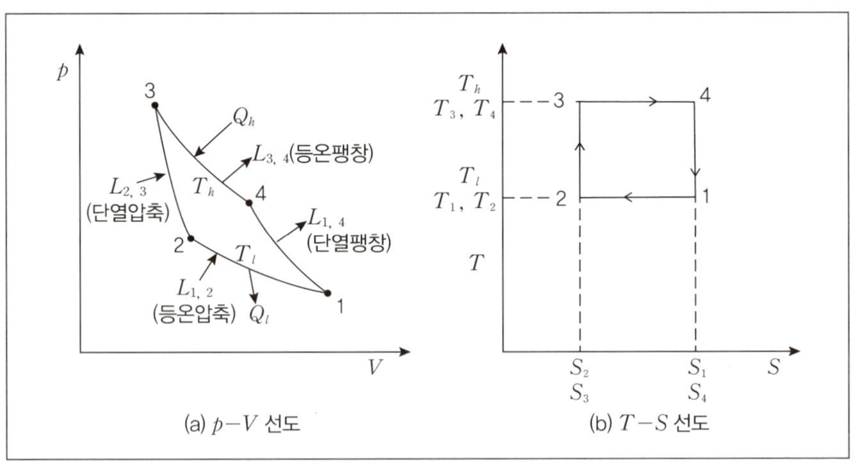

[그림 3-1] 카르노사이클

서 열을 받으며, 온도는 $T_3=T_4=T_h$(T_h: 고온열원의 온도)로 유지된 상태에서 엔트로피는 $S_3 \rightarrow S_4$로 증가한다. 변화과정 4→1은 단열팽창이며, S=일정이므로 $S_4=S_1$이고, 온도는 $T_4 \rightarrow T_1$으로 떨어진다. 마지막의 변화과정 1→2는 등온압축이므로 T=일정, 즉 $T_1=T_2=T_l$(T_l: 저온열원의 온도) 하에서 저온열원으로 방열하므로, 엔트로피는 $S_1 \rightarrow S_2$로 감소한다. 이 그림에서 3→4의 등온팽창과정에서 흡수한 열량 Q_h는 $Q_h=T_h(S_4-S_3)$로 주어지며, 이는 수평선 3→4 밑의 면적 $34S_4S_33$에 해당한다. 한편 1→2 과정의 등온압축으로 방출되는 열량 $|Q_l|$은 $|Q_l|=T_l(S_1-S_2)$이며, 이것의 열량은 면적 $12S_2S_11$로 표시된다. 등온압축 과정의 면적은 밑의 면적에 대해 반시계방향으로 돌고 있으므로 등온팽창의 경우와 반대로 되어있어서 마이너스의 부호를 갖는 열량으로 되며, 카르노사이클의 출력 $(Q_h-|Q_l|)$는 사각형 12341의 면적의 크기에 해당함을 알 수 있다. 그러므로 등온팽창에서 흡수된 열량의 면적 $34S_4S_33$에 대한 출력의 열량의 면적 12341의 면적비율이 카르노사이클의 효율이다.

이상으로 사이클의 상태변화를 $T-S$ 선도 상에서 나타내면 사이클에의 열의 출입 양과 열효율을 쉽게 이해할 수 있으며, 시각적 판단에도 도움이 된다. 카르노사이클의 열효율이 열기관의 효율로서 최고이므로 실제 열기관의 효율을 $T-S$ 선도 상에서 사각형으로 나타나게 하는 것이 열기관의 효율 향상을 연구하는데 절대적인 기준으로 되었다.

(2) 완전가스의 일반 비가역 상태변화와 엔트로피 변화

앞의 (1)항에서 카르노사이클이 원래 $p-V$ 선도 상에서 제시되었던 것을 $T-S$ 선도 상에 표시함으로써 계에의 열의 출입 양과 사이클 효율을 시각적으로 쉽게 이해할 수 있다는 것이 확인되었다. 그러나 실제로 일어나는 계의 변화는 카르노사이클의 가역과정과 달리 모두 비가역적이다.

비가역과정의 변화과정은 $p-V$ 선도 상은 물론 $T-S$ 선도 상에서도 직접 표시할 수 없다. 그러므로 이를 표시할 수 있게 하기 위해서는 적절한 처리가 필요하다. 그래서 여기서는 비가역과정을 어떻게 처리해야만 열역학적으로 취급될 수 있게 되는가를 설명한다. 카르노사이클은 계와 열원 사이의 열전달이 등온에서 가역적으로 이뤄질 수 있도록 계의 온도를 단열과정의 온도변화로 맞추어져 있었다.

그런데 실제의 경우로서 계가 계의 온도와 다른 온도의 열원과 열을 주고받는 경우, 계의 온도는 열을 주고받는 동안 계속해서 변화하므로, 이 열전달 과정은 비가역적이며, 계의 상태는 상태선도 상에 명시할 수 없다. 이 비가역 열전달 과정을 열원에서 받는 열량과 같은 열량을 받는 가역과정으로 만들기 위해서는 제1장의 1–3 (1) 2)의 일반 가역변화와 폴리트로프 변화(그림 1–6)에서 설명되었듯이 열원을 미소온도차를 가진 무수의 가상 열원으로 대체해야 했다. 그와 같이 하면 미소과정에서 받은 열량과 온도를 알고 있으므로 엔트로피 양도 구할 수 있어서 두 상태점 사이의 계의 변화과정을 두 가지의 상태선도 $p-V$와 $T-S$ 선도 상에 명시할 수 있다.

그런데 지금까지 바로 위에서의 미소열원 대체에 의한 가역과정을 포함해서 가역과정에 관한 언급이 여러 곳에서 나오면서 그들 사이에 차이가 있었음을 느꼈을 것이다. 그래서 가역과정에 관한 표현상의 차이를 여기서 정리해 본다.

가역과정이란 표현상의 내용은 다음 세 가지로 나눌 수 있다고 보았다.

① **카르노의 가역과정**: 이것은 카르노사이클에 도입되었던 것을 의미하며, 계가 두 열원 사이에서 열원과 동일한 온도 하에서 열을 주고받을 수 있도록 단열변화와 등온변화로 이루어지는 변화과정을 말한다. 이

가역과정을 다른 가역과정과 차별화하기 위해 여기서는 카르노의 두 열원 사이의 가역과정이라고 하기로 한다. 이 변화과정의 경우 계에서의 엔트로피 변화량과 열원 쪽의 엔트로피의 변화량이 양은 같고 부호만이 반대로 되어있으므로 계와 열원을 포함한 전체의 엔트로피 양에는 변함이 없다.

② **일반 가역과정**: 이 가역과정은 계의 열역학적인 변화를 말한다. 이 경우는 계에 지정된 변화를 가역적으로 이루어질 수 있도록 그에 적합한 미소열원이 분포되어 있어서 지정된 구간을 미소등온변화와 미소단열변화로 변해가는 것이다. 이때의 일반적인 변화는 폴리트로프 변화가 되며, 그에 대한 상태식 $pV^n=const$에서 지수 n이 미리 지정되는 경우가 된다. 이 변화에서 계가 받는 열량은 다음의 ③의 대체 가역과정의 경우와 달리 변화 후의 상태에 의해 결정된다. 열역학적 변화의 결과 주고받는 열량은 부록 3-1 식 4에서 지정된 단열지수 n에 해당하는 열량으로 주어진다. 그러므로 계의 가역변화에 필요한 열량은 그냥 주어지는 식으로 표현될 수도 있다.

③ **대체 가역과정**: 이 변화 과정은 주어진 두 열원 사이에서 이루어지는 비가역 변화과정이 $T-S$ 선도 상에 제시될 수 있도록 하기 위한 것이다. 그러기 위해 두 열원 사이에 미소온도차의 열원을 배치하여 미소등온과정과 미소 단열과정으로 가역적으로 주어진 상태 점까지 변해가도록 한다. 이 경우의 미소열원의 분포는 원래의 두 열원 사이의 비가역과정에서 이뤄진 열의 주고받은 양과 일치하도록 미리 정해지며, 그 결과 나타나는 가역변화 과정은 소위 폴리트로프 변화로 나타난다. 그러나 폴리트로프의 대체 가역과정으로 하였다고는 하지만 이를 원래의 두 열원 사이에서 이루어질 수 있는 ①의 카르노의 가역과정과

비교하면 고온 열원의 온도보다 낮은 온도의 미소 대체 열원과의 열전달로 이루어지므로 이들 열원에서 계가 받는 엔트로피양은 같은 열량을 기준으로 보았을 때 원래 열원이 제공하는 엔트로피양보다 커진다. 따라서 대체 가역과정은 변화과정만이 가역변화로 대체된 것이며, 원래의 비가역성은 그대로 남아있다.

1) 열 이동을 수반하는 비가역 변화과정의 $T-S$ 선도

여기서는 계가 지정된 두 열원 사이에서 열을 받아 비가역 변화를 하는 경우를 생각하고, 이 비가역 변화과정이 같은 열원 사이에서 카르노의 가역과정으로 이루어질 때와 비교한다. 그러기 위해서는 먼저 비가역과정의 변화를 가역과정으로 제시할 필요가 있다.

지금 [그림 3-2]에 온도 $T_1(<T_h)$의 상태 1의 계가 온도 T_h의 고온열원에서 열량 Q_{12}를 받아 온도 $T_2(=T_h)$의 상태 2가 되었다고 하였을 때의 $T-S$ 선도 상의 변화의 경로가 1→2로 표시되어 있다. 그런데 $T-S$ 선도 상에 상태 1, 2사이의 변화곡선이 그려져 있다고 하였는데 이 곡선을 그리는 방법

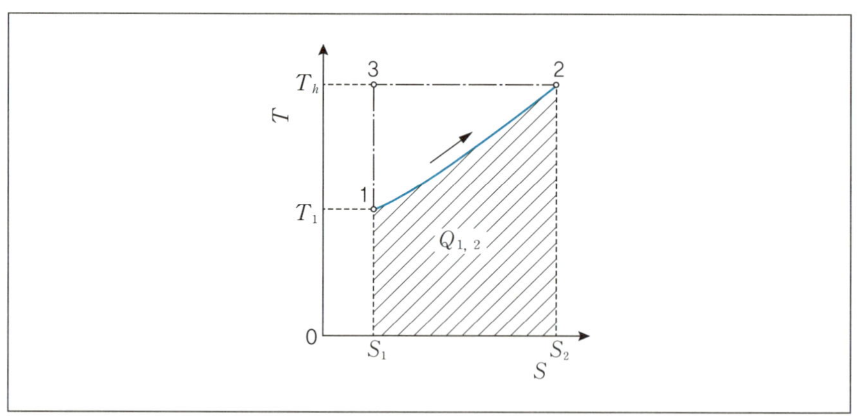

[그림 3-2] 비가역 수열에서의 $T-S$ 선도

이 문제가 된다. 이 곡선을 그리기 위해서는 부록 3-1에서 설명되어 있었듯이 열원을 미소 온도차의 열원으로 대체된 가역과정에서 도출된 엔트로피의 부록3-1 식 5-1을 이용하면 온도 T_2를 변수로 하여 온도변화에 따른 엔트로피 변화량을 계산할 수 있고, 이것으로 온도에 대한 엔트로피의 변화경로를 $T-S$ 선도 상에 그려낼 수 있다. 단, 이 계산에서 폴리트로프 지수 n이 필요한데, 이를 구하는 방법은 1-3절의 (1)의 2)항에서 설명된 바와 같다. 그리고 각 온도간격에 따른 엔트로피 변화량과 거기서의 온도를 곱하면, 그것이 그 미소변화과정에서 계에 유입된 미소 열량이 되므로 이들의 양을 상태 1과 2 사이에서 총합하면, 즉 곡선 1, 2의 밑의 면적 $12S_2S_11$이 되며, 그것이 전체 변화과정에서 흡입된 열량 Q_{12}가 된다.

한편 [그림 3-2]에서 상태 점 1, 2의 두 열원 사이의 카르노의 가역변화 경로는 1→3→2로 표시된다. 이때 계가 받는 열량 Q_r은 면적 $32S_2S_13$으로서 분명히 Q_{12} 보다 크다. 즉 다음과 같다.

$$Q_{12} < Q_r = T_h(S_2 - S_1) \tag{3-1}$$

다음에 [그림 3-3]은 [그림 3-2]의 경우와 반대로 온도 T_1의 계가 온도 $T_l(<T_1)$의 열원에 Q_{12}를 비가역적으로 방출하는 경우로서, 이 열량을 대체 가역과정으로 방출하여 $T_2(=T_l)$가 되었을 때의 경로 1→2가 제시되어 있다. 이 경우 카르노의 두 열원 사이의 가역과정의 경로는 1→3→2가 되며, $Q_r=T_l(S_1-S_2)$=면적 $32S_2S_13$으로 된다. 이 열량은 그림 상으로는 Q_{12}=면적 $12S_2S_11$ 보다 작지만 이때의 열량은 마이너스 값이므로 역시 $Q_{12}<Q_r$의 관계가 성립한다.

이상과 같이 표현상 같은 가역변화라고는 하지만 대체 가역과정의 경우에 받는 열량이 카르노의 가역과정의 것보다 적다는 것은 앞의 ③의 대체

가역과정에서 계가 비가역과정에서 받는 엔트로피의 양이 많다는 설명과 반대의 관계가 있다. 이를 직감적으로 이해하기 쉽도록 비근한 비유로 설명하면 다음과 같다.

지금 같은 금리로 정기예금을 하는데 처음에 일정금액을 몰아서(열원의 온도에 해당) 일정기간(엔트로피의 전 변화량에 해당) 저축하였을 때와 매회 적은 금액을 같은 만기일까지 부어서 같은 원금 금액이 되도록 저축하였을 때 이자에 큰 차이가 생기는 것과 유사하지 않을까? 이를 엔트로피의 경우와 대비하여 보면 그 차이에 대한 이유를 이해하기 쉬울 것이다.

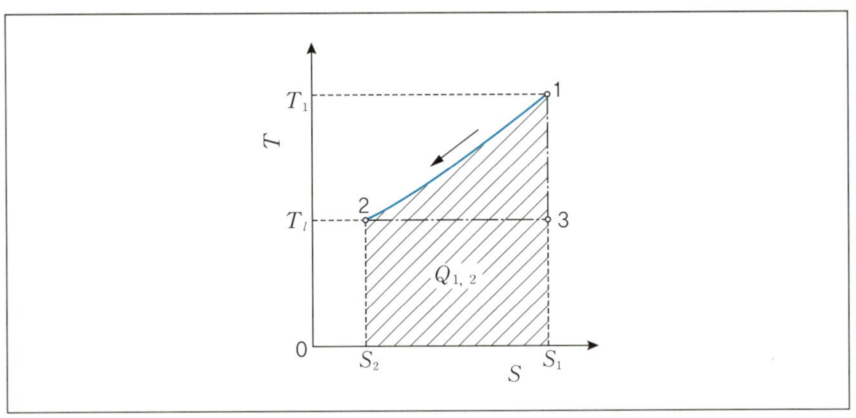

[그림 3-3] 비가역 방열에서의 $T-S$ 선도

2) 오토 사이클–가솔린 엔진

실제 열기관이 두 개 열원 사이에서 작동할 때 실린더에 봉입된 완전가스가 어떤 거동을 하는가에 대하여 고찰한다.

실제 엔진은 연료의 연소에 의해 열 공급을 받지만 여기서 취급되는 열기관은 계에 열이 공급되는 형태가 열용량이 큰 열원과의 열전달에 의해 이루어지며, 열원의 온도는 변하지 않는 것으로 한다.

[그림 3-4]에는 오토사이클의 $p-V$ 선도와 엔진 모델이 그려져 있다. 이 사이클은 수열과 방열이 등적(等積) 하에서 이뤄지므로 등적 사이클이라고도 불린다. 이 사이클은 불꽃 엔진, 즉 가솔린엔진에서 수행되고 있는 사이클의 기본형이며, 이 엔진의 실제 작동 상황은 다음과 같다.

피스톤에 흡입된 공기는 오토사이클의 압축과정인 곡선 1→2에 따라 단열 압축되어 흡입공기의 온도는 상승한다. 그 다음 압축된 가스에 연료가 분사되어, 등적상태에서 열량 Q_h가 공급되고, 압력은 2→3으로 수직상승한다. 고온으로 된 가스는 3→4로 단열 팽창하여 피스톤에, 즉 외부에 일을 수행한다. 이때 가스의 온도는 피스톤의 하사점인 점 4의 상태에 해당하는 온도까지 떨어지며, 팽창 후의 연소 가스는 배기가스로서 열량 Q_l을 밖으로 방출한다. 이때 배기가스 방출과 동시에 다른 경로를 통해 새 공기가 흡입된다. 연소가스의 배출과 새 공기 흡입의 두 가지 과정이 4→1 사이에서 동시에 이뤄

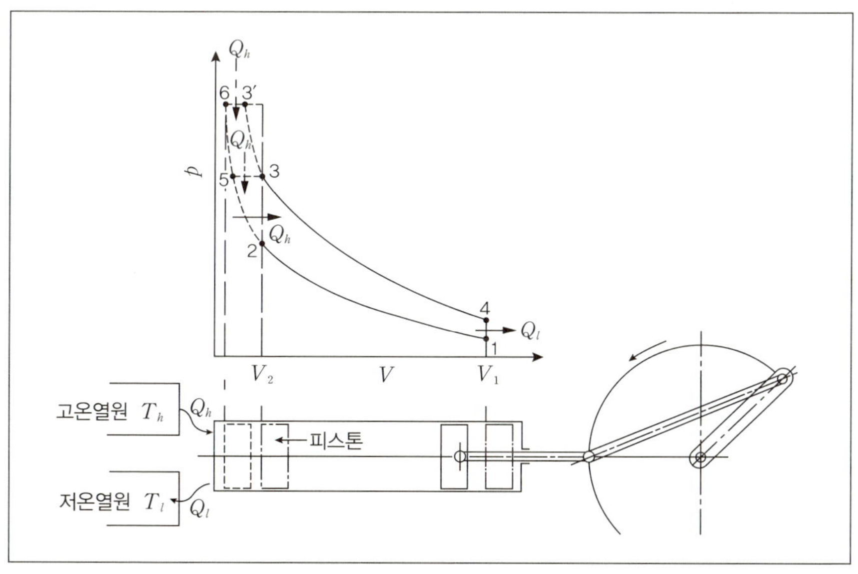

[그림 3-4] 오토사이클과 엔진모델

진다. 이상의 사이클 과정은 실린더 내에 들어있는 일정량의 가스에 고온열원에서 열 Q_h가 공급되고 저온열원에 Q_l을 방열하는 형식으로 대체될 수 있다. 이상의 과정은 준정적이지 않으며, 마찰 등이 있는 비가역 등적변화이지만 이론적인 취급을 단순화하기 위해 실린더는 단열되어 있고, 압축과 팽창의 과정은 가역단열과정이며, 단 열전달에 의한 열 이동만은 온도차가 있는 비가역과정이라고 가정한다.

이상과 같은 비가역적인 열 이동이 있는 오토사이클의 $T-S$ 선도가 선도 상에 표시될 수 있게 하기 위해서는 열의 주고받음을 미소온도차의 무수의 열원으로 대체되어야 한다. 그렇게 하여 그려진 사이클 곡선이 [그림 3-5]의 경로 12341이다.

이 사이클에서 고온열원에서 받은 열량 Q_h는 면적 $23S_3S_12$로 표시되고, 방출열량 Q_l은 면적 $41S_1S_44$로 표시되므로, 출력은 그들의 면적 차인 12341로 된다. 이 사이클의 출력을 같은 온도의 두 열원 사이에서 작동하는 가역사이클인 카르노사이클([그림 3-1] (b) 참조)의 출력 12′34′1과 비교하면 수열과 방열에서의 열손실과 출력의 차이가 분명해지며, 사이클의 개선의 여지를 금방 확인할 수 있을 것이다.

3) 디젤 사이클-디젤엔진

오토사이클(가솔린엔진)의 출력은 위의 오토사이클에서 설명되었듯이 [그림 3-5]의 $T-S$ 선도 상의 면적 12341로 표시되었다. 출력을 크게 하려면 이 면적을 크게 해야 한다. 그 방법에는 몇 가지를 생각할 수 있지만 그 중의 하나로 [그림 3-4]의 오토사이클에서 연료공급 후의 상태 점 점 3을 동일하게 유지한다고 하였을 때, 단열압축을 점 5까지 계속한 후에 등압팽창 하도록 연료주입 하여 점 3까지 팽창시키는 디젤 사이클이라는 방법이 있다. 이

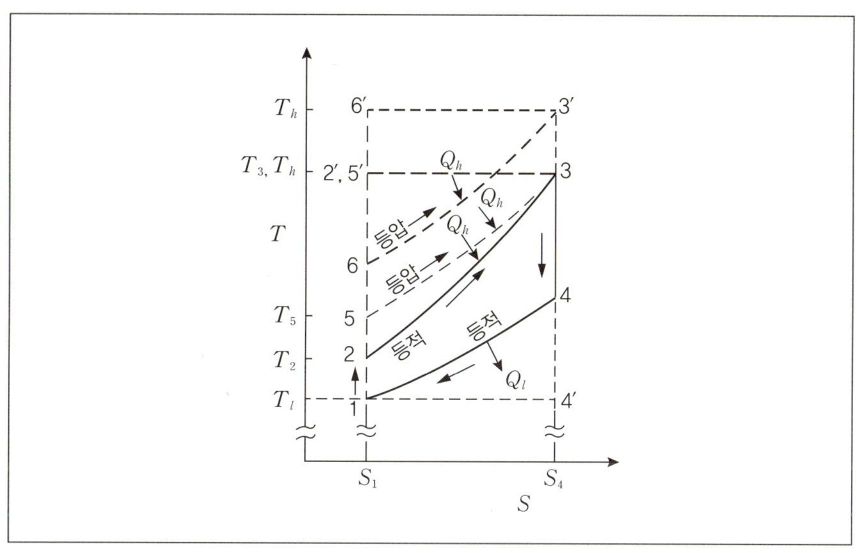

[그림 3-5] 오토사이클의 $T-S$ 선도(점 2′은 고온열원의 상태점)

변화과정은 [그림 3-5]에서 변화곡선 15341로 표시되며, 출력은 오토사이클에 비해 변화곡선 2→3이 파선으로 그려진 5→3으로 올라간 만큼 증가한다. 이 파선의 곡선 5→3이 오토사이클의 2→3의 곡선보다 높은 온도의 점 5에서 출발하여 등적변화보다 완만한 등압곡선 5→3으로 표시되어 있다. 이것은 임의로 적당히 그린 것은 아니고 그렇게 나타난다는 것이 부록 3-2에서 설명되어 있다.

이와 같은 열효율 개선 방안이 쉽게 나올 수 있는 것도 $T-S$ 선도의 덕분이라 할 수 있다. 실제 디젤 사이클은 단열압축의 압력을 더욱 높이기 위해 [그림 3-4]의 점 6까지 높이고 등압팽창은 단열팽창선의 연장선상의 점 3′까지로 한다. 이때의 $T-S$ 선도는 [그림 3-5]와 같이 변화곡선 163′41로 표시되며, 출력은 그 변화곡선의 면적에 해당한다. 이들의 사이클에 대한 카르노 사이클은 [그림 3-2]에서 언급되었듯이 고온의 점 3 또는 3′의 온도와 저온의 점 1을 기준으로 12′34′1과 16′3′4′1로 나타나며, 고온의 온도가 높을수록 카르노사이클의 출력도 증가하며 열효율도 높아짐을 알 수 있다.

실제 디젤 사이클은 오토(가솔린 엔진)사이클의 경우보다 몇 곱 높은 압력으로 압축된다. 흡입공기가 처음 체적의 1/16까지 단열압축 되어서 그 점이 [그림 3-5]에서의 점 6의 상태로 되었다고 하면 그때의 공기의 온도는 약 540℃까지 달한다. 여기에 디젤오일이 분사되면 점화장치가 없어도 자연점화가 가능하며, 이때 연료공급은 실린더 내의 계가 등압팽창 하도록 제어되어야 하므로 여기에는 기술적인 어려움이 뒤따른다. 점 3′까지 팽창한 연소가스는 오토사이클과 동일하게 점 4까지 단열팽창하여 점 4와 점 1사이에서 연소가스의 배출과 새 공기의 흡입이 신속하게 이뤄질 수 있게 되어 있다.

이상으로 가솔린엔진의 오토사이클의 효율을 개선하기 위해 등압팽창 후의 체적점 3을 같아지도록 하는 조건 하에서 오토사이클의 최종 단열압축 점 2를 그보다 높은 압력의 점 5까지로 하는 디젤 사이클로 함으로써 출력을 오토사이클의 것보다 크게 할 수 있음을 알았다. 그래서 디젤엔진이 가솔린엔진보다 열효율이 좋다고 알려져 있는 근거가 여기에 있다. 단 디젤엔진에서는 가솔린엔진에 비해 피스톤에 의한 흡입공기의 압축을 높여야 하며, 공급연료를 실린더 내에서 폭발시키지 않고 자연발화로 등압적으로 연소하도록 연료분사를 제어해야 하는 기술적인 어려움이 있다. 디젤엔진은 가솔린엔진에 비해 압축비가 높으므로 진동이 커질 수밖에 없고, 견고하게 제작해야 한다는 난점이 있다. 그러나 열효율이 높고 기름의 정제상태가 낮은 값싼 디젤유를 사용할 수 있다는 장점이 있어서 출력이 큰 트럭이나 선박 엔진 등에서 주로 사용되어 왔다. 그러다가 제작기술의 향상으로 엔진의 진동이 줄고, 배기가스 처리기술의 향상으로 자가용 차에도 사용될 수 있게 되었다.

열기관의 열효율은 카르노사이클을 기준으로 고온열원의 온도가 높을수록 높아짐을 알고 있다. 그 사실은 디젤엔진의 높은 압축으로 작동가스의 온도를 높임으로써 실제 열기관의 효율이 높아진다는 사실에서도 확인되었다. 그래서 화력발전소의 스팀터빈이나 가스터빈에서도 기술이 허용하는 한 터빈의 입구 온도를 최대한 높이려고 노력하고 있는 것이다.

4) 가스터빈 개발현황(2020. 8 현재)

현재 에너지의 소비 형태를 보면 전력과 휘발유에 의한 것이라고 할 수 있다. 앞으로 전기자동차나 수소자동차가 대세를 이루게 되면 배터리 충전과 수소생산을 위해 보다 많은 전력이 소비될 것이다. 따라서 발전량 증대에 따른 연료소비는 더욱 많아질 것이며, 발전에 따른 배기가스의 발생량 또한 많아진다. 이에 대한 대책으로서 발전효율을 높이는 기술이 개발되어야 한다. 이를 위해 발전열효율을 획기적으로 높일 수 있는 가스터빈발전과 증기터빈발전을 연계한 복합사이클 발전 방식이라는 것이 개발되었으며, 앞으로의 주류가 될 것이다. 복합사이클발전 중의 증기터빈의 개발역사는 오래되었고, 완성도도 높다. 한편 가스터빈 쪽도 터빈 입구 온도가 높아지고, 출력의 대형화가 이뤄짐으로써 1980년대부터 증기터빈과의 복합사이클 발전용으로 도입되기 시작했다. 그 결과 발전열효율이 증기터빈만으로 발전하는 경우보다 10%나 높은 50%를 달성할 수 있게 되었다. 그 후 가스터빈의 성능 향상과 대출력화로 인해 오늘날 CC효율(복합사이클 효율: Combined Cycle Thermal Efficiency: CC효율)은 60%대로 높아졌다. 우리나라에서도 외국 가스터빈 도입으로 복합사이클 발전으로 발전열효율을 높여왔다. 그런데 아쉽게도 국산 가스터빈은 전무하며 외국산이 2019년 현재 150기나 도입되었고, 가스터빈의 국산화가 절실해졌다. 다행히 국산 가스터빈의 개발이 시작되었고 제1호기가 2019년 말에 완성되었다. 이를 계기로 발전용 대형 국산 가스터빈에 대한 국민의 관심이 높아졌으므로 국산 가스터빈의 개발현황과 외국산의 기술수준을 간단하게 소개하면 다음과 같다.

① 국산 가스터빈

발전용 국산 가스터빈의 첫 번째 것은 S1모델이라고 하여 270MW(27만kW)급, 터빈 입구온도 1,500℃급, 가스터빈열효율 η>40%, CC효율 62%를 목표로 하여 2013년부터 개발이 시작되었다. 2019. 11. 15에 개발이 완료되었고, 2020. 2의 최초 점화를 통해 2021. 6까지 설계검증 및 신뢰성시험을 완료하고 11월에 김포 열병합 실증단지에 설치될 예정이다.

이어서 개발되고 있는 370MW급 S2모델은 터빈입구온도 1,600℃, CC효율 63% 이상으로 하고 설계가 완료되어 제작 중에 있으며, 초도품 조립은 2022. 6까지 완료하고, 2023. 6에 설계검증 및 신뢰성시험을 종료한다는 일정이다. 그리고 2030년까지 CC효율 65%의 모델을 개발하여 선진업체 경쟁모델성능을 따라잡을 계획에 있다.

여기서 복합사이클(CC)이라는 것은, 사이클의 열효율 40% 이상인 가스터빈의 배기가스를 화력발전용 보일러에서 재활용하여 증기터빈 사이클에서 열효율 40% 이상을 얻어 두 사이클의 복합발전으로 전체 발전열효율 60% 이상을 달성하는 발전 방식을 의미한다.

② 외국산 가스터빈

외국의 발전용 대형 가스터빈의 기술현황은 다음과 같다. 외국경쟁사로는 미국의 GE, 독일의 Siemens, 일본의 MHPS, 이탈리아의 Ansaldo의 4개사가 있다. 이들 4개사의 가스터빈의 최신 기술수준과 국산 가스터빈의 개발내용을 비교할 수 있도록 그들 4개사의 최신 최대출력 가스터빈의 현황을 소개하면 다음과 같다.

GE(60Hz 기준): 430MW, CC효율: 62%.

Siemens: 310MW, MHPS: 425MW, 터빈입구온도: 1,600℃,

CC효율: 62%.

Ansaldo: 369MW, 가스터빈효율: 42.3%, CC효율: 62.3%.

이상의 선진 가스터빈의 성능은 현재 국내에서 개발 중에 있는 S2모델이 성공적으로 완성되면 거의 동등하다. 가스터빈 개발에 종사하는 국내 기술진에 대한 기대가 크다고 할 수 있다.

3-2 물의 상변화와 엔트로피

(1) 물질(물)의 상변화

우리 생활에서 가장 가까운 물질은 물과 공기다. 물은 물론이고 공기 중에 포함된 수분도 우리 생활과 밀접한 관계가 있다. 그래서 물의 상변화, 특히 물의 증발현상(포화온도, 포화압력, 분압 등)을 확실하게 알아 둘 필요가 있다. 여기서는 물의 비등현상을 엔트로피와 연관시켜서 설명한다.

모든 물질은 일정압력(대기압) 하에서 변화해 간다고 볼 수 있다. 그래서 일정압력 하에서 온도가 상승하면 고상에서 액상 그리고 기상으로 변하는데, 그 변화과정은 [그림 3-6]의 순수물질의 상태곡선도에서 확인할 수 있다.

지금 순수물질의 상태변화를 이 그림에 따라 설명한다. 이 그림에서 어떤 일정압력 하에 있는 점 A_0의 물질의 상태는 온도 T의 상승에 따라 A_1, $A_2 \cdots A_4$로, 즉 고체에서 융해하여 액체상태, 그리고 증발상태로 변해간다. 변화과정에서 임계점이라고 불리는 점 K를 정점으로 갖는 증발선(포화액선)과 점 A_3에서 교차한다. 지금 그 어떤 물질을 물이라고 하면 점 A_3은 그림에서 읽을 수 있는 압력 p와 온도 T에서 증발하기 시작하는 증발점을 나타내며, 이 상태의 물을 포화수라고 한다. 이때의 온도를 이 압력에 해당하는 증발온도(포화온도)라고 하며, 압력을 포화압력이라 한다. 이들의 물의 포화(증발)온도와 포화압력 사이에는 일정한 관계가 있으며, 포화수증기표로서 상세한 데이터가 준비되어 있다. 이것은 [그림 3-6]의 점 K를 정점으로 하는 물의 증발 선을 데이터화 한 것이며, 우측의 포화증기선의 데이터와 동일하다. 단지 비체적에서 차이가 있을 뿐이다. 그래서 포화수증기표의 데이터에는 좌측의 포화액상의 비체적과 우측의 포화증기상의 비체적의 값이 함께

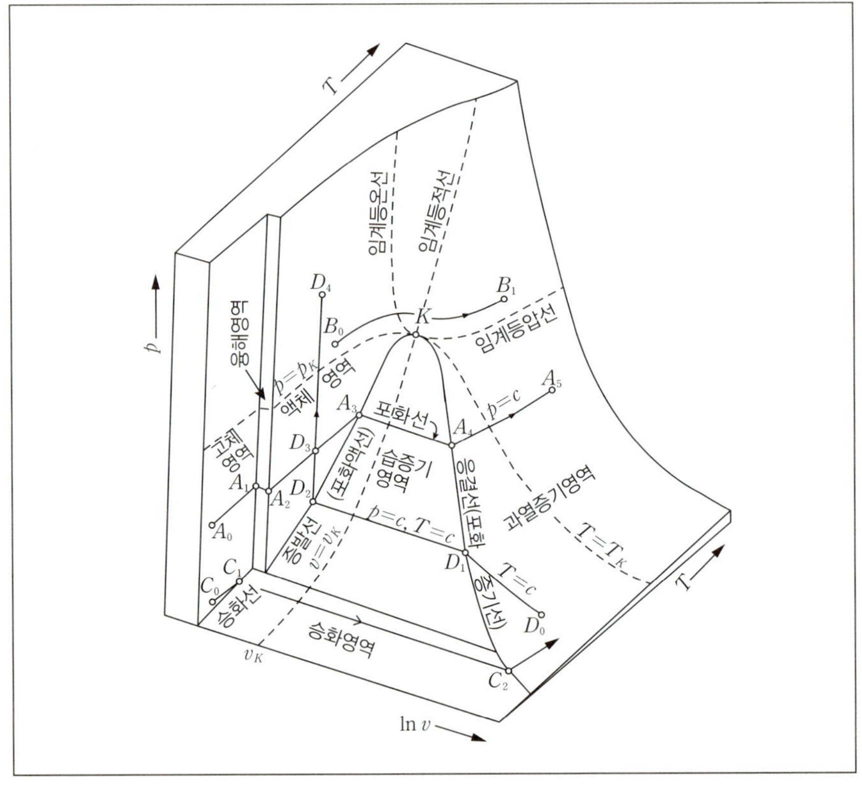

[그림 3-6] 순수물질의 상태곡선도
(A_3: 증발온도, 포화액온도, A_4: 포화증기 온도, 건증기 온도, 응결온도, A_3-A_4: 포화선, 습증기 영역)

제시되어 있다.

점 A_3와 점 A_4 사이는 습증기 영역이라 한다. 이 구간에서의 온도는 일정하며, 가열에 의해 증발이 진행된다. 습증기 영역에서는 액체와 증기가 공존하며, 증발이 진행함에 따라 증기가 증가하며, 점 A_4에서 전체가 수증기(기체)로 변한다. 습증기 1kg중에 $x$kg의 포화증기가 있다고 하면 나머지 $(1-x)$ kg는 포화수이며, 이때의 습증기를 건도 x의 습증기라고 한다. 따라서 점 A_4는 습증기 중의 포화수가 완전히 증발한 건포화 수증기 또는 포화증기라고 하며, 건도가 $x=1$의 상태다. 건 증기가 가열되면 과열증기가 된다. 습증기와 과열증기의 경계가 응축선이다. 이를 포화증기선이라고도 한다. 포화액선(증발선)과 포화증기선을 총칭하여 포화한계선이라고도 부른다.

등압변화의 출발점을 임계압력보다 높은 점 B_0라고 하면, 이 경우의 온도에 따른 변화는 습증기를 거치지 않고 과열증기의 영역으로 바로 들어가며, 변화는 초임계 영역에서 진행된다.

(2) 물의 증발

공업용 증기는 일반적으로 보일러의 기수(汽水)드럼을 통해서 공급된다. 보일러의 운전이 정상적일 때는 보일러에의 급수는 연속적으로 이뤄지므로, 기수드럼에서의 증발은 정상적이다. 따라서 이와 같은 증발과정은 기수드럼의 액면에 증발증기의 일정압력이 작용하고 있는 등압변화라고 볼 수 있다. 그래서 기수드럼에서의 증발을 묘사하기 위해 여기서는 [그림 3-7]에서와 같이 실린더 내의 물에 일정압력이 작용했을 때의 증발현상을 생각하기로 한다. 이 증발에서 유의해야 할 점은 다음 항 (3)에서 취급되는 대기 중의 증발과 달리 액면 위에 대기와 같은 공기는 없고, 액면 상에 틈새 없이 고체 면을 통해서 일정압력이 작용하고 있다고 하는 것이다.

[그림 3-7] (a)는 실린더 내의 물의 온도가 0℃인 액면에 일정 압력 p가 작용하고 있는 상태에서 가열되고 있는 경우를 나타낸다. 물이 계속해서 가열되면 그림 (b)에서와 같이 물에 작용하는 압력 p와 같은 포화압력이 되는 포화온도 t_s에 도달한다. 그림 (b)의 상태가 될 때까지는 증기는 증발하지 못하므로 그때까지의 물은 압축수라고 불린다. 물이 포화온도($t=t_s$)에 도달한 후에도 계속 가열되면 물은 그림 (c)와 같이 증기로 바뀌어 그 이상의 온도상승은 일어나지 않는다.

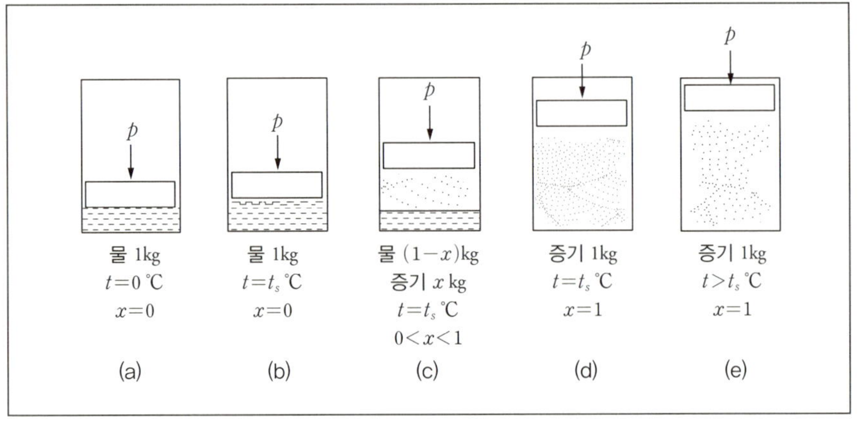

[그림 3-7] **동압 하에서 물의 증발과정**

포화온도 t_s 상태에 있는 액체를 포화 액이라고 한다. 포화 액의 압력과 온도 사이에는 앞서 언급되었듯이 일정한 관계가 있으며 한쪽이 정해지면 다른 쪽도 정해진다. 증발은 일반적으로 액체의 표면에서 이뤄지지만 가열이 활발할 때는 액의 밑바닥에서도 일어나며, 이때의 증기는 기포 형태로 액 안을 상승한다. 이와 같은 현상을 특히 비등이라고 부른다.

일정 압력 하에서 증발이 계속되면 습증기 영역(포화선)([그림 3-6] 참조)을 이동하여 마지막에는 그림 (d)와 같이 물은 100% 증기로 상변화 한다. 완전히 증기로 된 상태는 건 증기 또는 포화증기라고 불린다. 건 증기가 된 후에도 계속 가열되면 그림 (e)의 과열증기가 된다. 과열상태에 따라 수증기의 상태량이 결정된다.

이상의 과정을 [그림 3-8]의 물의 $T-S$ 선도 상에서 설명하면 다음과 같다. 그림에서 $J-K$는 증발선(또는 포화액선)이고, $K-L$은 응축선(또는 포화증기선)이다. 점 K는 임계점이라 하며, 물의 임계압력은 225.5기압(22.12 MPa), 임계온도는 374℃(647.15 K)이다. 임계온도보다 조금이라도 높아지면 모든 물은 즉시에 증발하여 포화수증기가 된다. 그 이상의 온도에서는 과열증기가 된다. 지금 이 그림에서 대기압 하의 물의 온도가 0℃인 물의 상태 점이 점 O로 표시되어 있다. 이 물을 점진적으로 가열해 가면 가열열량과 그로 인한 온도상승 량으로부터 엔트로피 증가량이 산출되며, 증가한 엔트로피와 온도 사이의 관계가 곡선 $O-S$로 표시된다. 점 S는 물의 가열로 증발을 시작하는 포화온도 T_s의 상태 점을 나타낸다. 점 S에 도달한 후 계속해서 가열되면 물의 상태는 온도가 일정한 수평선에 따라 $S \rightarrow C$로 증발하면서 이동

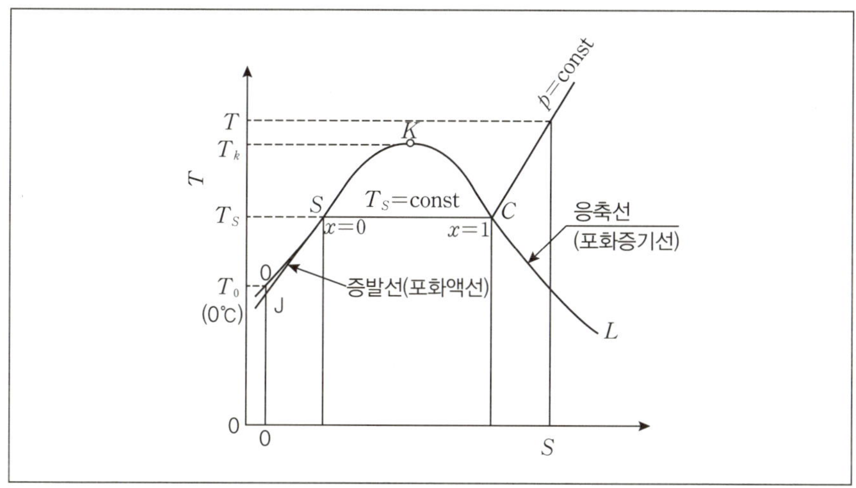

[그림 3-8] $T-S$ 선도 상의 물의 상태변화

하며, 건도 x는 상승한다. 점 C는 건도가 $x=1$인 건포화수증기의 상태다. 점 C에 도달한 후에도 일정압력 $p=const$의 상태에서 계속 가열되면 증기는 과열수증기로서 온도는 계속 상승한다.

(3) 액면에 대기압이 작용하는 경우의 증발

수증기에는 물의 온도에 따른 포화증기압이 있다. 액면에 작용하는 압력이 [그림 3-7]에서와 같이 액면 상에 고체면을 통해 공백 없이 작용하고 있을 때는 물의 온도가 액면상의 압력에 해당하는 포화증기압의 온도에 도달할 때까지는 증발이 일어나지 않았다. 그러나 공기와 같은 여러 성분의 기체로 조합된 기체가 액면 상에 존재하는 경우는 액면 압력보다 낮은 증기압이라도 공기 중에 증발하여 달돈의 분압의 법칙에 따른 공기 중의 수증기 분압으로 존재할 수 있다. 이때 공기 중에 존재할 수 있는 물의 최대 수증기압은 물의 온도의 포화증기압까지 상승할 수 있다. 이때의 공기를 포화공기라고 한다. 포화공기 이외의 습공기를 불포화공기라고 하며, 수증기분압이 $p_w=0$이면 수증기를 포함하지 않으므로 건 공기라고 한다.

건공기(Dry Air: DA) 1kg당에 $x$kg의 수증기가 포함되어 있을 때 $x$kg/1kg(DA)를 절대 습도라고 한다. 상대습도는 습공기의 수증기분압을 같은 온도의 포화공기수증기분압에 대한 백분율로 나타낸 것이다.

포화공기의 상태 값들은 공기표라고 불리는 자료로서 공표되어 있다. 그러나 불포화의 상태 값들은 계산에 의해 구해야 하며, 이 계산이 너무 복잡하기 때문에 도표 상에서 구할 수 있도록 온도범위와 용도에 맞는 몇 가지 선도가 준비되어 있다. 그중에서 습공기의 엔탈피 h와 절대습도 x를 기준좌표로 한 $h-x$선도가 있다. 이 선도에는 건구온도 t, 습구온도 t', 절대습도 x, 비체적 v, 수증기 분압 p_w의 선들이 함께 기입되어 있어서, 이들 값들 중 두 개의 값이 주어지면 $h-x$ 선도 상의 상태 점이 정해지며, 이 상태 점을 기준으로 나머지 상태 값들을 선도 상에서 읽을 수 있게 되어 있다. 이 $h-x$ 선도를 간단하게 묘사한 것이 [그림 3-9]이다. 지금 예를 들어 건구온도 t=30℃, 습구온도 t'=24℃가 주어졌다고 하면 이에 대한 그림상의 위치의 점 A가 정해지며, 이점이 그림 중의 각종 선도에 대해 차지하는 위치로부터 절대습도 x=0.0163kg/kg(DA), 상대습도 Φ=61%, 노점온도 t''=21.7℃ 등을 읽을 수 있다. 대기에의 증발문제는 3-4절 (5)에서의 결로(結露)와 증발에서 다시 다루어진다.

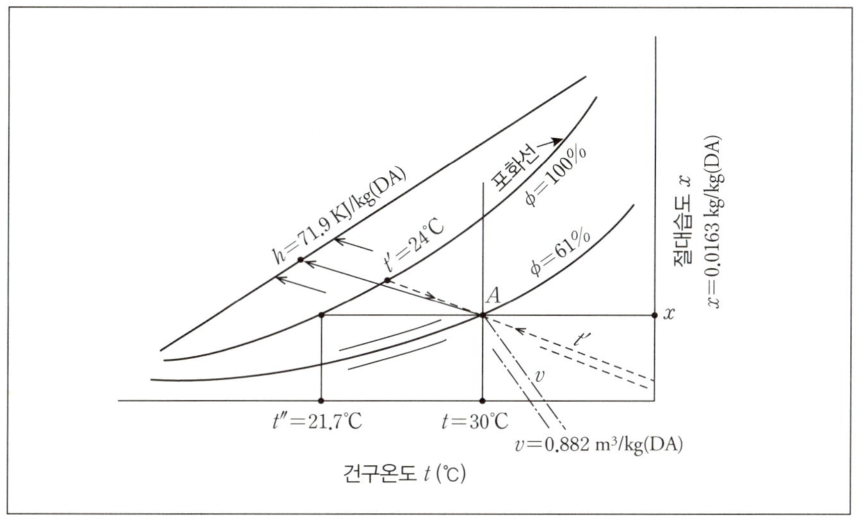

[그림 3-9] 공기선도

3-3 증기를 이용한 사이클(랭킨 사이클-증기터빈)

물의 상변화를 이용한 열기관의 사이클로서 랭킨사이클이 있다. 이 사이클은 증기터빈의 기본 사이클이며, [그림 3-10]에서와 같이 증기의 증발 4→1

과 응결과정 2→3이 등온 하에서 일어나므로 단열변화 1→2, 3→4와 함께 원리적으로 카르노사이클에 같거나 가까운 사이클을 형성할 수 있다. 이 그림에서 12341과 같은 사이클을 생각하면 이것은 $T-S$ 선도 상에서 사각형을 형성하므로 카르노사이클과 동일하다. 그러나 이 사이클에서는 압축을 점 3→4와 같이 습증기 영역에서 수행해야 하므로 증기의 비체적은 물에 비해 엄청나게 크며, 액상에서 압축하는 경우보다 수 천 배의 일을 필요로 한다. 왜냐면 일의 양이 비체적에 비례하기 때문이다. 그래서 사이클의 열효율은 카르노사이클보다 약간 떨어지기는 하지만 완전히 응축된 3′의 액상상태에서 압축하면 압축일은 아주 작아지며 단위유량당의 출력인 비출력은 증대한다. 비출력이 크다는 것은 같은 출력을 얻는데 작은 기계로 가능하다는 것을 의미한다.

그런데 지금까지 화력발전소의 보일러는 물을 가열하는데, 물의 임계점(점 K) 온도 374℃보다 훨씬 낮은 온도인 점 4에서 보일러의 수관(水管)과

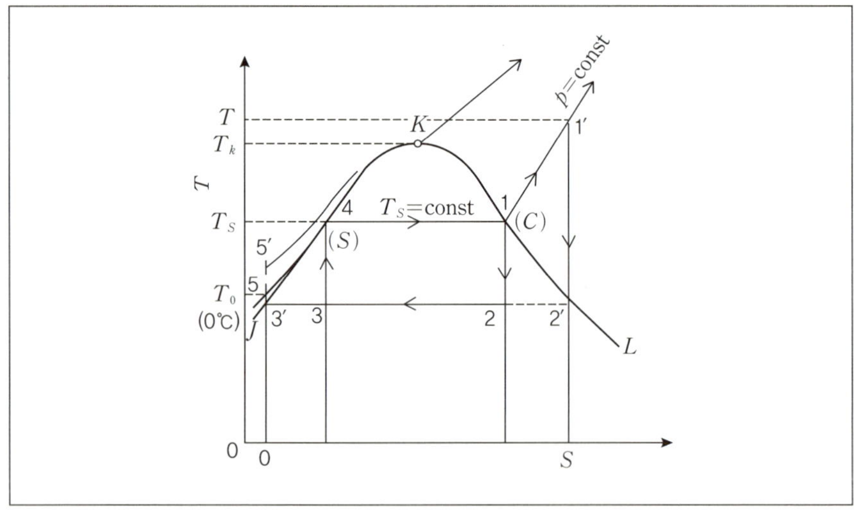

[그림 3-10] 랭킨사이클

1,500℃를 넘는 연소 가스 사이의 열전달(증발)에 의해 이뤄져 왔다. 그 온도차가 너무 컸었다. 이것은 보일러에서의 열전달 과정에서 엔트로피 증대에 따른 비가역 손실이 엄청나다는 것을 의미한다.

한편 작업물질인 증기가 점 1→점 2로 단열팽창하면 포화증기가 습증기로 변하면서 습도의 증가로 증기 중에 수적이 발생한다. 이 수적은 터빈 깃에 손상을 입히며 깃의 파손이나 증기터빈의 고장으로 이어진다. 이와 같은 폐해를 피하기 위해 증기를 점 1보다 더욱 높은 온도, 즉 점 1→점 1′의 높은 온도의 과열증기로 가열하여, 점 1′→2′으로 팽창시킨다. 그러면 팽창과정의 대부분이 과열영역에서 이뤄질 수 있게 된다. 팽창이 끝난 후의 증기는 냉각수에 의해 점 2′→점 3′으로의 변화로 액화된다. 액체상태가 된 점 3′의 진공압력상태의 응축수는 보일러 순환펌프에 의해 단열적으로 점 3′→5로 압축되어 보일러에 급수된다. 물은 점 4에서 다시 증발하기 시작하여 점 1에서 증발이 완료하는 과정을 되풀이 한다.

최근의 화력발전소에서는 복수기에서 응축된 점 3′의 응축수를 대기압에 해당하는 점 5보다 높은 압력상태인 점 5′까지 단열압축한 후 보일러에서 가열하여 임계점 K에서 증발시킨다. 그리고 이것을 다시 임계점(K) 온도(374℃) 보다 높은 543℃ 정도까지 과열하여 발전효율 44%를 넘는 열효율을 얻고 있다. 이것은 고도로 발달한 가솔린엔진이나 디젤엔진의 열효율 20~30%보다 훨씬 높다. 참고로 위의 발전효율을 카르노사이클의 열효율과 비교하기 위해 고온열원의 온도를 543℃, 저온열원의 온도를 대기온도인 23℃로 하였을 때 카르노사이클의 열효율은 63.7%이었다. 보일러에서 발생하는 증기를 임계점 온도보다 높은 온도까지 과열시킨다고는 하지만 연소가스의 온도 1,500℃와 비교하면 훨씬 낮으므로 여기서의 엔트로피 증대에 따른 비효율성은 아직도 엄청남을 알 수 있다.

전력회사는 전력수급에 차질 없게 하기 위해 가스터빈에 의한 발전시설도 갖추고 있다. 최근의 대형가스터빈은 터빈날개의 냉각효과를 최대한으로 높임으로써 터빈입구의 연소가스 온도가 금속도 녹는 1600℃ 이상의 고온에 이르렀다. 그로 인해 터빈출력 30만kW급에서 터빈열효율이 42% 정도로까지 높아졌다. 그런데 가스터빈의 열효율을 그 이상 높이기에는 상당한 어려움이 뒤따를 것으로 예상된다. 그래서 가스터빈에서의 고온의 배출가스를 재활용해야 한다는 점에서 가스터빈의 배출가스의 열을 증기터빈의 보일러에서 재활용하는 복합사이클발전시스템이 개발된 것이다. 이 방식에 의해 100만kW급 복합발전에서 발전열효율이 60%를 상회하는 것으로 나타났다. 이와 같은 높은 열효율은 다른 방식의 열기관이나 발전방식으로는 달성 불가능한 것이므로 앞으로 대형발전소에서의 발전방식은 이 방식으로 옮겨갈 것으로 예상된다.

3-4 자발적인 변화를 엔트로피로 판정

(1) 얼음이 자발적으로 얼고 녹는 현상

얼음이 녹는 것은 상식적으로 잘 알려져 있는 현상이다. 그러나 엔트로피를 이해하기 위해 이 상식적인 자연현상을 엔트로피라는 입장에서 해석해 본다. 지금 [그림 3-11]과 같이 25℃의 물에 0℃의 얼음이 떠있다고 한다. 얼음이 녹는 데 필요한 엔탈피(융해열)는 $\Delta H = 6.00\ kJ/mol$이다. 이것은 얼음을 녹이기 위해서 6.00 kJ/mol이라는 엔탈피(열)가 25℃의 물에서 얼음 쪽으로 들어가야 하는 것이다. 이로 인한 물 쪽의 열 엔트로피의 변화(감소량) ΔS_w는, 물이 상실하는 엔탈피 양 ΔH_w와, 물의 온도 25℃(298K)로부터 계산할 수 있다. 여기서 물의 엔탈피 ΔH_w의 양의 부호는 ΔH_w를 다루는 주체인

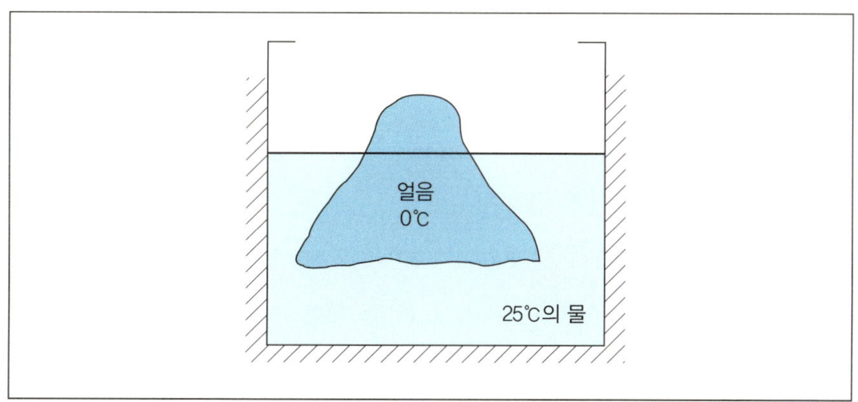

[그림 3-11] 0℃의 얼음이 25℃의 물에 떠있는 상태

물질(계)에 들어오는 경우는 플러스의 양으로, 나가는 경우는 마이너스의 양으로 취급된다. 따라서 융해열 ΔH가 물에서 빠져나가는 경우 물 입장에서는 마이너스, 즉 $\Delta H=\Delta H_w<0$이며, 같은 융해열 ΔH를 얼음이 받는 경우(얼음의 엔탈피 변화량을 ΔH_i로 표시)는 $\Delta H=\Delta H_i>0$로 취급된다. 이상과 같은 약속에 따라 물 쪽의 열 엔트로피의 변화량 ΔS_w는 다음과 같다.

$$\Delta S_w = \frac{\Delta H_w}{T_w} = \frac{-6.00\times10^3\,J/mol}{298K} = -20.1\,J/(K\cdot mol)$$

즉 물의 엔트로피는 20.1 $J/(K\cdot mol)$ 감소함을 의미한다.

한편 얼음이 융해를 위해 얻은 열에 의한 엔트로피의 증가량 ΔS_i는 얼음이 물에서 받는 열(엔탈피)과 얼음의 온도 0℃(273 K)로부터 다음과 같다.

$$\Delta S_i = \frac{\Delta H_w}{T_i} = \frac{6.00\times10^3\,J/mol}{273K} = 22.0\,J/(K\cdot mol)$$

따라서 물에 얼음이 든 용기 전체의 엔트로피 변화량 ΔS_{net}는 다음과 같다.

$$\Delta S_{net} = \Delta S_w+\Delta S_i = -20.1+22.0 = 1.9\,J/(K\cdot mol)$$

이상으로 얼음과 물이라는 두 개의 계를 합친 전체 계의 엔트로피의 변화량은 플러스로 나타났으므로 엔트로피가 증가하는 방향으로, 즉 얼음이 녹는 현상이 자발적으로 일어날 수 있음을 확인할 수 있다. 이것은 우리의 일상생활에서 경험하는 것과 일치한다.

다음은 같은 그림에서 얼음은 0℃(273K)의 순수한 물이 얼은 것이라고 하고, 얼음이 떠있는 물은 −5℃(268K)의 바닷물이라고 한다. 이때 얼음은 어떻게 될 것인가? 바닷물은 보통 −2℃에서 얼지만 상황에 따라서는 그보다 더 낮은 온도에서도 얼지 않는 경우가 있다. 그래서 바닷물이 −5℃까지 떨어진 경우를 생각하였다. 앞의 예와 마찬가지로 얼음이 녹는다면 바닷물에서 얼음 쪽으로 열이 들어가야 하며, 바닷물이 상실하는 열은 얼음을 녹이는데 필요한 융해열 $\Delta H = 6.00\ kJ/mol$이다. 그리고 바다물의 엔탈피 변화량을 ΔH_s로 나타내면 $\Delta H_s = -6.00\ kJ/mol$이며, 해수의 엔트로피 변화량 ΔS_s는 다음과 같이 계산된다.

$$\Delta S_s = \frac{\Delta H_s}{T_s} = \frac{-6.00 \times 10^3\ J/mol}{268K} = -22.4\ \mathrm{J}/(K \cdot mol)$$

바닷물에 떠있는 0℃(273 K)의 얼음이 바다 물에서 얻는 엔트로피는 전과 마찬가지로 22.0 $J/(K \cdot mol)$로 산출되므로 바닷물과 얼음 양쪽을 합친 전체 엔트로피의 변화량은 다음과 같다.

$$\Delta S_{net} = \Delta S_s + \Delta S_i = -22.4 + 22.0 = -0.4\ \mathrm{J}/(K \cdot mol)$$

즉 전체 엔트로피가 마이너스로 나타났으므로 이 온도상황에서는 얼음이 녹지 않음을 의미한다. 즉 반대로 얼음이 성장해가는 방향으로 진행할 것임을 의미하고 있다.

(2) 계와 환경(엔트로피와 엔탈피의 균형)

본 절 3-2에서의 물의 증발이나 응축현상은 당연히 일어나는 것으로 전제되어 있었다. 이 항에서는 그러한 상변화가 어떠한 엔트로피 환경에서 일어나는가에 대하여 알아본다.

얼음이 얼고 녹는 현상은 잘 알려져 있듯이 얼음이 주위의 물과 에너지를 주고받음으로써 일어난다. 이와 같이 어떤 변화에서도 주위와의 에너지의 주고받음이 필수적이다. 그래서 변화가 일어나는 물체, 즉 계 쪽의 엔트로피 변화를 ΔS_{sys}, 주위 환경의 엔트로피 변화를 ΔS_{envi}로 표시하면, 그 변화가 자발적으로 진행할 수 있는지의 여부는 다음 식으로 표시되는 이들 두 개 엔트로피양의 합인 ΔS_{net}의 부호와 크기에 의해 결정된다.

$$\Delta S_{net} = \Delta S_{sys} + \Delta S_{envi} \tag{3-2}$$

그런데, 물질 엔트로피는 고체, 액체 그리고 기체의 순으로 증가함을 알고 있다. 한편 엔트로피에는 엔트로피의 고유한 법칙인 "엔트로피 증대법칙"이 있다. 그래서 이것을 잘못 해석하면 모든 물질의 엔트로피는 계속 증대해 가는 것으로 해석되어서, 결과적으로는 모든 물질은 기체화되어 지구상의 모든 것이 기화해 버리는 것으로 생각될 수 있다. 그러나 실은 그렇지는 않다. 이에 대한 답은 여기서의 논의에서 찾아질 수 있다. 위의 식 (3-2)는 다음과 같이 다시 쓸 수 있다.

$$\Delta S_{net} = \Delta S_{sys} + \Delta S_{envi} = \Delta S_{sys} + \frac{\Delta H_{envi}}{T_{envi}} \tag{3-3}$$

이 식에서 계가 환경으로부터 엔탈피 ΔH_{envi}(정압변화의 경우는 열에너지와 동일함)를 받으면 계(물질)의 엔트로피는 증가($\Delta S_{sys} > 0$)하며, 이때 환경의 엔탈피는 감소하므로 $\Delta H_{envi} < 0$으로 취급된다. 이들 두 개의 엔트로피

항의 크기 관계에 따라 계의 변화의 진행 여부가 결정된다. 그것을 좌우하는 것이 환경의 온도 T_{envi}이다.

환경의 온도 T_{envi}가 높아지면 계에 들어가는 ΔH_{envi}의 마이너스 부호의 효과가 약해지며, 상대적으로 $\Delta S_{sys}(>0)$의 효과가 커진다. 그 결과 계의 물질은 물질엔트로피가 증가하는 상태, 즉 예를 들면 고체에서 액체, 또는 액체에서 기체로 변화하는 가능성이 높아진다. 그러나 환경의 온도가 낮아지면 반대로 $\Delta H_{envi}<0$의 항의 영향이 상대적으로 커지므로 계의 ΔS_{sys}가 증가해서 자발적으로 그쪽 방향으로 진행하려고 해도 전체의 ΔS_{net}의 부호가 마이너스로 나타나게 할 수 있으므로 그때의 변화는 반대방향으로 진행된다.

우리는 기체도 냉각되면 액체 그리고 고체로 변화함을 알고 있다. 이 현상은 물질에서 환경으로 에너지가 빠져나가는 것인데, 예를 들어 액체의 물이 냉장고 안에 들어 있으면 물은 언다. 이것을 식 (3–3)에서 보면 환경이 물체에서 에너지를 빼앗는 것이므로 환경의 엔탈피 변화량 ΔH_{envi}는 플러스가 되고, 물체의 엔트로피는 에너지를 빼앗기기 때문에 물체의 열 엔트로피는 감소하며, 이로 인해 물체 내의 분자운동에 따른 공간엔트로피의 감소로 분자의 위치는 점차 고정되어 가는 것이다. 즉 물의 온도가 내려가는 것이다. 냉각에 이어서 얼음이 생길 때는 물 분자끼리의 수소결합이 새롭게 구성된다. 그때 결합 엔탈피(화학에너지)가 방출되지만, 그 에너지는 환경(냉장고)이 흡수해 주므로 얼음을 녹이는 쪽으로는 쓰이지 않는다.

이상의 논리를 물의 상태변화, 즉 액체에서 기체, 그 반대인 기체에서 액체로 변화는 상변화에 적용해 본다.

(3) 액체에서 기체로(물의 증발)

여기서 다시 한번 지금까지의 현상에 대한 답을 약간 다른 각도에서 간단하게 요약해 본다. [그림 3-12] (a)에서 용기의 바닥에 액체가 있고, 그 액체가 기체로 되기 위한 조건을 생각해 본다.

이 조건은 식 (3-3)에 의해 결정된다. 우선 공간엔트로피의 관점에서 보면 액체는 공간엔트로피가 증가하는 기체 쪽으로 변해가는 경향을 가지고 있다. 그러므로 ΔS_{sys}(계, 물질, 즉 물의 엔트로피의 변화량)을 구성하는 공간엔트로피는 항시 플러스의 값을 가지려고 한다. 그러나 그것만으로는 불충분하며, 분자가 용기 안에 충분히 확산하기 위해서는 확산에 필요한 열 엔트로피를 어떤 형태로든 환경에서 공급받아야 한다. 그렇지 않으면 기체로 되기 위해 필요한 만큼의 충분히 큰 플러스의 ΔS_{sys}를 확보할 수 없다. 그것은 환경입장에서는 열엔트로피를 빼앗기는 것이므로 $\Delta H_{envi}<0$으로 된다. 그러나 식 (3-3)의 ΔS_{net}를 충분히 큰 플러스의 값으로 하기 위해서는 환경의 온도 T_{envi}를 충분히 크게 하여 $\Delta H_{envi}/T_{envi}$의 마이너스의 효과를 약화시킬 필요가 있다.

이것은 주전자를 가스레인지에 올려놓는 것에 해당한다. 외부로부터 가열(에너지 공급)함으로써 액체에서 기체로의 변화가 진행한다. 물을 담은 주전자를 가스레인지에 올려놓고 불을 붙인 채 놓아두면 모든 물이 기체(증기)로 되어버려 빈 주전자가 된다. 당연한 현상이지만 엔트로피의 개념을 써서

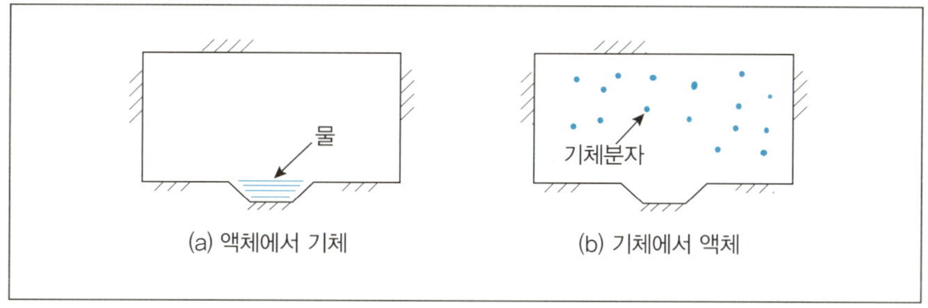

[그림 3-12] 물의 상변화

도 그렇게 된다. 반대로 환경으로부터의 에너지 공급이 적으면 액체는 언제까지나 용기 안에 그대로 남아있다. 물론 우리들의 일상적인 경험에서도 알 수 있듯이 실내온도에서도 물을 방치해 두면 어느 새 증발해 버린다. 그러나 실내온도가 어느 정도로 높지 않으면 증발이란 과정도 자발적으로 진행하지는 않는다.

(4) 기체에서 액체로

다음에 [그림 3-12] (b)의 경우를 생각한다. 즉 기체(예: 수증기)라는 계가 액체로 되는 변화이다. 이 현상은 분자의 공간엔트로피의 관점에서 보면 $\Delta S_{sys}<0$가 되는 것이다. 그러므로 이 변화가 진행되기 위해서는, 즉 $\Delta S_{net}>0$으로 되어야 하는데, 그러기 위해서는 식 (3-3)의 ΔS_{envi}는 절대적으로 $\Delta S_{envi}>0$의 양으로 되어야 하며, 절대온도 T가 항시 플러스이므로 $\Delta H_{envi}>0$으로 되어야 한다. ΔH_{envi}가 플러스라는 것은 환경이 물질계(수증기)에서 에너지를 빼앗는 것을 의미한다. 여기서 환경이란 무엇인가 하면 수증기를 둘러싸고 있는 주변을 말한다. 따라서 환경이 물질이라는 계에서 열엔트로피를 빼앗아야 하는 것이다. 이것은 어려운 이야기가 아니고 물질계를 식히는 것이다. 즉 계 전체를 냉장고 안에 넣어두는 것과 같다. 그와 같이 하면 ΔH_{envi}는 플러스가 되며, 따라서 기체에서 액체로의 변화가 일어난다. 즉 식 (3-3)에 의해 기체, 액체, 그리고 고체로의 상태변화가 설명될 수 있다. 여기서 확실히 알아두어야 할 것은 언제나 ΔS_{net}가 증가하는 방향으로 진행한다는 것이다. 가열하거나 냉각을 하여도 그 상태의 변화는 전체의 일부에만 적용되어 있을 뿐이며, 전체로는 무엇을 하든 ΔS가 증가하는 방향으로 진행한다.

(5) 결로와 증발

위의 항 (3), (4)에서 물의 증발과 응축이 환경의 온도변화와 엔트로피의 변화 관계만으로 설명되었다. 이들 현상을 이번에는 수증기분압과 관련시켜 양적인 관계를 고려해서 해석해 본다.

우리는 겨울철 아침에 일어나면 베란다의 창문이나 벽에 낮에 없었던 수분의 결로현상이 나타나는 것을 경험한다. 그리고 해가 떠서 기온이 올라가면 결로는 사라진다. 결로현상은 수증기가 응축하여 물로 되는 현상이다. 그리고 결로의 증발은 그 반대의 현상이며, 이와 같은 현상이 밤낮에 반복되고 있다.

공기 중에는 날씨에 따라 차이는 있지만 어느 정도의 일정한 양의 수증기가 포함되어 있다. 날이 어두워지면 실내 온도는 떨어진다. 그런데 수증기는 온도에 따라 공기 중에 포함될 수 있는 양에 한계가 있다. 최대한도에 달했을 때를 포화상태, 즉 포화수증기압으로 되었다고 한다. 이 포화수증기압과 온도의 관계를 나타낸 것이 [그림 3-13]의 포화증기압곡선이다. 물은 100℃일 때의 포화증기압은 1기압이다. 온도가 높을수록 포화증기압은 높다. 즉 공기 중에 많은 수증기가 존재할 수 있다.

지금 결로할 때를 생각하는데, 겨울철의 실내온도를 20℃, 상대습도는 60%라고 한다. 이것을 [그림 3-13]에서 보면 공기 중에 포함될 수 있는 최대 수증기량은 가로축의 20℃의 위치에서 압력으로 AC의 높이이며, 실제로 실내에 존재하는 상대습도 60%의 수증기량은 압력으로 AB의 높이이다. 즉 상대습도는 (AB/AC)×100%=60%이다. 그리고 실내온도가 5℃까지 떨어진다고 하면, 창문 쪽의 온도가 먼저 떨어질 것이므로 그곳에서 결로현상이 나타나기 시작한다. 이 현상을 온도-증기압의 [그림 3-13]에서 보면 공기의 상태 점 B가 좌측 옆인 B→F로 수평 이동하는 것이며, 한편 포화증기압곡선은 온도

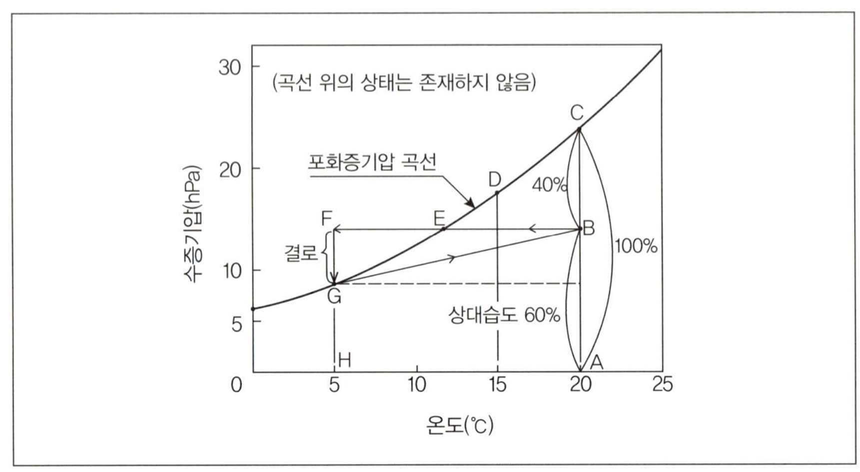

[그림 3-13] **결로와 증발**

와 함께 내려가므로 상대습도는 상승하며, 실내온도가 내려가는 도중에 점 E에 도달하였을 때 상대습도는 100%가 된다. 그리고 결로현상이 나타난다. 이 점을 결로점이라고 한다. 점 E보다 더욱 온도가 내력가면 결로 양은 증가하며, 온도 5℃의 점 F에 도달하면 그때의 결로 양은 압력상당으로 FG이며, 실내 공기는 점 G에 해당하는 습도 100%의 상태가 된다. 실내에 존재하는 수증기양은 수증기 압력으로 GH에 해당한다. 압력으로 표시된 수분양은 포화수증기표를 이용하면 포화증기의 압력(MPa), 온도(℃), 포화수의 비체적(단위질량당의 부피, m^3/kg), 건포화수증기의 비체적(m^3/kg), 건포화수증기의 밀도(kg/m^3) 등 기타 많은 상태량들을 확인할 수 있다. 이들 값들을 이용하면 방의 크기와 실내온도로부터 수증기의 부피를 알 수 있고, 또한 밀도로부터 공기 중에 존재하는 수분 양을 산출할 수 있다.

다음에 실내 공기가 따뜻해지면 물의 흡열로 공기의 상태는 점 G에서 우측으로 이동하여 포화증기곡선까지의 수분증발이 가능하다. 만일 실내에 결로 때와 같은 양의 수분이 존재한다면 다시 점 G→B로의 경로를 따라 점 B로 되돌아간다.

3-5 화학반응에서의 엔트로피

(1) 에너지의 질적 변화

물질이 화학반응을 일으킬 때 열을 발생하거나 흡수한다. 열을 발생하는 반응은 "발열반응", 흡수하는 경우는 "흡열반응"이라 한다. 발열반응은 화학에너지가 열에너지로 변환하는 현상이다. 이것을 에너지의 질적 면에서 보면 화학 에너지가 에너지의 질로서 최하위인 열에너지로 바뀌었으므로 에너지의 질이 떨어진 반응이라고 할 수 있다. 반대로 화학반응에서 열을 흡수하는 변화는 열에너지가 화학적 에너지로 바뀐 반응이므로 에너지의 질적 향상이 일어났다고 한다. 반응열의 발생과 흡수는 열 엔트로피의 이동을 동반한다.

물은 지상의 대기압 하에서 100℃에서 비등한다. 비등으로 물이 열을 흡수하여 자신의 상을 기상으로 변화시키므로 이 현상은 열에너지의 화학적 에너지로의 변환현상이다. 이를 엔트로피 면에서 보면 액체였던 물이 수증기라는 기체로의 변화로 그의 존재 공간, 즉 존재공간엔트로피라는 물질엔트로피를 비약적으로 증가시킨 것이며, 이것은 수증기가 갖는 화학에너지로의 변환으로 흡수된 열에너지의 엔트로피 감소를 상쇄시킨 것이다. 이하에 화학반응과 엔트로피의 관계를 알아본다.

(2) 화학반응의 방향성

화학에너지의 엔트로피는 화학반응이 일어났을 때 동반하여 발생하는 반응열과 관련된 엔트로피를 말한다.

화학반응에는 반응이 일어나기 전과 후가 있는데 그것의 방향은 무엇으로 결정되는 것인가? 그것은 화학반응에 관여하는 물질의 엔트로피와 반응열의 엔트로피들의 수지(收支)에 따라 결정된다. 그러나 자연계에서 물질이 변화는 변화의 방향성이 보이지 않는 경우가 많다. 그것은 [변화의 속도]가 너무 느리기 때문이다. 우리는 엔트로피를 통해서 물질이 어느 방향으로 어느 정도 변화할 수 있는가는 예측할 수 있다. 그리고 자연적으로 일어날 수 없는 변화도 일어날 수 있게 하는 방법을 알아낼 수도 있다. 그러나 그 변화가 어느 정도의 빠르기로 즉, 즉각적인지 또는 100년, 1000년이란 긴 세월을 거쳐서 천천히 일어나는지에 대하여는 예측할 수 없다. 그래서 변화의 빠르기에 관한 정량적인 평가에 관해서는 엔트로피는 속수무책이라고도 할 수 있다.

예를 들어 목재나 종이는 대기 중에 놓아두어도 이산화탄소 CO_2와 물 H_2O로 분해된다. 그것은 그 방향으로 변화함으로써 엔트로피가 증가하기 때문이다. 그렇다고 그러한 자연현상이 눈에 보이는 것은 아니다. 그러나 목재나 종이에 불을 붙여서 온도를 높이면 이산화탄소와 물로 되는 것을 쉽게 확인할 수 있다. 이와 같이 우리는 일어날 수 있는 화학반응에 점화라는 조작으로 화학반응을 촉진시켜, 물질의 변화현상을 우리 목적에 맞게 이용하고 있다. 연료라고 하여도 자연변화로 아주 미미하게 열을 내고 있는 상태로는 이용가치가 없다. 휘발유, 도시가스, 등유, 숯 등은 모두 그러한 물질들이다. 이들은 불을 붙이지 않는 한 변화속도가 느리므로 대기 중에 놓아두어도 안전하다. 그러나 이들을 연료로서 이용하려고 할 때는 점화라는 조작으로 산화반응의 동기부여를 하여 변화속도를 촉진시켜 다량의 열을 순식간에 발생하도록 하고 있는 것이다.

화학에너지는 화학반응에 의해 발생한 열을 말하는 것인데, 화학반응을 일으키기 전의 화학물질은 물질 엔트로피만을 가진다. 그러나 물질이 점화나 혼합에 의해 반응을 일으키면 물질들의 결합으로 반응열이 발생한다. 그때의 발생열량을 그때의 절대온도로 나눈 것이 화학반응에 따른 열에너지의 엔트로피가 된다. 연료가 타서 물질의 화학에너지가 열에너지로 바뀌었을 때 에너지의 질적인 면에서는 질적 저하가 일어났다고 한다. 이 에너지의 질적 저하는 연소의 결과 반응열을 포함한 생성물의 엔트로피가 증가한다는 점에서 질적 저하가 일어났다고 설명할 수도 있다.

즉, 연소라는 현상은 탄소나 수소의 산화현상을 의미하는 것인데. 반응 전의 산소는 자유롭게 대기 중을 나돌고 있다. 그것이 산화반응에 가담하면 그 자리에 고정된다. 그래서 산소라는 물질은 산화반응으로 그의 존재공간이 감소하며, 그에 따른 엔트로피 감소가 일어난다. 그렇다고 하여 산화반응이 바로 멈춰지는 것은 아니고, 탄소의 산화반응으로 생성된 물질의 엔트로피와 발열에 의한 열 엔트로피의 발생으로 산소의 존재공간 엔트로피의 감소량보다 훨씬 많은 엔트로피를 발생하게 되므로 연소는 계속된다. 연료가 타는 현상에는 이와 같은 엔트로피 증가가 있으므로 연소현상은 질적 저하가 일어나고 있는 현상이라고 할 수 있다. 왜냐면 엔트로피 증가현상은 질적 저하를 의미하기 때문이다.

(3) 화학반응의 가능성의 판단

화학반응의 가능 여부는 엔트로피의 증대 여부로 확인할 수 있다. 이를 위해서 먼저 해야 할 일은 화학반응식을 확립하는 것이다. 이어서 확정된 화학반응식을 근거로 화학물질이 갖는 물질엔트로피의 변화와 화학반응에 따른 발생 열에너지의 엔트로피 양을 계산하는 것이다. 이에 대한 절차는 다음과 같다.

① 화학반응식을 설정한다. 만일 화학반응식이 잘 알려져 있지 않는

경우는 원하는 반응이 일어날 수 있도록 헤스의 법칙(law of Hess, 부록 3-3 참조)을 근거로 다단계의 기본반응 식으로 구성한다.

② 화학반응물질의 표준생성엔탈피와 물질엔트로피의 값들을 열역학데이터에서 읽는다.

③ 화학반응 후의 표준생성엔탈피의 변화량, 즉 반응열과 물질엔트로피의 변화량을 구한다.

④ 반응열을 데이터의 기준절대온도로 나눔으로써 반응열에너지의 엔트로피 양을 구하여 위의 물질엔트로피 변화량과의 합으로 전체의 엔트로피변화량을 구한다. 그 결과 플러스로 나타나면 이 반응은 자발적으로 일어날 수 있는, 즉 가능한 화학반응임이 확인된다.

(4) 화학반응식과 엔트로피의 계산 예

1) 과산화수소의 화학반응

여기서는 과산화수소의 분해반응이란 간단한 반응에 대해 열역학 데이터를 이용하는 예를 소개한다. 일반적으로 화학물질이 그의 성분원소의 단체로부터 생성될 때의 반응열을 생성열이라고 한다. 특히 압력 1bar(표준상태)에서의 화학물 1 *mol* 당의 생성열을 표준생성열 또는 표준생성엔탈피라고 부르며, $\Delta H_f^{\ominus}$로 표시한다. 예를 들어 25℃에서 1bar의 물 H_2O 1*mol*이 그의 성분원소의 단체인 수소분자 H_2와 산소분자 O_2에서 생성될 때, 반응열이 −285.83 *kJ/mol*이므로 25℃에서 물의 $\Delta H_f^{\ominus}$는 −285.83 *kJ/mol*이다. 어느 온도에서의 표준생성열의 값을 결정할 때는 생성반응에 관여하는 단체의 상태가 그 온도(및 1bar)에서 가장 안정한 것을 택한다. 예를 들어 25℃에서는 탄소의 경우 흑연, 유황의 경우는 사방유황을 택한다. [부록 3-3 표-1]에 몇 가지 무기물과 유기화합물의 25℃에서의 표준생성 엔탈피가 소개되어있다. 그리고 여기서 소개되어 있는 내용들에 대한 보충설명은 부록 3-3의 헤스의 법칙과 부록 3-4 2)의 표준생성 엔탈피의 차 등에 관한 설명을 참조할 수 있다.

본제에 들어가서 질량 1mol의 과산화수소의 분해반응식은 다음과 같다. 그 밑에 적힌 것은 화학반응식의 각 성분의 표준생성엔탈피 $\Delta H_f^{\ominus}$와 물질엔트로피 $S^{\ominus}$의 값들이며, [부록 3-3 표-1]에서 읽은 것들이다.

$$H_2O_2(l) = H_2O(l) + \frac{1}{2}O_2 \qquad (3-4)$$

$$\Delta H_f^{\ominus}[kJ/mol]: \quad -188 \qquad -286 \qquad \frac{1}{2}\times 0$$

$$S^{\ominus}[J/(K\cdot mol]: \quad 110 \qquad 70 \qquad \frac{1}{2}\times 205$$

먼저 에너지의 엔트로피부터 구한다.

위의 화학반응식 식 (3-4)에서 엔탈피 변화량 ΔH는 열역학데이터에서 온도 T=273+25=298 K에서의 값들을 이용한 것이므로 관례에 따라 이를 $\Delta H_{298}^{\ominus}$로 표시할 수도 있다. 그리고 이 값은 1bar 상태에서의 반응을 의미하므로 표준정압반응열이라고 불리며, 화학반응식의 우변의 생성계의 표준생성엔탈피에서 좌변의 반응계(원계)의 표준생성엔탈피의 뺄셈으로 다음과 같이 계산된다.

$$\begin{aligned}\Delta H &= \Delta H_{298}^{\ominus} = \Delta H_f^{\ominus}\{H_2O(l)\} + \frac{1}{2}\Delta H_f^{\ominus}\{O_2(g)\} - \Delta H_f^{\ominus}\{H_2O_2(l)\} \\ &= -286\,kJ/mol + \frac{1}{2}\times 0 - (-188\,kJ/mol) \\ &= -97.83\,kJ/mol(\text{발열반응}) \qquad (3-5)\end{aligned}$$

위의 값이 마이너스이므로 물질 1mol의 과산화수소가 분해해서 우변의 생성계가 생성될 때 엔탈피(열)가 감소하였음을 나타내며, 감소된 열량(엔탈피)만큼 계 밖으로 나간 것이다. 따라서 이 열량은 발열량이라고 불린다. 이 반응열은 화학적 에너지가 열에너지로 바뀐 것이므로 에너지의 질은 나빠져 전체의 엔트로피는 증대했을 것이다. 그리고 화학반응식의 우변(생성계) 옆에 발열량을 함께 표기한 식을 열화학방정식이라 부르며, 위 식은 다음과 같이 표기된다.

$$H_2O_2 = H_2O + \frac{1}{2}O_2 : \ \Delta H^{\ominus}_{298} = -97.83\ kJ/mol \qquad (3-6)$$

이 발열에 따른 에너지 엔트로피의 증대량 ΔS_e(아래첨자 e는 에너지를 의미함)는 위의 엔탈피의 증가량, 즉 ΔH(발생한 열에너지를 나타내기 위해 ΔH에 마이너스 부호를 붙여서 플러스 양으로 취급한다)를 기준온도 25℃의 절대온도 $T=273+25=298\ K$로 나눈 것으로 된다. 즉,

$$\Delta S_e = \frac{-\Delta H}{T} = \frac{97830\ J/mol}{298K} = 329\ J/(K \cdot mol) \qquad (3-7)$$

한편 물질 엔트로피의 변화량 ΔS_m(아래첨자 m은 물질을 의미함)은 열역학 데이터에서 읽은 $S^{\ominus}$의 값들에서 구할 수 있으며, 그 방법은 ΔH를 구하였을 때와 동일하며, 다음과 같다.

$$\begin{aligned}\Delta S_m &= \Delta S^{\ominus}\{H_2O(l)\} + \frac{1}{2}\Delta S^{\ominus}\{O_2(g)\} - \Delta S^{\ominus}\{H_2O_2(l)\} \\ &= 70\ J/(K \cdot mol) + \frac{1}{2} \times 205\ J/(K \cdot mol) - 110\ J/(K \cdot mol) \\ &= 62.5\ J/(K \cdot mol) \qquad (3-8)\end{aligned}$$

위의 결과는 반응 후의 두 생성물의 물질엔트로피의 합이 원 계의 물질엔트로피보다 증가했음을 나타내고 있다.

이 엔트로피의 증가에는 0.5mol의 산소에 의한 존재 공간의 확대에 따른 엔트로피 증대가 상당한 기여를 한 것으로 위의 식에서 확인할 수 있다.

다음에 과산화수소의 분해반응으로 나타는 전체 엔트로피의 변화량은 위에서 계산된 물질의 엔트로피의 증대량 ΔS_m=62.5 $J/(K \cdot mol)$과 발열에 의한 열에너지의 엔트로피 증가량 ΔS_e=329 $J/(K \cdot mol)$과의 합이며, 이를 ΔS_t(아래첨자 t는 전체를 의미함)로 표시하면 다음과 같다.

$$\Delta S_t = \Delta S_m + \Delta S_e = 62.5 + 329 = 391.5\, J/(K \cdot mol) \qquad (3-9)$$

ΔS_t가 플러스의 양으로 나타났다는 것은, 즉 화학반응의 결과 엔트로피가 증대하였다는 것이므로 반응식의 좌변에서 우변으로 반응이 자연히 일어날 수 있음을 의미한다.

2) 탄소의 연소반응

목재나 석탄을 태웠을 때 열이 발생하는 것은 탄소가 산화하는 현상이다. 탄소의 연소에 관한 화학반응식과 이에 관련된 데이터는 다음과 같다.

$$C(s) \ + \ O_2(g) \ = \ CO_2(g) \qquad (3-10)$$

	$C(s)$	$O_2(g)$	$CO_2(g)$
$\Delta H_f^{\ominus}(kJ/mol)$:	0	0	−393.51
$S^{\ominus}[J/(K \cdot mol)]$:	5.7	205.1	213.7

$$\Delta H = \Delta H_{298}^{\ominus} = -393.51 - 0 - 0 = -393.51(kJ/mol)$$

이 경우도 앞의 1) 항의 과산화수소의 화학반응의 경우와 같이 반응 후의 엔탈피(열) 변화량 ΔH가 마이너스로 나타났으므로 발열반응이다.

한편 물질엔트로피(표준엔트로피)의 변화량 ΔS_m은 위에 적힌 열역학적 데이터로부터 다음과 같다.

$$\Delta S_m = 213.7 - 5.7 - 205.1 = 2.9\, J/(K \cdot mol)$$

반응열에 의한 열 엔트로피의 생성량 ΔS_e는 위 식의 ΔH를 표준온도로 나눈 값이므로 다음과 같다.

$$\Delta S_e = \frac{(-\Delta H)}{T} = \frac{393.5}{298} = 1.32\ kJ/(K \cdot mol)$$

그러므로 탄소의 연소에 따른 전체 엔트로피의 증가량 ΔS_t는 다음과 같다.

$$\Delta S_t = \Delta S_m + \Delta S_e = 2.9\ J/(K \cdot mol) + 1.32\ kJ/(K \cdot mol)$$
$$= 1322.9\ J/(K \cdot mol) \quad (3\text{-}11)$$

이상으로 탄소의 연소로 전체 엔트로피의 증가량 ΔS_t가 크게 나타났음을 알 수 있다.

위의 화학반응식에서 물질 엔트로피의 변화내용 ΔS_m을 보면 탄소 C(s)의 표준엔트로피 $S^{\ominus}$는 5.7 $J/(K \cdot mol)$이고, 탄소산화용의 산소 $O_2(g)$의 것은 205.1 $J/(K \cdot mol)$이다. 연소 후의 탄산가스 $CO_2(g)$의 표준엔트로피 값은 213.7 $J/(K \cdot mol)$으로 되어 있으므로 양변의 물질 엔트로피 값에는 별 차이가 없음을 알 수 있다. 그것은 탄소의 연소과정에서 기체상태의 산소가 탄소에 고정되어 산소의 존재공간의 엔트로피가 소멸되는 대신 엔트로피가 아주 작았던 고체 탄소가 기체상태의 탄산 가스로 변함으로써 탄산가스의 존재공간의 엔트로피가 그만큼 증가하여 반응 후의 물질 엔트로피가 거의 비슷한 값으로 나타난 결과다. 그러나 탄소의 연소라는 발열화학반응으로 나타난 열 엔트로피의 발생으로 연소 후의 엔트로피가 크게 나타나게 되었으므로 연소반응은 인위적인 조작 없이도 엔트로피의 증가방향으로 계속될 수 있음을 알 수 있다.

3) 생성엔탈피의 온도의존성과 반응방향

보통 자연계에서 일어나는 대부분의 화학반응은 압력 1bar, 25℃에서 크게 벗어나지 않는다. 이와 같은 경우 화학반응의 생성엔탈피 ΔH는 [부록 3-3 표-1]의 25℃ 표준생성엔탈피 표를 이용해서 구할 수 있다. 그러나 인위적으로 화학반응을 일으킬 때는 온도를 높이는 방법을 많이 쓴다. 온도가 올라가면 분자의 진동현상 등이 크게 나타나므로 정압열용량 C_p가 커진다. 그래서 화학반응에 따른 생성엔탈피 ΔH의 온도의존성이 고려된 $\Delta H(T)$를 알아야 한다. 이와 같은 경우에는 온도에 따른 등압열용량의 변화량이 $(\partial \Delta H/\partial T)_p = \Delta C_p(T)$로 주어지므로 여러 물질에 관한 $C_p(T)$의 온도의존성을 실험데이터에서 읽어 그들로부터 평가된 $\Delta C_p(T)$에서 $\Delta H(T)$를 구해야 한다. 이에 대한 상세는 부록 3-4 3)에 예제를 통해서 설명되어 있다. 이 예제의 경우에 따르면 질소 N_2와 수소 H_2로부터 암모니아 NH_3를 만들 때 1bar, 25℃에서의 표준정압반응생성열 ΔH가 $-46.11\ kJ/mol$었던 것이 1bar, 800K(527℃)에서의 반응생성열은, 온도의존성의 생성엔탈피의 식 $\Delta H(T)$에 의해 구한 결과 $\Delta H = -54.35\ kJ/mol$으로 나타났다. 이와 같이 800K에 대한 열에너지 엔트로피의 증가량 $\Delta S_e = (-\Delta H)/T$가 구해진다. 그런데 화학반응의 방향은 물질엔트로피의 증가량과 화학반응발열에 의한 에너지엔트로피의 증가량의 합의 결과가 플러스의 양에 의해 정해지는 것을 감안하면 두 엔트로피 증가량 중 에너지엔트로피의 증가량이 크게 영향을 미칠 것으로 보아 반응온도를 높이면 반응속도를 촉진시키는 효과가 나타남을 알 수 있다.

이상과 같이 화학반응이 일어나는 온도가 열역학 데이터를 이용할 수 있는 온도 25℃에서 크게 벗어날 때는 반응열의 온도의존성을 고려해야 할 것이다.

(5) 환경 속에서의 화학반응의 진행방향

물질의 어떤 화학반응, 즉 물질의 변화가 환경 속에서 일어나기 위해서는 물질이라는 계와 주위환경과의 에너지의 주고받음이 관건이 된다. 즉, 그것은 이 변화가 일어난다고 하였을 때 나타나는 물질계의 엔트로피 변화량을 ΔS_{sys}, 주위 환경의 엔트로피 변화량을 ΔS_{envi}라고 하면, 지금까지 누차 언급되어 왔듯이 이들 두 엔트로피의 변화량의 합의 식 (3-2)에서 엔트로피 변화량 ΔS_{net}의 부호와 그 크기에 의해 결정된다.

$$\Delta S_{net} = \Delta S_{sys} + \Delta S_{envi} \qquad (3\text{-}12)[=(3\text{-}2)]$$

위 식에서 물질계가 주위환경에서 받아들이는 엔탈피의 양을 ΔH_{envi}, 환경계의 절대온도를 T_{envi}라고 하면, 위 식은 다음 식과 같이 표시된다. 여기서 환경이 대기와 같은 경우에는 압력이 일정하므로 일정압력 하에서 일어나는 엔탈피의 변화량은 열량과 동일하다.

$$\Delta S_{net} = \Delta S_{sys} + \frac{\Delta H_{envi}}{T_{envi}} \qquad (3\text{-}13)[=(3\text{-}3)]$$

우리가 물질계의 변화에만 주목하고 싶다면 우변의 제2항은 환경에 대한 것이므로 계와의 관계에서 고려되어야 한다는 점에서 눈에 거슬릴 것이다. 그래서 우선 ΔH_{envi}의 처리에 대해 고민하게 된다. ΔH_{envi}가 환경에서 나가는 엔탈피의 양이면 물질계에 들어가는 양과 같고, 단지 출입하는 방향만이 반대이므로 이들 두 양의 관계는 다음과 같다.

$$\Delta H_{envi} = -\Delta H_{sys}$$

다음에 환경의 온도 T_{envi}가 문제가 되는데, 보통 환경은 물질계보다 규모가 크므로 변화가 일어나도 물질계의 온도는 환경의 온도와 같다고 봐도 무방할 것이다. 따라서 식 (3-13)에서 $T_{envi} \fallingdotseq T_{sys} = T$라고 두면 다음과 같이 표시된다.

$$\Delta S_{net} = \Delta S_{sys} - \frac{\Delta H_{sys}}{T} \tag{3-14}$$

위 식은 물질계에서 일어나는 순 엔트로피 변화량을 물질계에 관한 양만으로 표시한 것이다. 그리고 엔트로피의 정미의 변화량 ΔS_{net}은 화학반응의 방향을 예측하고 이해하는데 대단히 중요한 양이다. 즉 이 양이 플러스의 부호를 가지면 그 변화는 일어나며, 마이너스일 때는 일어나지 않는 것으로 예측되는 것이었다. 변화방향이 예측된다는 것은 대단히 중요하다. 기상예보는 맞지 않을 때가 많지만 위 식으로 예측되는 방향은 거의 틀림없다. 단 언제나 성립하는 것은 아니다. 압력과 온도가 일정하며, 변화가 일어나는 물질계와 환경의 온도가 같을 때 성립하는 것이다. 이 조건은 매우 엄한 것 같이 보일지 모르나 우리 체내에서 일어나고 있는 변화(화학변화)는 거의 모든 경우 압력과 온도는 일정하게 유지되어 있다. 또 세포 내에서 일어나고 있는 각종 화학반응도 반응을 일으키는 물질계와 그것을 둘러싼 주위환경의 온도는 대체로 같으므로, 식 (3-14)의 조건은 만족되고 있다. 즉, 화학실험실이나 화학공장에서와 같이 능률적으로 특수한 화학물질을 얻기 위한 경우가 아니면 이 식은 일반적으로 성립한다고 봐도 무방할 것이다. 그리고 이 식을 우리들의 생활 활동과 지구환경에 확대 적용할 수 있다고 보이며, 이 식으로 오늘날의 환경문제도 다룰 수 있을 것 같다. 이점은 제4장에서 취급되어 있다.

화학반응식의 반응방향을 식 (3-14)에 의해 예측할 때 그에 필요한 표준(대기압, 25℃)생성 엔탈피와 표준엔트로피의 값들은 [부록 3-3 표-1]의 열역학데이터에서 얻을 수 있다. 다음에 환경 속에서 일어나는 화학반응의 진행방향을 보기위해 일산화질소 NO와 함께 대기오염의 원흉으로 알려져 있는 악명 높은 이산화질소 NO_2의 변화에 대하여 알아본다. NO_2의 가스는 적갈색이며, 강한 자극취가 있으며, 또한 부식성이 강하다. 이 NO_2는 무색의 사산화이질소 N_2O_4로 변하기도 한다. 아래에 그것의 반응식과 그 밑에 열역학 데이터에서 읽은 $\Delta H_f^{\ominus}$와 $S^{\ominus}$의 값들이 함께 제시되어 있다.

$$2NO_2(g) \leftrightarrow N_2O_4(g) \qquad (3-15)$$

$$\Delta H_f^{\ominus}\,[kJ\ mol^{-1}]: \quad 2\times33.18 \qquad 9.16$$

$$S^{\ominus}\,[JK^{-1}mol^{-1}]: \quad 2\times240.06 \qquad 304.29$$

괄호 안의 g는 기체 상태를 의미한다. 실은 NO_2는 기체상태 이외로는 존재하지 않으며, 고체로는 모두 N_2O_4로 변한다. 액체로는 NO_2와 N_2O_4의 혼재상태로만 가능하다.

식 (3−15)의 반응식의 반응방향은 화살표가 나타내듯이 이 반응은 조건에 따라 우측에도 좌측에도 갈 수 있음을 나타내고 있다. 지금 위의 반응이 온도 25℃인 298K에서 어느 쪽으로 가는가에 대해 예측해 본다.

NO_2에서 N_2O_4에의 변화에 따른 표준생성엔탈피와 표준엔트로피의 변화량은 우변의 생성계의 값에서 좌변의 반응계(원계)의 값을 뺄셈함으로써 얻을 수 있다. 즉 다음과 같다.

$$\Delta H_{sys} = 9.16 - 2\times33.18 = -57.2\,kJmol^{-1} = -57200\,Jmol^{-1}$$

$$\Delta S_{sys} = 304.29 - 2\times240.06 = -175.83\,JK^{-1}mol^{-1}$$

위의 1mol에 대한 값들을 식 (3−14)에 대입하면 다음과 같다.

$$\Delta S_{net} = \Delta S_{sys} - \frac{\Delta H_{sys}}{T}$$

$$= (-175.8\,J/K) - (-57200\,J/298\,K) = 16.1\,J/K$$

위 식에서 $\Delta S_{net}>0$으로 나타났으므로 이 반응은 환경온도 25℃(298K)에서는 자발적으로 우측으로 진행할 것으로 예측된다.

다음에 이 반응이 좌우 어느 쪽에도 가지 않는 상태, 즉 평형상태가 되는 온도를 구해본다. 평형상태는 $\Delta S_{net}=0$으로 되었을 때이므로 식 (3–14)로부터 그때의 온도는 $T=\Delta H_{sys}/\Delta S_{sys}$에 의해 구할 수 있다. 즉 $T=-57200/(-175.8)=325\ K$(52℃)로 된다. 온도가 52℃로 되면 이 반응은 우측에도 좌측에도 진행하지 않는 상태가 된다. 그리고 온도가 52℃로 된다는 것은 반응계의 원래의 표준상태인 25℃와 비교해서 보면 계의 온도가 상승하는데 필요한 열에너지(엔탈피)가 환경에서 계에 들어와야 함을 의미한다. 단, 여기서 다루는 온도가 25℃에서 크게 벗어나 있지 않았으므로 반응열의 온도의존성은 무시하였다(반응열의 온도의존성은 부록 3–4 3)를 참조).

다음에는 처음과 반대로 $N_2O_4 \rightarrow NO_2$로의 역반응을 검토해 본다. 이를 위해 원래의 식 (3–15)의 반응이 298K(25℃)에서 일어났던 것과 같은 정도로 N_2O_4가 NO_2로 분해할 수 있는 온도가 몇 도로 되어야 하는가를 검토한다. 즉 반응식은 다음과 같다.

$$N_2O_4 \quad \rightarrow \quad 2NO_2 \qquad (3\text{–}16)$$

	N_2O_4	$2NO_2$
$\Delta H_f^{\ominus}\,[kJ\ mol^{-1}]$:	9.16	2×33.18
$S^{\ominus}\,[JK^{-1}mol^{-1}]$:	304.29	2×240.06

먼저 식 (3–16)의 반응이 가능한지를 알아본다. 위에서의 반응방향이 좌측으로 되어있을 때와 완전히 반대이므로 계의 순 엔트로피 변화량은 환경의 온도가 전과 같은 25℃이면 앞에서와 부호만이 반대가 되어서 $\Delta S_{net}=-16.1$ J/K로 나타날 것이다. 따라서 $\Delta S_{net}<0$임으로 $N_2O_4 \rightarrow 2NO_2$로의 반응은 일어나지 않는다. 지금 이것을 여기서 주어진 조건과 같이 좌측방향

($N_2O_4 \leftarrow 2NO_2$)으로 일어나는 반응과 같은 정도(속도)의 반응이 일어날 수 있게 하기 위해서는 계의 온도를 올려서 ΔS_{net}의 값이 전과 같은 값, ΔS_{net}=16.1 J/K로 되도록 하면 될 것이다. 그렇게 하기 위한 계의 온도는 다음과 같이 구해질 수 있다. 단, 이때의 ΔS_{sys}와 ΔH_{sys}의 값들은 전과 부호만이 반대가 된다.

$$\Delta S_{net} = \Delta S_{sys} - \frac{\Delta H_{sys}}{T},$$

$$\Delta S_{net} = 16.1\ \text{J/K} = 175.83\ \text{J/K} - \frac{57200\ \text{J/K}}{T}$$

$$\therefore T = 358.2\ K(85.1℃)$$

즉 계의 온도를 85.1℃로 해야 함을 알 수 있다. 실제로 온도를 100℃로 올렸을 때 NO_2는 95%로까지 발생하였다.

이 예를 통해서 우리는 식 (3-14)가 갖는 대단히 중요한 의미를 알게 되었다. 즉, 물질계에만 주목한다면 변화는 기본적으로는 좌우 어느 쪽으로도 가능하다는 것이며, 그 변화가 어느 쪽으로 가는가를 결정하는 것은 그 변화에 수반하는 계의 엔트로피의 변화량 ΔS_{sys}와 엔탈피의 변화량 ΔH_{sys} 그리고 계의 온도 T의 값들이다. 대단히 복잡하고 신기하게 보이는 화학반응도 실은 모두 기본적으로는 이 단순한 원리를 따르고 있다.

이상으로 화학반응의 진행방향은 화학반응식에서 순 엔트로피 ΔS_{net}가 증대하는 방향으로 진행되는 것으로 설명될 수 있었다. 기브스(Gibbs)는 이와 같은 사실을 근거로 화학반응의 방향을 정하는 양으로서 위의 내용과 같은 것이지만 다음의 항 (6)에서 소개되어 있듯이 물질계의 가처분 에너지라는 개념의 기브스의 자유에너지 ΔG을 정의하여, 이 양의 부호만으로 화학반응의 방향을 제시할 수 있게 하였다.

(6) 화학반응의 가능 여부를 판단하는 기브스의 자유에너지

미국의 물리학자 기브스(Gibbs)는 화학반응식에서의 ΔH, ΔS, T의 관계를 정리하여 반응의 방향을 한 눈으로 알 수 있는 양을 고안하였다. 그것이 기브스의 "자유에너지"라고 불리는 양이다. 자유에너지라는 것은 알기 쉽게 표현하면 일상생활에서 쓰이는 "가처분소득"에 가까운 내용의 것이다. 가처분소득이라는 것은 개인소득의 총액에서 세금이나 보험료 등을 공제한 나머지 부분을 말하며, 개인이 자유롭게 쓸 수 있는 소득이다. 자유에너지도 분자 등으로 구성된 계에서 자유롭게 이용할 수 있는 에너지를 의미한다.

우리들이 일상생활에서 경험하는 보통의 변화는 압력이 일정(대기압, 1bar)하고, 온도도 일정(25℃)한 조건 하에서 일어나고 있다고 볼 수 있는 경우가 많다. 이하에 이 조건에 한하여 기술한다. 이 조건은 특별한 것은 아니다. 지금까지의 설명에서 알 수 있듯이 환경과의 에너지의 주고받음은 중요하기는 하지만 우리들이 관심을 갖고 있는 것은 물질계의 변화이며, 환경의 변화는 아니다. 그래서 물질계에만 주목하고, 그 계의 변화가 가능한지의 여부가 판단될 수 있어야 하므로 그것에 특화된 양이 기브스의 자유에너지인 것이다.

먼저 식 (3-14)를 다시 제시한다.

$$\Delta S_{net} = \Delta S_{sys} - \frac{\Delta H_{sys}}{T}$$

식 (3-14): 기출

위 식 중에 분수형태로 표시된 항이 있는데, 이 항 때문에 아무래도 식의 이해가 어려울 것이다. 이를 해소하기 위해 위 식의 양변에 T를 곱한다. 즉 다음과 같다.

$$T\Delta S_{net} = T\Delta S_{sys} - \Delta H_{sys}$$

위 식의 양변 항들은 에너지의 차원을 가지며, 반응의 방향은 ΔS_{net}가 증가하는 방향으로 자발적으로 진행한다. 화학의 반응이라는 것은 "안전성의 원리"에 따라 에너지가 적어지는 방향으로 진행하는 것이 자연의 순리다. 그런데 위 식에서는 변화하는 방향이 $T\Delta S_{net}>0$의 방향이라는 것은 그와 반대방향으로 된다. 즉, $T\Delta S_{net}$는 에너지의 차원을 가졌는데 "에너지가 크면 반응이 일어남"으로 되어 있다. "안전성의 원리"에 관한 내용은 일관성을 가져야 혼란을 피할 수 있다. 그래서 위 식의 양변에 −1을 곱하면 다음과 같다.

$$-T\Delta S_{net} = -T\Delta S_{sys}+\Delta H_{sys}$$

그러면 자발적으로 진행하는 방향은 ΔS_{net}가 증대하는 방향이며, 그 물질계의 에너지($-T\Delta S_{net}$)가 감소하는 방향이라고 표현될 수 있게 되어 간결한 표현으로 되었다. 표현식을 보다 간결하게 하기 위해서 기브스의 G를 빌어 $G\equiv-T\Delta S_{net}$로 하고, 또한 우변의 항의 순서를 바꾸어 다음 식과 같이 표시한다.

$$\Delta G = \Delta H_{sys}-T\Delta S_{sys} \qquad (3-17)$$

위 식의 형태는 아주 보기 좋아졌으며, 이식으로 정의되는 ΔG를 기브스의 자유에너지라고 부른다. 위 식의 우변의 에너지의 각 항에서 첫 항인 ΔH_{sys}는 물질계가 받는 에너지를 의미하며, 둘째 항인 $T\Delta S_{sys}$는 물질계의 엔트로피의 증가에 따른 무효에너지의 증가로 해석된다. 그러므로 후자의 항을 첫 항의 물질계의 에너지에서 감한 것은 물질계가 갖는 가처분 에너지에 해당한다고 해석될 수 있다. 따라서 화학의 반응은 자유에너지가 줄어드는 방향으로 진행하는 것으로 표현될 수 있게 되었다. 이것은 바로 엔트로피가 증대하는 방향을 달리 표현한 것에 불과하다. 자유에너지라는 이름이 붙은 것에 또 다른 자유에너지가 있으나 우리가 보통 생각하는 계는 전에도 언급되었듯이 온도 일정 그리고 압력 일정이므로, 이 상황에서 다루어지는 자유에너지라고 하면 기브스의 자유에너지밖에 없다. 그래서 기브스를 빼고 단순히 자유에너지라고 부르는 경우가 적지 않다. 자유에너지의 값과 그 변화의 방향은 다음과 같이 정리된다.

$\Delta G<0$: 변화는 자발적으로 일어난다.

$\Delta G>0$: 변화는 자발적으로는 진행하지 않는다.

$\Delta G=0$: 이 물질계는 평형상태에 있으며, 변화는 어느 쪽으로도 진행하지 않는다.

기브스의 자유에너지 ΔG의 활용법을 확인하기 위해 3-5절의 (5)의 예에서 소개되었던 이산화질소 $2NO_2$가 사산화이질소 N_2O_4로 변하는 것에 기브스의 자유에너지 ΔG를 적용하여 확인하면 다음과 같다.

반응식은 $2NO_2 \rightarrow N_2O_4$이며, 반응계의 엔탈피변화량은 $\Delta H_{sys}=-57200\ J/mol$, 반응계의 엔트로피 증가량은 $\Delta S_{sys}=-175.83\ J/(K\cdot mol)$이었다. 환경의 온도를 $T=298\ K$(25℃)로 하여 식 (3-17)에 적용하면 ΔG의 값은 $\Delta G=\Delta H_{sys}-T\Delta S_{sys}=-4803\ J/mol<0$으로 나타나므로 자발적으로 일어남을 확인할 수 있다.

3-6 물 순환에 의한 지구 엔트로피의 균형

지구는 태양으로부터 받은 빛의 에너지를 지상에서 열에너지로 바꾸어 지구상의 생명체를 보호 육성해 왔다. 한편 그들이 배출하는 부산물은 엔트로피의 증대로 나타나며, 또한 광 에너지는 직간접적으로 지표에서 열(에너지)로 바뀌어 열에너지 엔트로피를 증가시키고 있다. 그런데 만일 이 열 엔트로피가 우주공간에 방출되지 않는다면 지구표면의 온도는 계속해서 상승하여 달이나 화성과 같은 생명체가 존재하지 않는 죽은 별이 되었을 것이다. 그러나 다행히 지구상의 물 덕분에 지금과 같은 일정한 지표온도가 유지되고 있다.

지상의 열 엔트로피를 우주공간으로 방출하는 작용에는 물이 큰 역할을 하고 있다. 물의 증발은 열을 흡수하여 자신의 존재공간을 확대한다. 이것은 열에너지의 엔트로피가 존재공간이란 물질엔트로피로 변환된 것이며, 이 현상이 지구 전체에서 일어나고 있다. 이 과정을 그림으로 나타낸 것이 [그림 3-14]이다.

지표의 물이 열을 흡수하여 수증기가 되면 수증기는 공기보다 가벼우므로 상승기류를 형성하여 대기권 상부로 상승한다. 이때 대기의 대류현상을 유발한다. 수증기는 상승에 따라 대기온도의 하강으로 온도는 떨어지며, 또한 기압의 감소로 수증기의 단열팽창으로 다시 온도가 떨어져 냉각된다. 수증기는 상승에 따라 포화증기압의 온도 이하로 떨어지면 응축현상이 일어난다. 이때 구름과 저기압이 발생하며 바람이 분다. 응축수는 무거우므로 중력에 끌려 우수로서 낙하하며 다시 지상으로 되돌아온다. 이와 같이 태양의 빛은 물을 매체로 하여 대기의 순환과 물의 순환을 동시에 일으켜, 지표의 열 엔트로피(열의 형태)를 끊임없이 대기권 상층부로 옮기고 있다.

수증기가 물로 응축될 때 응축열이 열에너지 엔트로피의 형태로 밖으로 방출된다(응축열 방출). 그런데 이 응축현상은 대기권 상층부에서 일어나므로 밖으로 나온 저질의 열에너지(에너지 엔트로피)는 적외선이란 형태로 대기권 밖의 우주공간으로 방출된다. 이 적외선방사는 장파장(長波長)방사라고 불린다. 이와 같이 수증기는 열 엔트로피의 펌프작용을 하고 있다. 여기서 중요한 것은 우주공간에 장파장방사 되는 열량과 지구에 들어오는 태양광의

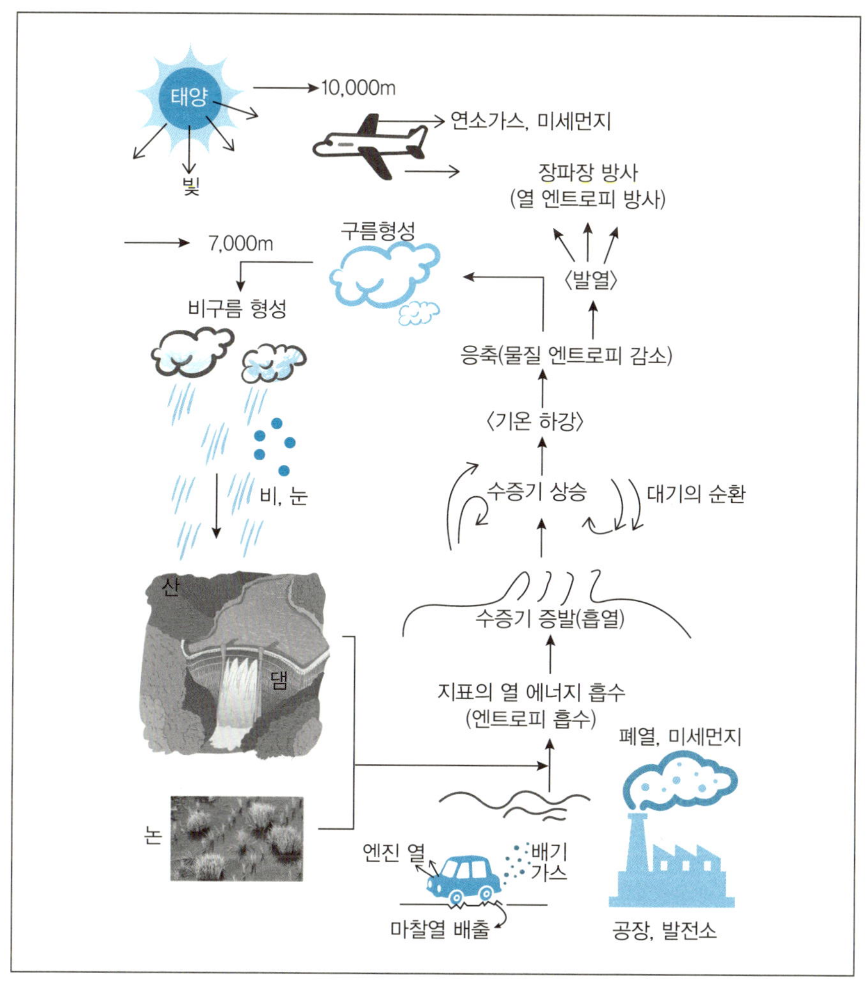

[그림 3-14] **물의 순환**

열량이 대략 균형을 이룬다는 것이다.

그밖에 수증기는 구름을 형성하여 지구에 들어오는 태양광의 30%라는 많은 양을 지구 밖으로 반사하여 오늘의 지구환경을 형성해 왔다. 아울러 수증기는 온실가스와 같은 효과를 내어 지구가 식지 않도록 지구의 평균기온을 15℃로 유지해 주고 있다.

앞서 지구가 태양에서 받는 열량과 우주로 방사되는 장파장방사의 열량이 균형을 이루고 있다고 하였는데, 이들을 엔트로피의 양으로 보았을 때 그들 양에는 큰 차이가 있다. 태양광에 의한 열은 태양의 6000℃라는 높은 온도에서 나오는 저 엔트로피의 빛이며, 반면에 지구에서 반사되는 열의 경우는 태양광과 비할 수 없을 정도로 낮은 온도(장파장 광)이므로 고 엔트로피이다. 그래서 지구는 태양에서 저 엔트로피를 받고 지구상의 자연현상에 의해 증대한 고 엔트로피를 물의 순환에 따른 펌프작용으로 지구 밖으로 방출하고 있는 것이다.

그런데 인류는 오늘날 태고로부터 받은 태양광 에너지의 축적으로 생성된 화석연료를 사용하여 많은 에너지 엔트로피를 발산하고 있다. 이 양은 지구의 자연현상으로 발생하는 엔트로피 증대 량에 비하면 수백분의 1정도라는 평가가 있기는 하지만, 이 엔트로피 역시 열로 바뀌어 우주공간에 방출되고 있다. 그러나 지금 인류가 소비하고 있는 화석연료소비에 따른 엔트로피 증가나 인공적인 엔트로피 증가는 경제성장과 더불어 급속도로 빨라지고 있다. 최근의 기상이변도 이와 같은 엔트로피 증가와 연관이 있어 보이므로 이에 대한 해결도 엔트로피적인 측면에서 접근해야 할 것이다.

제4장
엔트로피와 우리 생활

4-1 엔트로피의 개요

이상의 장에서 설명되었던 엔트로피에 관련된 내용을 간략하게 요약한다.

(1) 카르노사이클의 개요

엔트로피라는 개념의 시작은 카르노가 제창한 카르노의 원리에서이며, 고온열원과 저온열원 사이에서 준정적이며 가역적으로 작동하는 카르노사이클의 발견에 있다. 열기관의 가역이라는 것은 고온과 저온의 두 열원 사이에서 열기관이 열을 받고 배출하는 열량의 차가 최대이며, 그 열량이 100% 일로 변환될 수 있다는 것이며, 역으로는 그 일로 저온에서 고온 쪽으로 같은 양의 열을 퍼 올릴 수 있음을 의미한다. 그러나 그렇다고 하여 열기관의 열효율이 100%가 되는 것은 아니다. 왜냐면 열효율의 정의가 열기관이 고온열원에서 받아들인 열량을 기준으로 하고 있기 때문이다.

카르노사이클의 발견으로 인해 열기관의 열효율은 고온의 온도가 높을수록 높아진다는 기본방향이 분명해졌다. 즉 열기관에는 고온열원과 저온열원이 필요하며, 그 온도차가 클수록, 즉 고온열원의 온도가 높을수록,

그리고 저온열원의 온도가 낮을수록 열효율이 높아진다는 사실이 알려진 것이다.

이상과 같은 내용의 카르노사이클의 발견을 위해 준정적 과정과 가역과정이라는 개념이 도입되었고, 이 경우에 한해서 열과 일이 서로 1:1로 교환될 수 있음이 알려졌다. 카르노사이클은 현실에 있어서는 실행 불가능한 것이므로 이에 관련된 내용이 열역학 제2법칙으로 제정되게 되었다.

(2) 엔트로피의 특성

다음에 중요한 것은 카르노사이클이 발견됨으로써 새로운 물리적 상태량인 엔트로피가 발견되었다는 것이다. 이 양은 우리가 잘 알고 있는 물리량인 열량을 절대온도로 나눈 값(Q/T)으로 간단하게 산출되는 양인데, 발견 당시 그것이 구체적으로 어떤 개념의 양을 나타내는지 알 수가 없었다. 그러면서도 엔트로피의 핵심적 특성인 엔트로피 증대법칙이 발견되었고, 카르노의 원리로 인해 열역학의 기본을 이루는 열역학 제2법칙[부록 1-3 (7) 참조]이 등장하였다.

카르노사이클과 같이 변화과정이 준정적이고, 마찰이 없는 이상적인 가역열기관에서는 고온열원이 계에 공급한 엔트로피의 양과 저온열원이 계에서 받는 엔트로피의 양이 같으며 서로 상쇄한다. 즉, 1사이클 후의 계에서의 엔트로피는 물론 고온과 저온의 두 열원으로 구성된 열원에서의 엔트로피의 양도 변함이 없다. 즉 계와 열원에서 엔트로피의 양에 증감이 없다는 것이다.

그러나 비가역과정에서는 계 내의 마찰이나 열전도에 의한 비가역성이 나타난다. 그래서 열기관의 사이클에서 저온열원에의 열의 방출열량이 많아져 열기관에서 이용가능한 열량이 감소한다. 이것은 저온열원이 계로부터 받는 엔트로피의 양이 고온열원이 계에 제공한 엔트로피의 양보다 많아져 열원에서의 엔트로피 양이 증가함을 의미한다. 이와 같은 내용이 클라시우스의 부등식이라는 이름으로 정립되었다.

다음에 사이클이 아니고 상태 A에서 상태 B로 변화하는 비가역과정에서 무엇이 일어나는가를 알아보기 위해 비가역과정과 가역과정으로 구성된 비가역 사이클에 클라시우스의 부등식을 적용한다. 그 결과 비가역적으로 상태 A에서 상태 B로 변화한 결과 계에 나타나는 엔트로피의 증가량 $S(B)-S(A)$는 비가역과정에서 열원이 계에 제공한 엔트로피의 양보다 반드시 커진다는 것이다.

이상과 같이 계가 비가역적으로 변화하는 경우 계의 엔트로피는 열원이 계에 제공한 엔트로피의 양보다 반드시 증가한다는 사실이 열역학에서 중요한 위치를 차지하게 되었다.

(3) 엔트로피 증대법칙의 개요

위에서 설명된 클라시우스 부등식의 내용에서 열원이 계에 제공하는 엔트로피(열)의 양을 영으로 하여도 변화 후의 엔트로피 $S(B)$는 변화하기 전의 엔트로피 $S(A)$보다 반드시 증가한다는 결과가 나온다. 이 결과로부터 비가역과정에서 계에 제공되는 열이 없어도, 즉 완전히 고립된 계일지라도 계가 비가역적으로 변하면 계의 엔트로피는 반드시 증대한다는 중요한 결과가 도출되었다. 이것이 엔트로피 증대법칙이다.

그럼에도 불구하고 엔트로피의 실상은 여전히 오리무중이었다. 그러한 상황에서도 엔트로피의 실상을 규명하려고 하는 노력이 계속되었으며, 드디어 볼츠만에 의해 통계역학의 도움으로 통계역학적인 "경우의 수"가 엔트로피와 연관된다는 것이 증명되었다. 이 이론이 볼츠만의 원리로 알려져 있다. 엔트로피의 실상이 볼츠만의 원리에 의해 통계역학적으로 증명됨으로써 엔트로피라는 용어가 열역학분야뿐만 아니라 정보공학에도 도입되었고, "경우의 수"는 "무질서의 정도"라는 의미로도 해석되어서 다양한 분야에서 사용되게 되었다.

다음에 열기관과 엔트로피의 관계를 보면, 이상적인 가역기관의 경우 열기관이 열원과 주고받는 엔트로피의 양에는 변함이 없을 뿐만 아니라 열원까지 포함한 큰 계로서도 엔트로피의 증감이 없다. 반면 비가역기관의 경우 열기관의 상태량, 즉 엔트로피는 가역, 비가역과는 관계없이 1사이클 후에 원래의 값으로 되돌아가야하므로 계의 엔트로피의 양에는 증감이 나타나지 않으나, 마찰과 열전달 과정에서의 비가역성의 영향이 열원 쪽의 엔트로피의 증가로 나타난다. 따라서 열원을 포함한 큰 계의 엔트로피는 증가한다.

위에서 설명된 내용은 다음과 같이 정리될 수 있다.

① 이상적인 열기관이나 변화 과정에서는 엔트로피의 증대는 나타나지 않으나, 변화과정에 비가역성이나 마찰과 같은 비효율성이 있으면 열원을 포함한 큰 계의 엔트로피는 반드시 증가한다. 즉 엔트로피의 증가량은 비효율성의 척도가 된다.

② 단열된 계 또는 고립된 계의 상태가 비가역적으로 변하면 열의 출입이 없어도 계의 엔트로피는 반드시 증가한다.

③ 엔트로피의 양은 "경우의 수" 또는 "무질서의 정도"와 연관된 양임이 확인되어 엔트로피의 증가는 경우의 수의 증가로 해석될 수 있게 되었다.

경우의 수 또는 무질서의 정도를 우리의 사회현상에 적용하면 사회현상의 효율성을 엔트로피 관점으로 평가할 수 있어서 엔트로피의 활용도가 넓어진다.

우리의 생활은 물질에만 관련되어 있는 것이 아니고 정신적인 생활을 보다 중요시 한다. 자연현상과 달리 정신적 현상도 "경우의 수"의 개념으로 해석한다면 정신세계도 엔트로피라는 개념으로 다룰 수 있고 효과적일 수 있다. 그러나 정신적인 분야의 경우는 엔트로피 증대법칙과 어긋나는 엔트로피 감소라는 현상도 허용되어야 할 것이다.

4-2 열역학의 법칙과 우리 생활

열역학의 기본법칙에는 열역학 제1법칙과 제2법칙이 있다. 제1법칙은 에너지의 보존에 관한 것이며, 제2법칙은 카르노의 원리에 관련된 것이다. 이들의 법칙은 과거의 많은 연구자들에 의해 고생 끝에 확립된 것이며, 그들의 내용에는 열역학적으로 깊은 뜻이 담겨져 있어서 쉬운 내용은 아니다. 그러나 그들의 법칙이 의미하는 개념이나 사상은 우리들의 일상생활에서 이미 잘 알려져 있는 내용들과 관련이 있어 보인다.

제1법칙은 "에너지의 보존법칙"이라고도 불리는 것이며, 에너지는 창생되거나 소멸하는 것이 아니고 어느 형태에서 다른 형대로 변화할 뿐이라는 것을 표현한 것이다. 이에 관해서는 제1장에서 여러 형태의 에너지가 있다는 것이 설명되었다. 즉, 기계적인 에너지가 전기적 에너지로 바뀌고 또한 이들 에너지가 열에너지로 바뀌는 식으로 그 형태가 바뀔 뿐이라는 것이며, 고온의 열이 저온의 열로 변하는 것도 그 형태가 바뀌는 것과 같다고 할 수 있다.

에너지라는 개념을 확대해석하면 지구상에 존재하는 모든 물질이나 구조물도 그들의 형태와 움직임이 여러 에너지의 형태와 집중의 정도가 변화했을 뿐이라고 할 수 있으며, 여기에는 엄연히 에너지의 보존법칙이 자리 잡고 있다고 할 수 있다. 분자로 구성된 물질 자체도 아인슈타인의 상대성 이론에 따르면 에너지와 동일한 것이며, 지구상에 존재하는 사소한 생명체도 에너지의 보존칙에서 벗어날 수 없다. 그래서 우주의 전 에너지 총합은 일정하다고 표현될 수도 있다.

열역학 제1법칙은 에너지의 보존법칙이므로 이것만으로도 에너지를 쓰지 않고서는 원하는 에너지를 계속해서 얻을 수 없다는 것은 분명하다. 그런데 예를 들어 석탄을 태워보자. 이것으로 열에너지를 얻을 수 있다는 것은 분명하다. 그리고 석탄의 연소 결과 이산화탄소나 기타의 가스가 발생하여 공기 중에 확산한 사실도 알고 있다. 이들의 전 과정에서 전 에너지는 보존되어 있다. 그리고 한번 탄 석탄을 다시 태울 수 없다는 것도 잘 알고 있다. 이 사실은 실은 엔트로피의 증대법칙에 의해 설명될 수 있는 내용이다. 그러면서도 에너지가 너무나도 귀하고, 생활에 필수적인 것이므로 에너지 위기를 겪을 때마다 에너지를 창생할 수 있는 장치를 고안했다고 주장하는 사람들이 어김없이 나타나곤 했다. 이와 같은 행위는 마치 석탄재에서 석탄을 재생했다거나 또는 그럴듯한 장치를 만들어 에너지가 창출되었다고 주장하는 것과 같다.

물질이나 구조물도 에너지의 집중이나 형태가 바뀐 것이라고 할 수 있다. 물질이나 구조물은 가공이란 과정을 통해서 구체화 된다. 가공에는 여러 과정이 있겠지만 그 중의 기본적인 것으로 프레스가공과 절삭가공이라는 것이 있다. 이들의 가공과정은 다음 설명과 같이 가공을 위한 에너지가 어느 방향으로 집중되거나 그 형태를 바꾼 것일 뿐이라는 것을 알 수 있다.

프레스 가공은 철판과 같은 소재를 변형 성형하는 것인데. 그때 롤러나 금형 사이의 소재에서 변형에 대항하는 에너지가 소비되며, 그 중의 일부는 마찰열로 대기 중에 발산된다. 그러나 상당한 부분은 변형에너지(비틀림 에너지)로서 소재 안에 남아 변형형태를 유지한다.

절삭가공에서의 선반(旋盤)가공은 가공 대상물을 회전시키면서 바이트라는 공구로 깎아내는 것이다. 이때의 에너지의 변형은 프레스 가공의 경우와 대동소이하며, 소재의 일부를 분자결합력에 대항하면서 바이트라는 공구로 떼어낸다. 그 과정에서 마찰은 필수적으로 나타난다. 이러한 가공과정에서 선반에 공급된 에너지는 가공물의 다른 형태의 에너지로 바뀌었을 뿐이며, 총에너지의 양에는 변화가 없다.

다음은 열역학 제2법칙인데, 이는 앞서 언급되었듯이 카르노사이클의 성립조건이 현실에 있어서 불가능한 사실에서 정립되었다. 엔트로피의 개념이 카르노사이클에서 나온 것이므로 열역학 제2법칙은 엔트로피의 증대법칙과 밀접한 관계를 갖게 된다.

엔트로피의 내용이 볼츠만의 원리에 의해 "경우의 수"라는 이해하기 쉬운 개념으로 해석될 수 있게 되었다. 이로 인해 물질과 에너지는 질서 있는 것에서 무질서한 것으로의 한 방향으로만, 즉 사용가능한 것으로부터 사용 불가능한 것으로 변해가는 것으로 해석될 수 있게 되었다. 그래서 제3장의 기브스의 자유에너지에서도 설명되었듯이 물질의 변화는 유효에너지가 감소하는 쪽으로 진행해 간다. 그래서 엔트로피라는 양은 만물의 변화의 측정기준 또는 측정법에 관련된 양이라고 해석될 수도 있다.

폐쇄된 계 안의 물질에서 에너지 레벨에 차등이 있으면 에너지는 항상 평형상태로 향해 변해 가는 것이라고 클라시우스는 말했다. 그리고 그는 "세계에서 사용 불가능한 에너지의 양이 최대가 되는 방향으로 이동해 가고 있다고 결론을 내려, 이를 열역학 제2법칙으로 정식화 하였다. 즉 이것이 "엔트로피 증대법칙"이라고 불리고 있는 것이다.

엔트로피가 증대한다는 것은 사용 불가능한 에너지가 증가하는 것을 의미한다. 사용 불가능한 에너지의 집합이 공해라는 것이다. 공해 중의 산업폐기물은 낭비된 에너지의 산물이다. 열역학 제1법칙에 따르면 에너지는 창조할 수도 소멸할 수도 없고, 단지 그 형태가 바뀔 뿐이다. 그리고 열역학 제2법칙에서 외부에 변화를 남기지 않고 반대 방향으로 에너지(열)를 이동시킬 수 없다고 되어 있다. 그러한 점에서 공해라는 용어는 바로 엔트로피에 붙여진 별명이라고도 할 수 있으며, 계에서 생성된 사용 불가능한 에너지를 의미한다.

지구상의 모든 생명체도 열역학 제1법칙인 에너지의 보존법칙에서 벗어날 수 없다. 제1법칙뿐만 아니라 생명체는 태어난 후부터 성장하고 사망할 때까지 숨쉬고, 신진대사를 하는 과정에서 자신의 몸체의 물질엔트로피를 증대시키고 있으며, 사망으로 인해 엔트로피의 최대 점을 찍고 끝나는 것이다. 즉, 열역학 제2법칙의 범주에 들어있는 것이다.

지구 혹은 우주의 어느 곳에서 질서다운 것이 창성되는 경우 그것을 엔트로피의 증대법칙에 따라 해석하면 그 주변의 환경에는 보다 큰 무질서가 생성되며, 창성된 질서다운 것도 탄생과 동시에 무질서의 방향으로 변해간다. 이와 같이 엔트로피의 법칙은 우주생성이나 생명의 탄생에도 적용될 수 있다고 보는 것이다. 그래서 우주공간에서의 그러한 변화에 존재공간 엔트로피의 개념을 적용하면 우주의 무질서화의 증대로 우주는 팽창해야하는 것으로 해석되며, 우주의 팽창설을 뒷받침하는 법칙이라고도 할 수 있다. 이러한 추론은 너무나 경솔한 것일까? 오늘날 우주의 팽창설은 많은 연구자들에 의해 도출된 새로운 이론적 연구와 천체관측의 결과에 의해 뒷받침되고 있어서 사실인 것 같다.

이상과 같은 열역학 법칙의 내용은 본 절의 시작에서 언급되었듯이 실은 우리들의 일상생활에서 이미 알려져 있는 사상과 상통하는 점이 있다는 것이다. 우리 생활에서 제1법칙과 관련된 것으로는 "무에서 유는 생기지 않는다"는 격언이 있다. 그런가하면 반대되는 것으로 정신적인 영역인 도교(道教)의 사상 중에 "무에서 유가 생긴다"는 주장도 있기는 한다. 제2법칙에 관한 대표적인 고사로서 "엎지른 물은 다시 담을 수 없다"는 것이 있다. 이것은 역행이 불가하다는 것을 단적으로 나타내고 있는 것이며, 엔트로피증대법칙의 내용과 상통한다. 제1법칙과 제2법칙에 관련된 정신적인 사상으로서 인도의 고대사상이며, 불교의 사상이기도 하는 "윤회(輪廻)"라거나 유전(流轉)이라고 불리고 있는 것이 있다. 윤회는 아시다시피 인간의 전생, 현세, 내세의 삼세를 선인선과 악인악과의 응보를 받고 혼이 돌아간다고 하는 것이다. 이것은 생명체의 혼이 여러 종의 생명체를 갈아타면서 이어가는 것이며, 선한 행위는 계속 선한 생명체로 이어지며, 악한 행위는 계속 더욱 악한 나락으로 빠져든다고 해석되고 있다. 이와 같은 사상에서 혼은 생명체의 근원이므로 이를 생명체의 에너지라고 본다면 생의 형태가 바뀌어 이어져 간다고 하는 것은 에너지의 형태가 바뀌어 가는 것과 같고, 선인선과는 엔트로피의 증가가 없는 카르노의 이상적인 사이클을 계속할 수 있는 것으로 해석될 수 있다. 그리고 악인악과는 마찰 등에 의해 엔트로피가 증대해 가는 비가역 사이클을 뜻하는 것과 같다고 보면 흥미롭게 보이는데, 너무 억지스러울까? 어쨌든 우주나 생명이라는 것은 신비스러운 것이며, 그에 대한 윤회의 사상은 열역학 제1법칙 및 제2법칙을 함께 한 사상이라고 볼 수 있어서 흥미롭다.

4-3 환경문제

공업화시대에 들어서 자연과 인간과의 관계를 해석하는데 새로운 사고방식이 나타나 오늘날의 물질문명이 탄생했다. 그 성과로서 도시화, 자동화, 자가용차, 초고층건물, 가공식품, TV, 컴퓨터 등이 등장하였다. 이러한 문명의 이기의 사용으로 우리들의 생활은 윤택해졌다. 그뿐만 아니라 대량생산에 따른 생필품의 대량생산으로 더 많은 사람들이 더 많은 쾌적성을 누리려고 하고 있다. 그런데, 최근에 그러한 문명의 해택에 젖은 우리들의 사고방식이나 생활습관은 역으로 우리의 생활과 생명을 위협하기 시작했다. 그 증거로 종의 멸종, 토양의 피폐, 공기와 물의 오염. 오존 홀의 발생과 산성비의 발생, 삼림의 파괴, 전통문화의 소멸, 대규모 기아와 에너지 위기 그리고 온실현상 등의 발생 등이 그것이다.

우리는 지구상의 생물이다. 지구환경을 도외시한 우리의 생존은 생각할 수도 없는 것은 물론이거니와 우리가 누리고 있는 생활의 편이성도 지구환경과 연관되어 있음을 잊어서는 안 된다. 물질에 관련된 우리 생활, 즉 물질로 인해 누리고 있는 모든 생활의 편의성은 엔트로피 증대에 귀착된다. 새로운 기술이나 기기가 발명되면 그것 자체는 우리 생활에 이로워 엔트로피 감소를 가지고 오는 것 같이 보이나 환경을 포함한 전체로서 봤을 때는 반드시 엔트로피는 증가하고 있는 것이다. 그래서 새 기술이나 새 기기의 출현은 그의 반대급부로서 지구환경의 엔트로피를 증가시켜, 환경오염이라는 형태로 되돌아온다.

환경문제는 우리 인류의 생존에 피할 수 없는 부산물이기는 하다. 그래서 이 문제는 최소화하는 길밖에 없다. 지구 자체의 엔트로피도 증가하고 있지만 지구는 3-6절의 "물 순환에 의한 지구 엔트로피의 균형"에서 설명되었듯이 물의 순환에 따른 장파장방사로 지구의 엔트로피 균형이 어느 정도 유지되어 오늘의 지구환경이 형성된 것이다. 그래서 인류로 말미암아 발생하는 엔트로피 증가는 지구환경 유지에 허용되는 범위를 벗어나서는 안 된다.

환경문제라고 하면 이에 대한 해결책으로 바로 머리에 떠오르는 것에 리사이클링이 있다. 리사이클링의 정의는 한 번 제품으로 사용되어 폐기된 것을 다시 제품의 원료로서 사용하는 것으로 되어 있다. 리사이클링을 위해서는 폐품을 회수하고, 운반하고, 선별하는 과정에서 추가로 에너지가 소비된다. 또 폐품의 재생과정에서 투입되는 원료와 소비되는 에너지의 양이 상당하므로, 리사이클링이라 하여 무조건 환경보호에 기여하는 것만은 아니다. 리사이클링을 위해서는 자연보호, 환경보전 및 엔트로피의 수지개선과 자원의 고갈문제까지 포함한 종합적인 검토가 필요하다. 자연보호와 환경보존은 우리와 관련된 영역이므로 자연과 환경의 악화를 억제하고 더 나아가 개선될 수 있는 방향으로 우리의 사고방식과 생활방식을 바꾸어 가야 할 것이다.

4-4 엔트로피에 의한 지구온난화의 해석

환경오염의 현상을 제3장의 다음 식을 기준으로 해석해 본다.

$$\Delta S_{net} = \Delta S_{sys} + \Delta S_{envi} = \Delta S_{sys} + \frac{\Delta H_{envi}}{T_{envi}} \qquad \text{(3-3)(기출)}$$

인간은 생활을 영위하는데 필요한 에너지나 물질(물질도 에너지라고 본다)을 자연계(환경: 아래첨자: *envi*)에서 확보하고 가공하여 소비한다. 이것은 위 식에서 보면 에너지, 즉 엔탈피(ΔH_{envi})가 지구환경에서 정화기능을 갖춘 에너지로서 인간사회(계: 아래첨자: *sys*)로 들어오는 것이므로 ΔH_{envi}는 마이너스(<0)로 취급된다. 그러한 에너지나 물질의 종말은 인간의 생활 활동의 결과 열에너지로의 변환으로 나타난다. 그 결과 자연계(환경)의 온도 T_{envi}가 상승하는 요인을 제공한다. 그리고 인간의 생존과 사치를 위한 생산 활동이나 소비생활의 모든 행위는 계(인간사회)의 엔트로피 증대를 가져온다($\Delta S_{sys}>0$). 이상의 내용을 식 (3-3)에 대조하여 해석해 보면 다음과 같다.

인간이 생존을 위해 자원을 활용해서 생산과 소비 행위를 하는 것은 모두 ΔS_{sys}(인간사회의 엔트로피)의 증가를 의미하며, 그로 인해 나타나는 공해문제는 지금까지 마이너스의 ΔH_{envi}를 T_{envi}로 나눈 음의 엔트로피

$\Delta H_{envi}/T_{envi}$의 효과로 흡수되어 왔다고 해석될 수 있다. 그러나 인간이 만들어내는 엔트로피 증가를 자연이 완전히 흡수하기에 역부족 상태가 되면 지구 규모로 보았을 때 미미하다고 하여도 ΔS_{net}는 증가한다.

그런데 특히 근래에 와서 인간이 만들어내는 엔트로피 증가 ΔS_{sys}가 급속도로 증가하였으며, 그로 인해 최종적으로 나타나는 열엔트로피로의 변환으로 지구환경의 온도 T_{envi}가 급상승하기 시작했다. 이 온도 상승은 지금까지 공해를 흡수해 왔던 마이너스의 엔트로피 $\Delta H_{envi}/T_{envi}$의 효과를 약화시키는 것이므로 그 결과로서 자연의 자정기능이 약화하기 시작했다. 그 결과 ΔS_{net}가 증가하여 환경악화가 더욱 가속되는 양상을 보이기 시작했다고 해석될 수 있다.

이하에 지구온난화 원인의 사례를 구체적으로 알아보기로 한다.

4-5 지구온난화의 원인 사례

지구온난화의 주원인은 탄산가스와 프레온 가스에 의한 것이라고 한다. 탄산가스는 18세기 중반에 공업화가 시작되면서 석탄의 대량소비로 급증하기 시작했다. 프레온 가스는 생활의 편의성과 농수산물의 냉동보관용 등으로 사용되었던 냉장고나 공기조화기의 사용 후 냉각제의 폐기물에서 방출되었으며, 단열재나 식품 포장용으로 사용되었던 CFC염화불화탄소 제품에서도 발생한다. 탄산가스는 1997년 교토 의정서에 의해 배출억제가 의무화되기 시작했고, 프레온 가스는 몬트리올 의정서에 의해 2010년에 생산 자체가 전면 금지되었다. 메탄가스도 온난화에 많은 영향을 준다.

탄산가스는 탄소를 기본으로 하는 연료의 연소에서 반드시 발생한다. 석탄을 태우면 탄산가스뿐만 아니라 아황산가스나 기타 온실가스들도 발생하며, 이들 가스도 지구온난화의 원인이 된다. 이들의 가스는 대기 상층부로 상승하는데, 그곳에서 태양광이 지상으로 들어가는 것은 막지 않으나 지상에서 발생한 열에 의한 장파장파의 우주공간으로의 방사를 방해한다. 장파장광은 원래 태양광의 지상에서 비가역과정의 결과 생성된 열에 의한 것인데 인류가 배출한 폐열에 의한 것도 이에 가담하게 되었고, 고 엔트로피 형태의 부산물이다. 특히 연료 연소에 따른 탄산가스의 배출은 지구온난화 원인의 반을 차지한다. 그래서 탄산가스는 지구온난화의 주범인 것이다.

탄산가스의 레벨이 올라가면 식물 악화 현상이 나타난다. 이 현상은 탄산가스의 증가로 식물의 잎에 포함되는 탄소성분의 양분이 많아지며, 반대로 질소성분의 것이 줄어든다. 이로 인해 곤충들이 섭취하는 양분 중의 질소성분이 부족하여, 이를 충족시키기 위해 더 많은 식물을 먹게 된다. 그리고 온실효과로 식욕이 왕성해진 해충과 강력한 병충들도 늘어나며 이들의 박멸을 위해 살포되는 많은 농약으로 말미암아 식물에의 2차 피해가 나타난다. 이와 같은 일련의 현상을 식물 악화 현상이라 한다. 이와 같은 현상의 결과 나무가 선 체 말라죽는 입목고사 현상이 대규모로 발생할 것이다.

탄산가스 배출의 주범은 아마 화력발전소에서의 배기가스와 자동차의 배기가스가 될 것이다. 그 배출가스 중에 포함되는 유황분이나 미세먼지는 배기가스 처리장치나 집진기로 흡수/포집이 가능하지만, 탄산가스만은 어렵다. 그래서 화력발전소의 연료를 석탄에서 천연가스로 대체하거나, 태양광발전이나 풍력발전이 성행하고 있다. 또 발전 양 대비 방출가스량을 줄이기 위해, 즉 열효율을 높이기 위해 증기터빈발전과 가스터빈발전을 결부시킨 복합발전 방식이 채택되고 있다. 또 유해가스 발생이 없는 원자력발전도 많은 나라에서 적극적으로 도입되고 있다. 한편 자동차의 배기가스 문제는 배터리 전기 자동차나 수소전기 자동차로의 대체로 대처하는 방향으로 가고 있다.

메탄가스도 온난화 레벨을 10~20% 높인다. 이 가스는 균이 무산소 환경에서 유기물을 분해하는 과정에서 생성되며, 논에서나 소의 소화기관에서 그리고 음식쓰레기 폐기장 등에서 발생한다. 질소가 주성분인 화학비료도 후일에 질소산화물로 변하며 온난화의 원인이 된다. 식생활의 향상으로 농산물과 육류의 소비가 늘어나고 또한 이들에 의한 쓰레기의 증가로 메탄가스의 증가는 심각해지고 있다.

특히 지구온난화로 남북의 극지지역 기온상승이 심각하다. 그로 인해 북반구의 고위도에 위치하고 있는 동토(툰드라) 지표가 녹기 시작했다. 해빙 과정에서 토양미생물이 깨어나 동토의 지중에서 식물의 숙성으로 발생한 메탄가스가 지표 밖으로 나오기 시작했다. 최근에 도시의 재개발과정에서 지하에 매장되어 있었던 심토층 유기탄소가 노출되어 탄산가스와 메탄가스를 방출하기 시작했다. 특히 각종 퇴적물이 쌓인 비옥한 해안 습지나 삼각주 위치에 자리 잡은 대도시에서의 재개발로 유기탄소의 대량 방출이 우려되기 시작했다.

화력발전소에서 배출되는 황산 가스나 질소산화물은 산성비의 원인이 되고 있다. 산성비는 삼림을 말라죽게 하며, 이미 유럽 각국의 삼림의 25~50%가 피해를 보고 있다고 한다. 산성비는 토양의 영양분을 파괴하므로 농지를 농업에 맞지 않는 땅으로 만든다. 또 산성비는 수생생물인 플랑크톤을 죽게 하며, 어류의 먹이사슬의 시발점을 소멸시켜 어류의 개체수 감소와 어종의 멸종을 초래한다.

프레온 가스는 그로 인한 재해가 잘 알려져 있어서 이미 그 생산이 금지되었다. 프레온 가스는 온난화의 원인이 되고 있을 뿐만 아니라 이 가스가 대기 상층에 도달하면 태양광선의 작용으로 염소원자가 방출되어 오존층을 파괴하며, 오존층에 구멍이 생긴다. 그 결과 강력한 자외선이 지상에 까지 도달하며, 사람의 면역기능의 저하, 피부암의 유발, 생태계의 파괴, 신형 병원균의 발생 등을 유발한다. 또 자외선은 해양생물의 플랑크톤의 광합성과 신진대사에 큰 영향을 미친다. 그래서 프레온 가스의 생산이 이미 금지된 상태다. 프레온 성분이 들어있는 냉매는 다른 성분의 냉매로 대체되었으며, 반도체공장이나 화학물질을 취급하는 공장에서 방출되는 유해가스는 폐기 가스 처리장치로 완전 처리하도록 의무화 되어 있다.

삼림 벌채도 심각하다. 벌채 양은 식목 양의 10배 이상이며, 민둥산이 늘어날 뿐만 아니라 탄산가스의 흡수량 감소와 수분증발의 감소로 온난화를 촉진한다.

지구의 온난화는 해수의 증발온도를 높인다. 그 결과 해수의 증발현상이 활발해지고 그로 인해 태풍의 발생빈도가 높아지고 강도는 세지고 규모는 커진다. 또 극지 상공의 온도상승은 기압배치와 기압 강도의 변화를 유발하며, 기후의 변화와 국지적인 집중호우, 가뭄 현상의 빈발, 대기의 건조화로 인한 사막폭풍의 빈발과 사막화의 확대 등의 원인으로 되어 있다. 극히 최근(2019년)에는 브라질 아마존에서의 심각한 삼림 화재, 미국 동해안의 대형 삼림화재의 빈발, 오스트레일리아에서의 대규모 삼림화재 등으로 삼림의 소실이 심각하다.

지구의 온난화로 여름의 더위가 심해지고, 빙하가 사라지고 있다. 온난화로 지구 전체의 온도가 2050년까지 1.5~4.5℃까지 올라갈 것이라고 예측되고 있다. 그로 인한 빙하의 소멸과 해수온도 상승에 따른 해수의 팽창으로 해수면이 최소 30cm, 최대로는 1.5m까지 상승할 것으로 예측되어 있으며, 그로 인한 육지면적의 감소와 연안의 제시설의 기능마비 등으로 주민의 대이동이 발생할 것으로 예측되어 있다.

이상과 같이 지구온난화의 원인은 단순하지만 그로 인해 나타나는 피해현상은 다양하고 복합적이며, 지구 생명체에 미치는 헤아릴 수 없는 폐해가 예측되고 있다. 그래서 늦게나마 이들 가스의 배출규제가 시행되기 시작했다. 그러나 이들의 규제를 솔선수범하면 자기만 손해라는 인식이 없지 않아 보인다. 그래서 공해가 심해지고 있는 만큼 각국에서 국민의 건강을 해치는 공해물질의 사용금지나, 시행하기 쉬운 공해방지 대책들이 구체화되기 시작했다. 예를 들어 완구 안전지침, 일회용 플라스틱 생산금지, 소방용 거품에 PFAS 사용금지, 가정용 식기세척기의 에코디자인으로의 이행방안규정 공포, 전기전자제품 내 유해물질 제한규제 등이 시행되고 있거나 시행될 예정에 있다.

이상의 현상들에서 말할 수 있는 것은 이제 지구상의 엔트로피 증가는 지구환경을 유지할 수 있는 한계를 넘어섰다는 것이다. 따라서 이 현상들의 심각성을 우리 개개인도 인식하여 지구온난화 방지대책을 솔선수범해야 한다.

4-6 인공물질과 자연물질의 환경상의 차이

지금까지의 자연환경은 자연의 변화와 그것에 대한 자연의 정화작용의 균형으로 유지되어 온 것이었다. 그리고 인류는 근세기까지 자연 속에서 자연에 가까운 상태로 살아왔기 때문에 환경문제는 없었다.

인류는 과학기술의 발달로 새로운 물질을 합성해내는 방법을 알아냈고, 그 덕택으로 많은 해택을 받아 왔다. 그런데 모든 물질은 형태가 바뀌어도 그것이 낡아지거나 그 임무를 다하면 폐기물로서 버려진다. 자연산의 물질은 폐기가 되어도 다시 자연에 되돌아가지만 인공적인 물질은 그렇지가 않다.

자연산의 물질은 인간이 그 형상을 바꾸었다고 하여도 그것은 자연 속에서의 변화과정의 한 과정에 불과하므로 다시 자연으로 되돌아 갈 수 있다. 그런데 인공적인 물질은 그렇지가 않다. 그것은 물질변화의 방향을 알리는 식 (3-13)[=식 (3-3)]에 의해 해명될 수 있다. 즉 제 3-5장의 (5)에서 이산화질소 NO_2가 사산화이질소 N_2O_4로 변화하는 것은 25℃라는 상온에서 가능했는데, 그것을 거꾸로 원래의 NO_2로 되돌아가게 하기 위해서는 상온에서는 불가능하고 85.1℃로까지 높여야만 가능했다.

우리가 일상생활용품이나 공업용 소재로서 많이 쓰고 있는 플라스틱은 그 원료들이 상온이 아닌 상당히 높은 온도로의 가열에 의해서 이뤄지는 화학합성의 산물이다. 플라스틱이 폐기 후 원상태로 되돌아가려면 플라스틱을 합성했을 때보다 훨씬 높은 온도로 가열하거나 긴 세월에 걸친 엔트로피 증대작용이 있어야만 가능하다. 최근에 플라스틱의 폐기물이 바다를 떠다니는 심각한 공해문제로 대두되고 있다.

호우 후에 강물에 나타나는 탁류는 강물에 미소한 흙 입자가 떠 있는 상태의 것이다. 수류속도가 약해지거나 바닷물에 합류하면 미소한 흙 입자는 침전하여 물은 맑아진다. 탁류는 흙이나 바위가 우비로 인해 미세한 입자가 되어 물속에 확산된 상태의 것이며, 엔트로피의 용어로 표현하면 공간엔트로피가 증가한 상태의 것이다. 그리고 물이 맑아지는 것은 자연의 정화작용으로서 미세입자가 침전하여 공간엔트로피가 다시 감소한 것으로 설명된다.

그런데, 바다에 떠있는 플라스틱 조각과 모래는 함께 파도를 타서 바위에 부딪히고 바위를 깨고 미세 모래를 생성하는 과정은 비슷하다. 그러나 바위 조각이나 미세모래는 바다 밑으로 침전하여 가라앉으나 플라스틱 조각은 비중이 작아 가라앉지 않는다. 플라스틱 조각이나 그 미세 입자는 해류를 타고 해류의 사수역(死水域, dead water)에 모이는 현상을 나타낸다. 사수역 인근에 서식하는 어류나 그것을 먹이로 하는 회유성 어류는 우리들의 식용으로 밥상에 올라오게 되며, 생선음식과 함께 미세 플라스틱이 우리 몸속에 들어오는 위험이 발생한다. 인위적인 엔트로피 증대는 자연정화로 감소되지 않고 공해라는 형태로 다시 우리에게 되돌아와 우리를 위협하는 괴물로 변한다.

4-7 생물체에서의 엔트로피

(1) 생물체의 노화

지금까지 엔트로피에 관련해서 기술된 것들은 거의 물리에 관한 내용들이었다. 그러나 이 절에서는 물리와 거리가 먼 생물에 대해 기술한다. 그리고 여기서의 내용은 슈레딩거(Ervin Schrödinger)의 "생명이란 무엇인가"라는 책을 참고하였음을 밝혀둔다.

생명체는 살아있는 동안은 세포의 붕괴로 평형상태로 되돌아가는, 즉 사망하는 것으로부터 보호받고 있다. 그것은 어떻게 해서 일까? 당연한 대답으로는 먹고 마시고 그리고 호흡하고 있으니까 라고 답할 수 있고, 식물의 경우는 탄산동화작용에 의해서 라고 말할 수 있다. 이것을 학술용어로 표현하면 물질대사라고 표현될 수 있을 것이다. 이 용어는 원래 그리스어의 교환한다는 용어에서 유래한 것인데, 무엇을 교환한다는 것일까? 틀림없이 물질의 교환을 의미한 것인데, 물질의 교환이 본질적인 것이라고 한다면 이상하다. 물질의 교환에 의해 어떤 이익이 얻어질 수 있다는 말인가?

자연계 속에서 진행되고 있는 온갖 일들은, 엔트로피가 증가하는 방향으로 진행되고 있다. 따라서 살아있는 생물체 내에서도 끊임없이 엔트로피는 증가하고 있는 것이다. 그리하여 죽음의 상태를 의미하는 엔트로피 최대라는 위험한 상태로 다가가는 과정에 있다. 그렇다면 생물이 그와 같은 상태가 되는 것으로부터 멀리 하기 위한, 즉 살아있기 위한 유일한 방법은 무엇인가 하면 슈레딩거는 주위의 환경으로부터 마이너스(음)의 엔트로피를 끊임없이 섭취하는 것이라고 표현했다. 이 표현이 맞는 것일까? 그가 음의 엔트로피라는 용어를 도입한 근거는 어디에서 유래한 것일까. 그 답은 다음과 같다.

볼츠만의 원리에서 나타나는 "경우의 수"인 W는 무질서, 난잡성 또는 불확실성 등의 정도를 나타내는 양이다. 그러면 그 역수인 $1/W$는 질서의 정도를 나타내는 양이 된다고 본 것이다. 그래서 $1/W$의 대수는 W의 대수(對數)에 마이너스 부호가 붙은 것이므로 질서의 정도를 엔트로피의 양으로 나타내려면 다음과 같이 표시되어야 한다.

$$-S = k \log_e W$$

그래서 엔트로피에 마이너스 부호를 붙인 것은 질서의 크고 작음의 정도를 나타내는 척도가 될 수 있다고 본 것이다.

슈레딩거는 생물체가 자기 몸을 항상 상당히 높은 일정한 수준의 질서 있는 상태, 즉 낮은 엔트로피 상태로 유지하고 있는 가장 기본적인 기능은 환경에서 음의 엔트로피를 끊임없이 섭취하고 있기 때문이라고 하였다. 그는 또 이와 같은 표현은 얼핏 보면 무슨 속임수 같은 느낌을 줄 것이나, 실은 당연한 사실을 말하고 있을 뿐이라고도 하였다. 그리고 음의 엔트로피라는 개념은 슈레딩거의 특허처럼 알려져 있지만 실은 볼츠만이 이미 그렇게 논한바 있는 내용과 우연하게도 같은 개념이라고도 하였다. 그러나 음의 엔트로피라는 표현은 엔트로피가 감소하는 것과 같은 뜻으로 오해받기 쉬우므로 그러한 표현에 반대하는 의견이 많다. 그래서 생명체의 생명유지는 편이한 용어로 다음과 같이 설명하는 것이 좋을 듯하다.

생물체는 음식을 소화하여 그것으로부터 영양분을 섭취한다. 생명체는 탄생하자마자 그의 엔트로피는 증가하기 시작하는데, 성인이 될 때까지의 일정기간 동안은 성장력이 노화라는 엔트로피 증가세를 압도한다.

성인이 된 후부터는 노화가 득세한다. 노화현상은 막을 수는 없으나 저 엔트로피의 영양분의 섭취로 늦출 수는 있다. 생명체의 모든 기관에서 노화가 진행되고 있으며, 그것의 정도는 인체기관에 따라, 또 사람에 따라 차이가 있다. 음식을 섭취하지 않으면 모든 기관의 노화가 급속히 진행하여 사망에 이른다. 일시적이기는 하나 젊어지는 현상도 없지는 않다. 그것은 어느 특정 기관이 일시적으로 노화가 늦춰진 현상으로 해석되어야 할 것이며 전체로서는 노화가 진행되고 있다.

고등동물은 질서 높은 저 엔트로피의 물질을 음식으로 먹어야 함을 알고 있다. 즉, 그 음식물들은 정도의 차이는 있을지언정 모두 복잡한 유기화합물이라는 극히 질서 정렬한 물질들이다. 음식은 동물에 섭취되면 소화기관에서 소화되어 영양분이라는 저 엔트로피의 영양소가 몸에 흡수되고, 반면에 질서가 떨어진 고 엔트로피의 잔재는 배설물로서 배출된다. 배설물은 질서가 떨어진 잔재이기는 하지만 질서가 완전히 없어진 것이 아니므로 그들은 또 다른 동물이나 식물의 영양분으로 활용될 수 있다. 그렇다고 하여 식물은 고등동물이 배설한 고 엔트로피의 물질만으로 생명을 유지하고 있는 것은 아니고 태양광의 도움으로 성장력을 확보하고 있다.

음식을 섭취하면 영양분의 화학적 발열반응으로 열에너지가 발생한다. 이 열에너지는 우리들의 신체를 움직이는 기계적 에너지로 활용되고 나머지는 열 엔트로피로서 몸 밖으로 방출된다. 이것이 체온의 열원인 것이다. 병에 걸렸을 때 열이 나는 것도 백혈구의 균과의 싸움에서 투입된 물질의 화학반응으로 발생한 열(열 엔트로피)을 체외로 방출하기 때문이라고 설명될 수 있다. 이상에서 알 수 있는 것은 온혈동물의 체온이 비교적 높은 것은 불필요한 열 엔트로피를 비교적 빨리 배출할 수 있게 되어 있기 때문이라고 할 수 있다. 그래서 활발한 생명활동이 가능한 것이다. 그런데 이 논리에 반대하는 논리로서 자체의 모피나 우모로 덮여서 열이 밖으로 방출되는 것을 막고 있는 온혈 동물도 있지 않으냐는 반론이 있을 수 있다. 그래서 체온과 생명활동의 활발성은 서로 평행적인 별개의 관계에 있다고 해야 할 것이다. 그래도 체온이 높은 것 자체는 생명활동 과정에서 이뤄지는 화학반응의 속도가 빠르기 때문이라고 설명할 수는 있을 것이다.

(2) 생명체의 비밀-유전자

생명의 비밀은 유전자가 쥐고 있다. 생명의 탄생, 성장, 생존 및 사망은 엔트로피와 관계가 없을 것인가? 이에 대한 고찰을 위해 세포의 분열과정을 간략하게 살펴본다.

1) 유사분열

생물체의 모든 것은 수정란이라는 단 하나의 세포의 구조에 의해 정해진다. 그것의 본질은 수정란 세포의 극히 작은 부분, 즉 세포의 핵의 구조에 의해 정해진다. 세포의 핵은 두 가지의 형태로 분열한다. 즉 유사분열과 감수분열의 두 방식이다. 세포 내부를 관찰하기 위해서는 세포를 염색해야 한다. 세포가 분열하지 않을 때는 세포 안의 일부분에 염색된 물질이 그물코 모양으로 퍼져있는 상태로 보이는 것이 있다. 이것이 세포분열 할 때는 그 동안만은 쌍으로 된 여러 개의 입자 군으로 형성된다. 이것이 염색체라고 불리는 것이다. 염색체의 짝의 수를 n라고 하면, 염색체 전체의 개수는 $2\times n$개가 된다. 짝의 수 n의 값은 생물체의 종에 따라 다르며, 사람의 경우는 $n=23$이고, 염색체 전체의 개수는 46이다. 그런데 이들은 크기와 형태에서 모두 식별될 수 있는 정도로 차이가 있으나 거의 비슷한 것들의 짝으로 되어 있으므로 염색체 전체는 두 벌(조)로 형성되어있다고 표현된다. 그들 중의 한 벌은 어머니의 난자세포에서 온 것이고, 또 다른 한 벌은 수정시킨 아버지의 정자에서 온 것이다. 이들 염색체 안에는 개체(생물체)가 앞으로 성장하여 성숙했을 때 몸의 움직임의 형(型) 전체를 결정하는 일종의 암호문이 저장되어 있다. 이것이 유전자라는 것이다. 두 벌의 염색체의 각 벌에 생물체에 필요한 모든 암호문이 들어 있다. 그래서 보통의 생물체의 수정란에는 암호문이 두 장씩 있다.

생물체의 성장은 세포의 잇따른 분열에 의해 이뤄진다. 이때의 세포분열은 유사분열(有絲分裂)이라고 불리는 분열 방식으로 이뤄진다. 이 세포분열은 성장초기에는 신속하다. 그 빠르기를 알아보기 위해 간단하게 다음과 같이 생각해 본다. 성장하고 있는 동안의 분열의 빈도는 몸체 부위에 따라 다르다지만, 간단하게 두 배씩 증가해 가는 수의 규칙성을 적용하기 위해 모든 부위의 세포가 두 배씩 증가한다고 보고, 어른의 세포 수를 대략 100조~1000조라고 보면 대략 50~60번의 세포분열로 가능하다. 그리고 한 생애 중의 몸체세포의 교체를 감안하여도 몸 전체의 세포 수의 10배 정도의 교체는 쉽게 분열할 수 있다. 이처럼 지금의 자기 자신의 체세포는 일찍이 자기 자신이었던 수정란의 분열로부터 평균해서 불과 50~60대째의 자손에 불과한 것이다.

유사분열의 설명을 위해 참 파리의 염색체를 모형적으로 그린 것이 [그림 4-1] (a)이다. 이 그림에서 볼 수 있듯이 4개의 짝으로 되어 있는 각 염색체가 두 배로 분열한 것이 두 번째 그림이다. 분열로 생긴 네 번 째 그림의 두 개의 "딸세포"는 어느 쪽에도 부모 세포의 염색체와 똑 같은 두 벌의 염색체를 완벽하게 가진다. 그래서 체 세포의 모두가 가지는 염색체라는 재산에 관해서는 완전히 동일하다. 즉, 염색체의 짝의 2중성이 유사분열의 전후를 통해서 유지되고 있다는 것은 참으로 경탄할 일이다. 이것이 유전의 뛰어난 특징이라는 것은 다음에 설명하는 감수분열(減數分裂)을 예외로 확실히 인정된다.

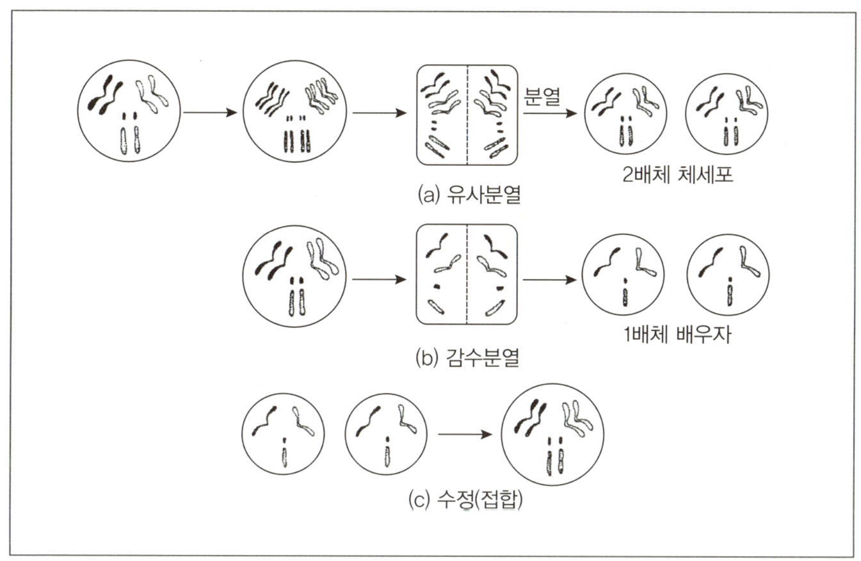

[그림 4-1] **세포분열**

2) 감수분열

개체의 성장이 시작하자마자 한 무리의 세포는 차후에 필요한 배우자(配偶子)용으로 따로 간수되어, 다른 목적으로는 쓰이지 않는다. 나중에 만들어지게 되는 배우자는 개체가 성숙한 후 개체를 증식하기 위해서 필요한 정자나 난자가 되는 것들이다. 이 사실은 대단히 경탄할 일이다. 이것이야 말로 종이 이어질 수 있게 하는 사전 준비인 것이다.

감수분열의 경우는 [그림 4-1] (b)에서와 같이 부모세포의 두 벌의 염색체는 한 벌씩의 두 조로 갈라질 뿐이며(두 번째 그림), 그 한 벌씩이 두 개의 딸세포, 즉 배우자의 각각으로 갈아탄다(세 번째 그림). 다시 말해서 염색체의 수는 유사분열처럼 두 배로 늘어나는 것이 아니고, 염색체의 수는 그대로 유지되면서 반수(한 쌍)의 염색체만이 한 개의 배우자에 들어가서 배우자 두 개가 생긴다. 즉 암호의 복사물로서 완전한 복사물을 두 장이 아니고 한 장만,

즉 사람의 경우는 2×23=46이 아니고 23개의 염색체만을 이어 받는다. 염색체를 단 한 벌만을 가지고 있는 세포를 1배체(1倍體: haploid)라고 부른다. 따라서 배우자(配偶子)는 1배체이며, 보통의 세포는 2배체가 된다.

생물체에서 접합(接合, 즉 수정)이 이뤄질 때는 같은 1배체인 암 배우자(난자)와 수 배우자(정자)가 결합하여 수정란이 만들어지므로 수정란은 2배체가 된다. 그래서 수정란 두 벌의 염색체의 한 쪽은 어머니 쪽에서 또 다른 한 쪽은 아버지 쪽에서 온 것이다.

이상에서 설명되었듯이 감수분열은 두 벌로 되어있었던 염색체가 한 벌씩으로 분리되는 것이다. 이것은 엔트로피의 경우의 수라는 측면에서 보면 틀림없이 엔트로피의 감소현상이다. 그러면 엔트로피의 감소분은 다른 곳에서 증가로 나타나야 할 텐데, 그것은 정자와 난자를 만들어낸 부모의 체세포에서 받아들여진다고 봐야 할 것이다. 한편 수정에 의해 수정란이 되면 염색체는 두 벌로 되므로 원래의 엔트로피 상태로 되돌아간다. 그래서 생명체의 수정란은 세포분열의 초기에 유사분열과 무관하게 따로 보관되어 있었다가 개체가 성숙해진 후에 감수분열로 정자나 난자가 되어 접합하는 것이므로, 개체별로 대가 내려가도 일정한 엔트로피 상태를 유지할 수 있어서 종의 유지가 가능한 것으로 해석될 수 있다.

3) 유전자의 갈아타기

개체가 증식하는 과정에서 중요하고 결정적인 것은 수정보다 감수분열이다. 한 조의 염색체는 아버지로부터, 또 하나의 한 조는 어머니로부터 이어 받는 것인데, 이것은 우연이라거나 운명 같은 것으로 좌우되는 것이 아니고, 모든 사람의 유전자의 꼭 반은 어머니에서, 다른 반은 아버지에서 받는다. 그런데 어떤 경우는 아버지와 어머니의 어느 한 쪽의 혈통(선대의 혈통)이 탁월하게 나타나고 있는 것 같이 보일 때가 있다. 그것은 다른 이유에 의한 것이다. 즉 유전자의 "갈아타기"현상에 의해 일어나는 것이다.

유전자의 감수분열을 설명할 때 각 짝의 개개의 염색체는 그대로 통째로 분리되어서 옮겨지는 것 같이 설명되었다. 그러나 실제로는 그렇게 되지는 않고, 적어도 언제나 그렇게는 되지 않는다는 것이다. 예를 들어 아버지의 체내에서 일어나는 감수분열에서 [그림 4-2] (a)와 같이 표시된 두 개의 상동[相同, 즉 한 짝]의 염색체가 분리하기 전에 그림 (b)와 같이 한 곳 또는 여러 곳에서 서로 바싹 붙는 현상이 일어난다. 염색체가 붙었다가 떨어질 때 두 개의 염색체는 그림 (c)와 같이 그들의 일부분을 완전히 그대로 바꿔치기 하는 일이 종종 일어난다. 이를 "갈아타기"라고 부르는데, 이와 같은 갈아타기로 인해 그 염색체의 각각의 부위에 위치해 있던 두 개의 형질(유전자)이 손자의 대에서 분리되어서, 손자는 그 염색체(아버지로부터 이어 받은 것)의 일부분을 조부로부터 이어받고, 다른 부분은 조모로부터 이어받는 일이 일어난다. 이와 같은 "갈아타기"현상은 극히 드물게 일어나는 것도 아니고 빈번하게 일어나는 것도 아니다. 그래도 갈아타기 현상이 비교적 잘 일어나는 것을 이용해서 어떤 형질의 유전자가 염색체 중의 어느 부위에 위치해 있는가를 분석하는데 활용되고 있다.

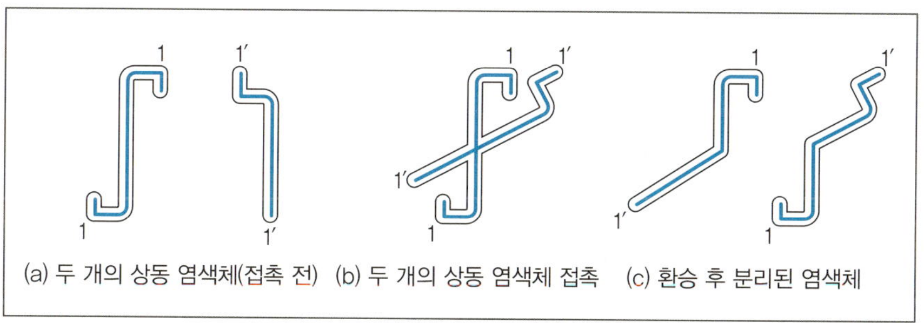

[그림 4-2] **염색체의 환승**

위와 같은 유전자의 “갈아타기” 현상은 다양한 특질을 가진 생명체의 발생을 가능케 하며, 종의 진화에 결정적인 역할을 한다.

개체는 수정란의 세포분열로 성장하여 성인이 된다. 이 과정을 포함해서 성인이 된 후의 개체는 생체유지를 위해 저 엔트로피의 질서 있는 유기물질을 섭취하고 소화하며, 영양분이 흡수된 후의 고 엔트로피의 배설물은 체외로 배출한다. 섭취되는 유기물질의 종류나 소화방법에 따라 체내에 축적되는 무질서의 물질, 즉 노폐물의 종류나 양은 사람마다 차이가 날 것이다. 그래서 사람마다 체내에 축적되는 엔트로피의 양, 즉 이것을 노화의 정도라고 표현한다면, 사람의 노화의 정도는 개인별, 지역별 또는 국가별로 차이가 날 수 있으며, 그 차이가 개개인의 수명이나 평균수명이란 수치로 나타난다고 할 수 있다.

우리는 암 예방을 위해 그리고 장수를 위해 어느 음식이 좋은지에 관심을 가지며, 병에 걸렸을 때는 병원치료를 받는다. 그리고 건전한 소화와 순조로운 배설 그리고 원만한 신진대사를 위한 적절한 운동을 한다. 이들은 체내 엔트로피의 축적을 최소화하며, 그것의 최대치에의 도달을 가급적 늦추는데 도움이 되고 있는 것이다.

4-8 물질문명과 정신문명

열역학에서 말하는 엔트로피는 물질에 관한 것이다. 물질은 시간과 공간을 공유한다. 한편 정신이라는 것은 비물질적인 것이며 이것에는 경계도 없고 또한 고정된 한계도 없으며, 물질과 차원이 다르다. 그러나 문화에는 물질적인 면과 정신적인 면의 양면이 있다. 그래서 문화를 물질이라는 면에서 보면 이를 엔트로피의 개념과 연관시킬 수 있을 것이다.

인류는 여러 종족 또는 여러 민족으로 구성되며, 그들이 생존하는 지역과 그 지역의 기후에 알맞은 각기 고유의 문화를 형성해 왔다. 문화와 유사한 용어로 문명이라는 용어가 있는데, 정신적인 면이 강조되어야 할 때는 문화라는 용어로, 물질적인 면이 강조되어야 할 때는 문명이라는 용어가 구별되어 쓰이지만, 여기서는 대략 같은 뜻으로 사용하기로 한다. 종족이나 민족이 공유하는 문화에서 그것이 차지하는 물질적인 측면을 추궁해가면 역으로 그 민족의 정신적인 면이 보일 수 있다. 왜냐면 문명이 갖는 세계관에서 물질면이 중요시 되어 있으면 아무래도 정신적인 면의 탐구가 그보다 소홀이 되기 쉽고, 반대로 물질적인 면이 경시되어 있는 경우는 물질에 대한 관심이 적어서 그 문화는 정신적인 것에 치우치기 쉬운 관계가 있기 때문이다.

엔트로피의 법칙은 물질적인 세계를 지배하는 법칙이며, 문화는 물질과 정신의 상호작용에 의해 형성된 것이므로 문화의 발전과정을 엔트로피라는 관점에서 관찰하면 우리가 현재 처하고 있는 문제, 특히 환경문제와 같은 물질적인 문제에 대처하는데 많은 참고가 될 것으로 생각된다.

유럽에서는 14~16세기에 일어났던 르네상스와 더불어 서유럽의 국가들에서 대항해 시대(15~18세기)가 열렸다. 이때 서양인들이 남북 아메리카 대륙에 처음 가보고(발견하고?) 옥수수, 감자 등의 새로운 채소나 과일 등을 들여왔다. 그뿐만 아니라 금과 은 및 귀금속 등도 대량으로 유럽에 가져와, 구대륙과 신대륙 사이에 본격적인 교역이 시작되었다. 또 한편으로 대항해 시대가 한창일 때 포르투갈의 상선들은 노예무역을 통해 막대한 재화를 벌어들였다. 이로써 유럽과 신대륙에서 정치, 경제, 사회, 문화, 민족, 종교 등에 있어서 역사적 대변혁이 일어났으며, 이를 계기로 유럽제국주의가 시작했다.

이상과 같이 대항해 시대에 축적된 막대한 자본은 18세기 중반에 증기기관의 발명으로 시작한 산업혁명과 결합한다. 산업혁명으로 등장한 기계화로 대량생산이 이뤄져 오늘날의 자본주의를 가능케 한 것이다.

동양과 서양의 중간지역인 중동지역을 중심으로 페르시아 문화가 번영하였고, 또한 그리스문화의 영향을 받고 발전한 헬레니즘 문화가 한 때 큰 위세를 떨쳤다. 그래도 정신문화라고 하면 중국을 중심으로 한 동양문화로 대표될 수 있을 것이다.

동양 문화권에서도 화약의 발명이나 도자기기술, 제철기술 그리고 금속활자와 같은 과학기술에 입각한 화려한 기술적 문화가 일찍 꽃피웠다. 그러나 그것들이 서양에서와 같이 자본의 축적이나 산업혁명이란 계기를 맞이할 기회가 없었다. 그래서 근세기의 근대화가 이뤄질 때까지 정신적 문화가 계속 유지 보존되어 왔다. 원래 서양문화 쪽은 유목을 중심으로 한 동적인 문화이고, 말을 이용한 교통편이나 말과 관련된 각종 운동 종목들이 발달하였다. 이에 대하여 동양문화 쪽은 농경문화를 중심으로 한 정적인 문화로서 농업에서의 동력원으로 소를 이용하였고, 명상, 참선, 정신수양을 강조하는 각종 무도, 동양화, 다도, 꽃꽂이 등의 문화가 꽃피었다. 그러한 정신적 문화의 영향은 근대화 된 오늘 날에도 동양문화권의 사람들의 사고방식이나 정서에 남아 있다.

니얼 퍼거슨(Niall Ferguson)이 서양문화를 평하기를 이 문화는 경쟁을 장려하는 정책, 과학혁명, 법의 지배, 현대의학의 발달, 소비 지향의 사회, 프로테스탄트적 직업윤리 등으로 형성되어 있다고 분석하고, 이로 인해 다른 문화권을 압도해 왔다고 보았다. 그러나 그는 오늘날 서양문화는 황혼시대를 맞이하고 있거나 몰락 직전에 처해 있다고 진단하였다. 왜냐면 다른 문명권의 국가들도 지금 서양의 성공 코드들을 모두 가진 채 서양권과 경쟁 중에 있기 때문이라고 하였다. 그리고 그는 “중국은 자본주의를 가졌고, 이란은 과학을 얻었으며, 러시아에는 민주주의가 생겨났다”고 주장하고 있다.

그는 또 다음과 같이 말하였다. 문명이라는 것은 자연현상에서 나타나는 복잡계의 하나인데, 멀쩡한 문명이 "한밤중의 도둑처럼 급작스레 무너질 수도 있다"는 것이다. 옛 소련 공산주의의 몰락, 고대 로마나 프랑스혁명 당시의 구체제의 붕괴, 그리고 외부 침략에 의해 10년 만에 와해되어버린 잉카문명 등의 사례가 새삼 그것을 보여준다고 하였다.

자본주의를 신봉하는 대표적인 국가가 미국이다. 미국인의 많은 사람은 지식과 기술을 착실히 축적하고 개발하면 항상 가치 있는 방향으로 전진하는 것으로 믿고 있는 것 같다. 이것은 미국인뿐만 아니라 거의 모든 선진국 사람들의 사고성향이기도 하다. 그래서 개개인은 하나의 자립된 주체로서 존재하며, 자연계에는 나름대로의 질서가 있고, 과학적 관찰은 객관적이며, 인간은 항상 자유와 사유재산을 원하며, 개개인 사이의 경쟁은 끊임없이 계속되는 것으로 그들은 믿고 있는 것 같다. 그 결과 과학기술은 극도로 발달하여 물질적인 삶의 질은 엄청나게 향상되었다. 앞에서도 언급되었듯이 물질적 편의증진에는 엔트로피의 증대가 반드시 뒤따르는 법이다. 그 결과 오늘날의 지구온난화라는 부작용이 나타난 것으로 보는 것이다.

한편 동양 문화권에서는 전체적으로 정신문화가 득세해왔다. 그래서 "무에서 유는 안 생긴다"거나, "힘 앞에는 굴복하라"라거나, "긴 안목으로 보라", "엎지른 물은 다시 되 담을 수 없다"는 등의 정적인 정신문화를 상징하는 격언들이 많으며, 이들의 정신이 동양인의 생활 속에 숨 쉬고 있다. 그래도 엔트로피의 증가는 피할 수 없는 것이지만 적게 나타나게 하는 문화라는 것만은 확실하다. 동양권에서 과학기술이 제일 앞섰다고 하는 일본인의 사고방식에도 동양적 사고방식이 남아있다. 그래서 고효율의 소형자동차의 개발, 전철위주의 교통망구축, 모든 공업제품에서의 효율성추구, 주택의 적절한 크기와 효율적 공간이용, 음식물 낭비의 최소화, 수예 등을 중심으로 한

다양한 취미생활의 개발 등등, 소위 소형화와 효율성을 지향하는 문화가 발달해 있다.

우리는 오늘날 공해문제나 지구온난화로 생존의 위협을 받고 있다. 이러한 위협에 급히 대처해야 한다. 원인은 알고 있으므로 이에 대한 대책을 실행하는 것만이 남아 있다. 대책의 실행 방법에는 강제규제와 자율규제가 있을 것이다. 전자의 방법에는 어느 나라가 먼저 언제부터 어느 정도로 시작하는가라는 어려운 문제가 있다. 사람의 심리로서 그렇게 해야만 한다는 것은 알고 있어도 먼저 실행한 사람이나 국가만이 바보가 된다는 인식이 있어서 어려움이 많다. 장기적으로 대처하게 되는 후자의 경우는 시간문제도 있거니와 모든 사람의 합의를 이끌어내야 하는 어려움이 있다. 그래서 지구의 오존층 보호를 위해 프레온 계 냉매의 사용이 금지된 전례가 있었듯이 시급한 문제에 대하여는 강제규제로 규제하고, 장기적으로는 자율규제로 대처해 나갈 수밖에 없을 것 같다. 장기규제에 대하여는 동양적 문화를 서양적 물질문명에 접목하는 방법이 효율적일 것이다. 이때 규제라는 대책수립에 임해서 열역학의 엔트로피 증대법칙이 고려되어야 할 것이다. 그렇게 함으로써 우리의 생활방식이나 경제원리 그리고 인생의 가치기준도 지구상에 서식하는 생명체의 본래의 마땅한 모습에 걸맞게 변해갈 것으로 기대해 보는 것이다.

4-9 팬데믹 쇼크

(1) 팬데믹이 우리에게 시사는 것

때마침(2020. 4) 우리 인류는 세계적으로 만연하고 있는 COVID-19의 전염병을 앓고 있다. 그리고 그 병원균의 전염을 막기 위한 여러 대책들이 실행되고 있다. 즉 사람사이의 거리두기, 마스크의 착용, 손 씻기 등이 권장되어 실시되었다. 사태가 긴박한 때는 비상사태가 선포되어 사람의 이동이 통제되기도 하고, 최악의 경우는 사람의 활동이 완전히 금지되는 활동통제령(Lockdown)도 선포되었다.

코로나 균은 2019년 12월 말부터 중국의 우한(武漢)에서 코로나 균이 박쥐에서 천산갑이란 동물을 거쳐가는 과정에서 사람에 감염되어 발생한 것이라고 한다. 이 코로나 균은 중국 전역으로 퍼져 중국 전체에 비상사태가 선포되었고, 일부 지역에는 활동통제령이 선포되었다. 3개월 쯤 지난 후에는 유럽과 미국 등 전 세계에 퍼지기 시작했고, 많은 감염자와 사망자가 발생하였다. 이때 쯤(2020.4) 되어서 세계보건기구(WHO)는 이 균에 대한 팬데믹(Pandemic: 세계적 대유행)을 선포하여, 전염병의 원인인 코로나 균에 대하여 코로나-19라는 정식 명칭이 붙여졌다. 코로나-19 균의 전염을 막기 위해 우리들의 생활은 사람 이동의 최소화, 사람사이의 거리두기, 마스크 착용 등은 기본이며, 그 밖에 재택근무, 비대면 의료처방, 배달주문, 온라인 화상회의, 온라인 수업 등의 시행으로 소위 언택트(Untact: 비접촉) 방식으로 변했다. 이에 수반하여 마스크 부족현상, 비행기 운항 80% 이상의 대폭적인 감소, 공장폐쇄, 소매상점의 폐업 등으로 세계경제는 위축하여, 마이너스 성장으로 많은 기업의 도산과 대량의 실업자가 발생하였다. 이제 2~3개월 정도 지나니 1차 감염은 수그러지는 양상을 보이고 감염종식 후의 경제회복에 대한 전망이나 2차 감염에 대한 대비 등 여러 이야기가 나오기 시작했다. 그러던 중 마침 WHO에서 팬데믹을 넘어서 엔데믹(Endemic: 주기적 발생)이 될 수 있다는 전망을 내놓았다(2020. 5).

WHO의 엔데믹의 발표는 지금 전염되고 있는 코로나-19의 주기적 발생뿐만 아니라 새로운 균에 의한 전염병도 수시로 발생할 수 있을 것으로 받아들여야 할 것이다. 14세기(1347년)에 유럽에서 대흑사병(大黑死病)의 유행으로 유럽인구의 약 1/3인 7500만 명이 희생됐다. 이를 계기로 생명의 귀중함이 부각되어 르네상스라고 불리는 문예부흥운동이 일어났다. 1832년에는 파리를 급습한 콜레라로 18,000명이 사망했고, 이때 안타깝게도 카르노의 원리를 발표했던 카르노도 사망했다. 20세기 초(1918)에는 스페인 독감이 대유행하여 2차 유행까지 발생하였다. 최근에는 2002년의 사스 전염병, 2012년의 메르스 전염병 등이 있었다. 그 사이에도 여러 차례의 전염병이 유행하였다. 이러한 사실에서 짐작할 수 있듯이 동물을 매체로 한 전염병의 대유행이 앞으로도 수시로 있을 것으로 예상해야 한다.

우리는 이번 코로나-19의 사태를 계기로 다른 생명체의 생존영역을 존중하고 그들에게 존재하고 있는 바이러스가 인간으로 옮겨오지 않도록 할 필요가 있다. 인류가 범하고 있는 자연환경의 파괴는 다른 생명체에도 치명적이다. 이제 우리 인류는 경제발전 지향주의를 재고할 때가 된 것 같다. 다른 생명체의 생존을 존중해야 하고, 정신문화가 중심으로 된 새 문화로의 대전환을 시도하는 절호의 기회로 삼아야 할 것 같다. 이와 같은 새 전환을 맞이함에 있어 엔트로피 증대법칙이란 사상이 좋은 길잡이 역할을 해 줄 수 있을 것으로 믿는다.

코로나-19 유행의 초기에도 불구하고 하늘은 맑아지고 밤의 달빛으로 구름이 하얗고 아름답게 보이는 현상을 볼 수 있었다. 오랜만의 반가운 일이 아닐 수 없었다. 이점은 우리가 앞으로 수립해야 하는 대책에 시사하는 바가 있다고 본다.

(2) 생존과 정보 엔트로피

지구상 종의 멸종은 드문 일이 아니다. 우리 인간에 제일 가까웠던 종으로 네안데르탈인(Neanderthal Man)과 호모사피엔스(Homo Sapiens)가 있었다. 네안데르탈인은 체격이 좋고 두뇌도 발달하고 있었던 것 같다. 그리고 장례에 꽃을 헌화한 흔적이 있었으므로 감성도 풍부했던 것 같다. 감성이 풍부했다는 것은 역으로 말하면 혐오심이 강했다는 것이다. 그래서 남과 연대하기를 꺼렸을 것이다. 이것은 현대인에게도 흔히 볼 수 있는 현상이다. 위생관념이 강한 사람은 너무나 청결을 지키려는 나머지 배타적으로 되어 면역력이 떨어진다. 그래서 흔한 병에도 쉽게 걸리고 사망에 이르기 쉽다. 그러한 특징을 가진 네안데르탈인은 빙하기라는 혹독한 자연환경을 맞이했을 때 그것을 넘기지 못해 멸종했다는 것이다.

그에 대해 현대인의 직계조상인 호모사피엔스는 "언어"를 구사할 수 있는 뇌구조를 가졌고 언어를 발전시킬 수 있었다. 언어는 곧 정보이며, 언어에 의한 의사소통으로 연대가 가능했으며, 빙하기란 혹독한 자연환경에도 맞서 식량을 구하고, 생존을 가능케 한 주거환경을 마련할 수 있어서 살아남을 수 있었다는 설이 유력하다. 그래서 호모사피엔스는 언어라는 정보수단으로 체격이 좋고 감성이 풍부했다는 네안데르탈인과 같은 멸종을 면할 수 있었다.

우리는 지금 인류가 지금까지 겪지 못했던 코로나 19의 팬데믹과 엔데믹을 겪고 있다. 이를 슬기롭게 넘기기 위해서는 호모사피엔스의 "정보"의 위력을 상기할 필요가 있다. 정보의 위력이란 어디서 나올 수 있는가? 그것은 2−4절의 (2)항에서 설명되었듯이 정보 엔트로피에서 찾을 수 있다. 너나 나나 모두 동등하다고 하여 부화뇌동식으로 자기주장만을 되풀이한다는 것은, 즉 차별화가 없는 정보는 정보 엔트로피가 크며, 정보 엔트로피가 크다는 것은 정보로서 가치가 없고 오히려 해로운 것이다.

호모사피엔스가 혹독한 빙하기를 넘길 수 있었듯이 남을 설득하고 전체를 설득할 수 있는 유익하고 차별화 된, 소위 엔트로피가 적은 정보를 발신할 수 있다면 그 집단은 살아남을 수 있을 것이다. 이와 같은 진실은 국가와 기업의 존립에도 적용될 수 있는 보편적인 진실일 것이다.

4-10 정치와 엔트로피

(1) 스프트닉 쇼크

우리의 생활을 좌우하는 것은 역시 정치다. 그리고 문화형성에도 정치의 역할은 절대적이다. 그래서 정치는 엔트로피와도 밀접한 관계를 갖게 된다.

구소련, 지금의 러시아는 1960년 세계최초로 인공위성 스프트닉(Sputnik) 1호를 발사하였다. 이 인공위성은 지구를 100분에 한 번 도는 궤도에 오른 것이었다. 이 쾌거에 전 세계는 놀랐다. 이어서 1개월 후에 개를 태운 스프트닉 2호를 발사하였고, 다시 6개월 후인 1961년 4월 12일에 무게 1.3톤인 스프트닉 3호에 유리 알렉세예비치 가가린을 태워 인류 최초의 지구궤도를 도는 우주 비행사를 탄생시켰다.

인공위성이 100분에 한 번 지구를 돈다는 뉴스에 접했을 때 많은 사람이 놀라기도 했지만 바로 느낀 것은 지구의 협소함이었을 것이다. 그리고 지구상의 모든 나라들이 정치를 하느라고 아우성을 피우고 있지만 인공위성은 사람의 손이 닿지 않는 높은 곳을 돌면서 세세히 내려다보고 군사력을 마음대로 구사할 수 있을 것이라고 생각해보니 앞으로의 정치는 크게 변할 것으로 생각했을 것이다. 그러나 그것은 너무나 성급하고 희망적인 기대에 불과하였고, 60년이 지난 오늘 날에도 정치에서의 인간상은 여전하다.

(2) 핵감축에서 환경문제까지

1960년 구소련의 스프트닉 쇼크를 받은 미국은 우주기술개발에 박차를 가하였다. 그 결과 1969년 세계에서 처음으로 달 표면에 우주비행사를 착륙시켰다. 이를 계기로 미국은 우주개발에 있어서도 주도권을 잡았고, 1991년 12월 구소련의 붕괴를 이끌어 내어 미-소 냉전 시대의 종식을 찍었다.

인류는 인종 간, 부족 간, 국가 간 그리고 정치체제 간의 갈등에서 이겨 남기 위해 전쟁을 이어왔다. 과학기술이 고도로 발달한 근대의 전쟁은 상상을 초월하는 물자동원과 인명피해를 수반했다. 세계 1, 2차 대전은 그야말로 엄청난 소모전이었다. 세계2차 대전 때 이에 편승하여 태평양전쟁을 일으켰던 일본은 독일이 항복한 후에도 버티다가 미국의 원자탄 투하로 항복했다. 그 후 원자탄을 사용한 전쟁은 없었지만 그 위험성은 항상 존재하였다. 핵전쟁은 아마 인류멸망까지 각오해야 할 만큼 끔찍한 전쟁이 될 것이다.

미국과 소련은 1970년대부터 핵감축을 위한 협상을 계속해 왔으나 합의에 이르지 못했다. 그러다가 1991년 12월의 구소련 해체 직전인 1991년 7월 31일 겨우 미국과 소련 사이에서 스타트 I(START I, Strategic Arms Reduction Treaty, 전략 무기 감축 조약)이란 군축조약이 체결되었다. 스타트 I이 2009년 12월 5일에 만료되면서 후속으로 2010년 4월 8일에 뉴 스타트 조약(New START)이 체결되었다. 그간 미국과 소련 간에 탄도탄 요격유도탄 조약 (ABM조약, 1972년 체결), 중거리 핵전력조약(INF조약, 1987년 체결) 등이 체결되었으나 서로간의 불신 때문에 탈퇴 또는 폐기 되었으며, 2021년에 만료되는 뉴 스타트조약도 연장이 어려운 상태다.

그래서 지구온난화나 환경문제 등 지구규모의 문제가 산적해 있는 상황에서 핵전쟁까지 걱정해야 한다면 이들의 문제해결은 요원할 것 같다. 왜냐면 지구규모의 문제는 한 나라의 노력만으로 될 수 있는 것이 아니기 때문이다. 어느 나라가 자국의 국가안보까지 희생해 가면서 문제 해결에 나설 것인가?

생태계 학자들이 하는 이야기에 "혐오는 진화의 선물이며 연대는 그보다 아름답다"는 말이 있다. 혐오는 더러운 것에 혐오감을 느끼며, 이것이 자기 몸에 들어오는 것을 막기 위해 온갖 대책을 세우기 때문에 진화하는 동력으로 작용하는 것이라고 하였고, 연대는 어려움에 처했을 때 이에 맞서기 위해 서로 연대하는 것이므로 모두가 살아남을 수 있어서 더욱 아름다운 것이라고 하였다. 이 해석은 상당히 의미심장하며 현재의 인류에게 시사하는 바가 크다.

앞의 4-9 (2)항에서 언급되었듯이 종의 멸종의 역사에서 우리와 가장 가까운 현대 인류로서 네안데르탈인과 호모사피엔스가 있었다. 네안데르탈인은 체격이 좋고 두뇌도 뛰어났지만 혐오심이 강하여 남과 연대하기를 꺼렸다. 한편 호모사피엔스는 의사소통의 수단인 언어를 가졌기에 연대가 가능했다. 그래서 혹독한 빙하기를 넘길 수 있었다.

연대가 혐오보다 아름다웠고 서로를 견고히 뭉칠 수 있게 하였으므로 네안데르탈인은 3만년 전에 멸망했음에도 불구하고 호모사피엔스의 후손인 우리가 현재 존재하고 있는 것이다. 지금 우리에게 필요한 것은 "연대"인 것이다. 오늘날 우리는 핵문제와 같은 우리끼리의 문제만이 아니고 지구온난화와 팬데믹이라는 질병으로부터 위협을 받고 엔트로피의 최고점을 찍으려고 하고 있다. 이것에 대처하기 위해 자연의 보존과 자연생태계의 보존까지 함께 고려한 우리의 연대로 엔트로피를 줄여야 하는 절대 절명의 상태에 놓여 있다.

정치가는 엔트로피 증대의 법칙을 인식하여 우리 인류가 현재 처해있는 지구규모의 문제에서 살아남기 위해 그야말로 진지한 고민을 해야 한다.

제1장의 부록

부록 1-1 준정적 변화

본문에서 계가 평형을 이루면서 변화한다고 설명되어 있었다. 평형에는 역학적 평형과 열적 평형의 두 가지가 있다.

역학적 평형이란 예를 들어 [부록 1-1 그림 1]과 같이 피스톤 위에 추(누름돌)가 얹혀 있고, 평형상태에 있었다고 한다. 그 추의 일부가 제거되면 계의 평형상태는 깨지며 다시 평형상태로 돌아올 때까지 피스톤은 상승한다. 이와

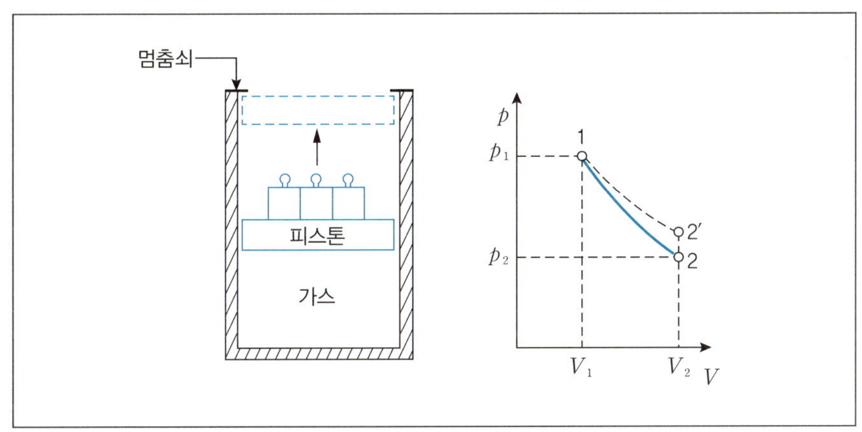

[부록 1-1 그림 1] 준정적 변화

같이 평형이 상실된 계는 새 평형상태가 되는 과정에 놓이게 되므로 그들의 상태량은 정확하게 알 수가 없다. 따라서 계의 변화 경로 또한 정할 수 없으므로 이론적 취급이 불가능하다. 피스톤이 역학적 평형을 유지하면서 변화하려면 추의 무게변화가 무한으로 작아야 한다. 이와 같은 변화는 실제로는 불가능하지만 사고 상 필요하며, 이를 준정적변화라고 한다.

열적 평형도 역학적 평형과 마찬가지다. 계에의 열의 유입으로 그 상태가 변화하는 경우 계와 열원 사이에서 열을 주고받는 방법이 문제가 된다.

계와 열원 사이에 유한한 온도차를 가지고 열이 전달되는 경우는, 역학적으로 피스톤에 추가 급작스레 얹힌 경우와 같은 현상이 일어난다. 이와 같은 경우 계와 열원의 접촉부분은 계의 접촉부위 이외의 부분과 상태가 다르므로 분명히 평형상태는 아니다. 따라서 이와 같은 경우의 계의 상태는 정해지지 않는다.

그래서 계 전체의 온도가 순조롭게 변화하려면 열원과 계 사이의 온도차가 무한으로 작아야 한다. 지금 계가 유한한 온도변화를 일으키면서 그 상태변화의 경로가 명확히 명시되기 위해서는 온도차가 무한으로 작은 무수의 열원과 차례로 접하면서 무한소의 온도변화를 이어가야 한다. 이것도 실제로는 불가능한 일이지만 열역학에서는 이와 같은 사고가 필요하다. 이상과 같이 역학적으로나 열적으로 무한으로 작은 변화를 계속해서 이루도록 한 변화가 준정적 변화이다.

부록 1-2 가역변화

가역변화라는 것은 변화과정에서 대상이 되는 계뿐만 아니라 계를 둘러싸는 바깥 부분까지 포함해서 아무런 흔적도 남지 않고 다시 원상태로 되돌아갈 수 있는 변화를 의미한다. 즉, 계 자체의 상태변화가 가역일 뿐만 아니라 변화의 원인인 주위의 상태 또한 가역이어야 한다. 지금 예를 들어 기계적인 작동부분이 들어있는 계를 생각할 때, 이 계의 변화과정에 마찰이 있으면 준정적변화는 가능하지만 마찰로 소비된 일은 바로 열로 변환되어 열은 열역학 제2법칙(부록 1-3 (7) 2) 참조)에 의해 100% 다시 일로는 변환될 수 없다. 그러므로 가역이 될 수 없다. 마찰이 없는 준정적 과정이어야만 그 계는 가역과정이 될 수 있다. 다시 말해서 준정적 과정만으로는 가역과정이 될 수 없다.

부록 1-3 일, 에너지, 열

일이나 에너지의 용어는 본문 중에서 수시로 나타나지만 본문의 내용을 이해하는데 도움이 되는 범위 내에서 이를 설명하면 다음과 같다.

(1) 일

지금 [부록 1-3 그림 1] (a)와 같은 피스톤을 생각한다. 그 안에 들어있는 분자의 운동에너지는 실린더와 피스톤(피스톤 면적 A)의 표면에 작용하여 그들 표면에 수직으로 균일하게 작용하는 압력 p의 형태로 나타난다(파스칼의 원리). 실린더 벽은 움직이지 않으므로 실린더에 작용한 힘은 아무 변화도 일으키지 않고 실린더 벽에 압력이란 힘이 작용하고 있을 뿐이다.

그러나 피스톤에 작용한 압력은 합력 $F(=pA)$란 힘으로 피스톤 면에 수직으로 작용할 뿐만 아니라 피스톤을 움직이게 한다. 힘 F가 일정하도록 연료공급이나 압축기에 의해 압력 p가 일정하게 유지되도록 되어 있다고 하면 피스톤은 일정한 힘을 받아 움직이며, 그 결과 거리 l만큼 이동한다. 그러면

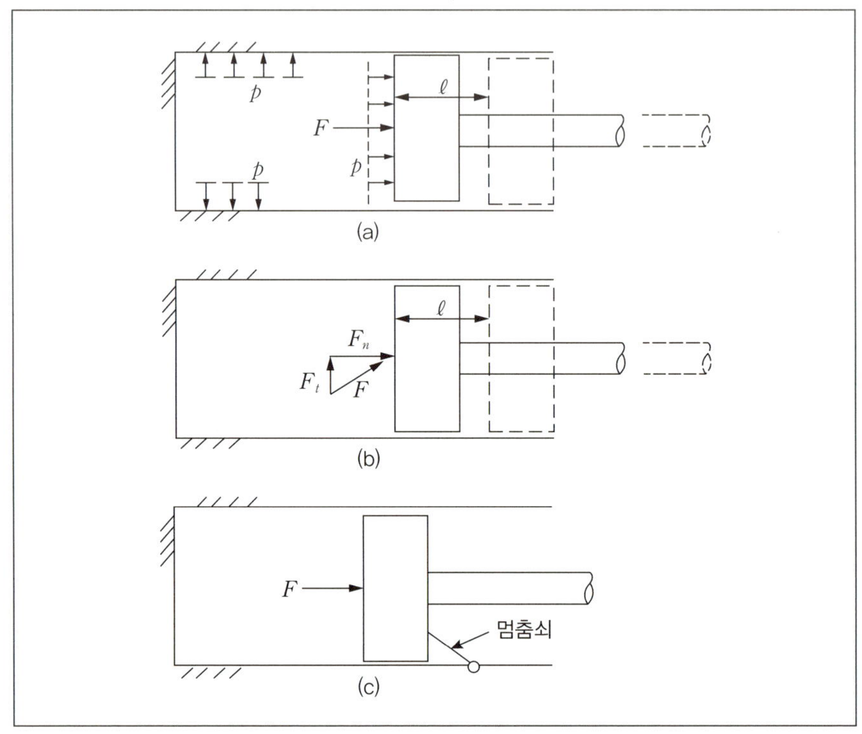

[부록 1-3 그림 1] **힘과 일**

이때 힘 F는 일을 했다고 하며, 그 일의 양 L은 $L=F \cdot l$로 주어진다.

다음에 같은 [부록 1-3 그림 1] (b)에서와 같이 피스톤 면의 한 점에 압력에 의한 힘이 아니고 집중력이라는 하나의 힘 F가 경사지게 작용하고 있다고 한다. 그러면 이 힘은 그림에서와 같이 역학적으로 피스톤 면에 수직한 힘의 성분 F_n과 평행한 성분 F_t로 분해될 수 있다. 피스톤은 힘 F_n에 의해 힘과 같은 방향의 거리 l만큼 움직일 수 있고, 이때 이뤄진 일은 $F_n \cdot l$로 표시된다. 한편 피스톤 면에 평행한 힘의 성분 F_t는 그 힘의 방향으로 피스톤 움직임이 없으므로 이뤄진 일은 없다. 따라서 일이라는 것은 물체에 작용한 힘의 방향으로 움직인 거리 l과 그 힘의 크기를 곱한 것으로 주어진다.

(2) 일은 에너지

일의 정의와 그 크기는 위의 설명과 같다고 하여도 일이란 무엇인가라는 의문이 생긴다. 이에 대해 물리학에서는 이해하기 쉬운 에너지라는 개념과 관련시켜서 "에너지라는 것은 일을 할 수 있는 잠재적 능력"이라고 정의되어 있다. 이것으로 일은 에너지와 같은 개념의 것임을 알 수 있다.

줄(James Prescott Joule, 1818~1889)은 일양과 열량 사이의 관계를 구하기 위해 프로펠러에 감겨진 실에 연결된 추의 하강이동으로 프로펠러를 수조안에서 돌리는 실험을 하였다. 실험에서 프로펠러가 수행한 일양은 추의 위치에너지의 감소로부터 구하고, 수조안의 물이 받은 에너지는 물의 온도상승에서 열량으로 구하였다. 이 실험에서 구한 열량과 일양의 관계는 지금의 단위계로 나타내면 다음과 같다.

$$1N \cdot m = 1J = 2.778 \times 10^{-7} kW \cdot h = 2.389 \times 10^{-4} kcal$$

여기서 N은 힘의 단위 뉴턴, J는 일의 단위 줄, W는 일률인 와트, h는 시간(3600s)이다.

이것으로 일은 에너지라는 것이 확인되었고, 그들 사이의 환산율도 확정되었다.

(3) 에너지는 일을 할 수 있는 잠재적 능력

앞의 에너지 정의에서 에너지는 일을 할 수 있는 잠재적 능력이라고 되어 있었다. 잠재적 능력이라는 것은 어떤 뜻일까? 그것은 다음과 같다. 지금 [부록 1-3 그림 1] (c)에서와 같은 피스톤에 의해 이뤄지는 일을 생각한다. 피스톤에는 압축기에서 공급된 압력에너지가 들어 있거나 열에너지로 바뀔 수 있는 휘발유와 같은 화학에너지가 들어 있다고 한다. 이러한 압력에너지나 화학적 열에너지는 피스톤을 움직여 일을 할 수 있다. 그러나 피스톤이 그림과 같이 멈춤 쇠로 고정되어있으면 이들의 에너지는 일을 할 수 없고, 멈춤 쇠가 풀릴 때까지 아무 일도 하지 못 한다. 그러한 의미에서 압력에너지나 화학에너지는 일을 할 수 있는 잠재능력은 있어도 일을 하지 않을 수 있다는 것이다.

(4) 일이나 열은 과도적 에너지

공급된 열(이동하는 열에너지를 의미함)이나 그것으로·이뤄지는 일은 과도적인 에너지라고도 한다. 왜 그런가 하면 일이 이뤄지고 있을 때만 일 에너지가 일로 나타나고 또한 열이 공급되는 동안에만 일이 나타나기 때문이다.

(5) 일(일이라는 에너지)은 일의 형태로 계에 남겨둘 수 없다

그러면 물체에의 에너지 공급이 끝난 후의 일은 어떻게 되겠는가 하면, 이동하고 있는 사이에 이뤄진 일은 다른 에너지의 형태로, 예를 들면 다른 역학적 에너지(운동에너지나 위치에너지를 의미함)나 내부에너지(물체 내의 열에너지) 또는 마찰에 의한 열에너지 등의 형태로 바뀐다. 그래서 일이라는 에너지는 그 형태로 계에 남겨둘 수 없는 에너지의 형태다.

(6) 역학적 일은 이상적인 일

바로 앞 항에서 역학적 에너지라는 용어가 쓰였는데, 역학적으로 이뤄지는 일은 이상적인 일이라고 한다. 그것은 역학이 원래 마찰이 없는 경우를 대상으로 하고 있으므로 역학적 일은 마찰이 없는 상태에서의 일을 의미한다. 이 경우에 소비된 역학적 일은 모두(100%) 다른 형태의 역학적 에너지로, 즉 운동에너지나 위치에너지로 바뀐다. 그래서 역학적 일은 이상적 일(ideal work)이라고 한다.

(7) 열역학 제1, 제2, 제3의 법칙

열역학에는 열역학 제1, 제2, 그리고 제3의 세 개 법칙이 있다.

1) 열역학 제1법칙

열역학 제1법칙은 에너지 보존법칙이라고도 불리며, 계에 공급된 열량 Q와 일양 L의 합은 계가 보유하는 내부에너지의 증가량 ΔU와 같다는 것이며, 다음과 같이 표시된다.

$$\Delta U = Q+L, \text{ 즉 } dU = d'Q-pdV$$

여기서 dQ에 (′)이 붙은 것은 상태량이 아닌 열량 Q의 미소량이라는 의미에서 이다.

예로부터 많은 사람이 에너지를 공급하지 않아도 일을 계속해서 얻을 수 있는 동력기관을 발명하려고 했다. 그러나 모두 실패로 끝났다. 이와 같은 불가능한 기관을 제1종의 영구기관이라 하며, 불가하다는 것을 알게 된 것이 열역학 제1법칙을 탄생시켰다고 할 수 있다.

2) 열역학 제2법칙

열원이 단 하나만 있고 그것으로 얻은 열을 모두 일로 바꿀 수 있는 열기관이 있다고 하여도 열역학 제1법칙에는 어긋나지 않는다. 왜냐면 이때 계의 내부에너지가 변하지 않을 뿐이기 때문이다. 즉 열역학 제1법칙에서 $dU=0$로 되어 있을 뿐이다. 그런데 이것을 카르노사이클에 적용하여 설명한다면 고온열원 하나만 있고 저온열원이 없는, 즉 저온열원의 온도가 절대 0도로 되어 있다는 것을 의미하며, 고온열원에서 받은 열로 절대 0도까지 팽창시키는 것을 의미한다. 이것은 열기관이 반복운동을 하지 않고 1회의 작동만으로 절대온도 0도까지 팽창시켜서 열에너지를 100% 일로 바꾸는 것을 의미하는 것이므로 실제로는 불가능한 일이다. 이는 제2종의 영구기관이라고 불리며, 열역학 제2법칙으로 되었다. 즉 다음과 같이 표현될 수 있다.

① **톰슨의 원리:** 하나의 열원에서 열을 받고 그것을 모두 일로 바꿀 수는 없다. 이것은 마찰에 의해 소비된 일은 모두 열에너지로 바뀌지만, 이 열에너지는 반대로 마찰이 없는 가역기관인 카르노사이클이 아닌 한 모두 일로 바꿀 수 없으므로 결국 열에너지는 모두 다시 일로 바뀔 수 없다고도 표현될 수 있다. 이 표현은 다음의 클라시우스의 원리로서 알려져 있다.

② **클라시우스의 원리:** 외부에 변화를 남기지 않고, 즉 가역적으로 저온에서 고온으로 열을 이동시킬 수 없다.

3) 열역학 제3 법칙

이것은 넬슨·프랭크의 정리라고도 불리며 "단일 성분의 순수 물질의 엔트로피는 물질의 종류나 상태의 여하에 불문하여 절대 0도에 접근하면 일정치에 접근한다"는 것이다. 이 일정치를 영으로 한 것이 열역학 제3법칙이다. 이 법칙은 물질을 구성하는 분자의 핵에너지는 대상 외로 하고 있음을 의미한다.

부록 1-4 자연현상의 기본법칙 3가지

산업혁명기를 중심으로 과학기술이 괄목하게 발전하였다. 그와 더불어 과학에 관한 기본 현상들이 규명되기 시작하였으며, 그로 인해 여러 기본 법칙들이 정립되었다.

물리현상을 지배하는 기본 법칙에는 3가지가 있다. 그들은 [질량보존법칙], [에너지 보존법칙] 그리고 [엔트로피의 증대법칙]이다. 이들 세 가지 중 첫 번째와 두 번째는 이름 그대로 고려 대상인 물질계(상대로 하는 물질 또는 그 영역을 의미하며, 이를 단순히 계라고 부른다) 안의 질량과 에너지는 보존됨을 의미한다. 즉, 물질의 질량이나 물질이 갖는 에너지는 없어지지 않는다는 것을 의미한다. 에너지 보존법칙은 부록 1-3의 (7)의 1)에서 소개되었던 열역학 제1법칙과 같은 것이다. 세 번째의 [엔트로피의 증대법칙]은 이 책에서 다루고 있는 엔트로피에 관한 법칙이며, 이것은 물리현상이나 화학반응이 일어나는 방향을 제시하는 법칙이라고도 한다. 물리현상의 방향성은 경험상 잘 알려있는 것들이 많으므로 그들을 우리는 당연지사로 생각하고 있다. 그러나 화학반응의 경우는 그렇지 않다. 어떤 화학물질을 얻기 위해서는 어떤 화학반응이 가능한지를 검토하고, 그들의 화학반응의 가능성 여부를 엔트로피의 증대법칙을 통해서 판단해야 한다.

위의 세 가지 법칙을 간단한 예를 들어 설명하면 다음과 같다.

① **[질량보존법칙]**: 지금 계로서 상자 안의 공간을 생각하고, 그 공간 안의 가운데에 칸막이가 있다고 한다. 좌측 한쪽에 가스 A가 들어 있고 다른 쪽에는 가스 B가 들어있다, 지금 칸막이를 없애면 좌측과 우측의 가스 혼합이 일어나는데. 이때 가스 전체의 질량은 칸막이를 없애기 전의 두 가스의 질량을 합한 것과 동일하다. 이를 법칙형태로 표현한 것이 질량보존법칙이다.

② **[에너지 보존법칙]**: 위 예에서 소개된 상자의 좌측과 우측 공간에 같은 가스의 동일한 질량의 가스가 들어있고, 그들의 온도에만 차이가

있다고 하면, 이것은 두 가스 간에 열에너지의 양에 차이가 있음을 의미한다. 여기서 칸막이를 없애면 두 공간의 가스는 혼합되어, 혼합 후의 가스의 질량은 질량보존법칙에 의해 두 배가 되고, 온도는 두 물질의 중간 온도가 된다. 이것은 전체 열에너지가 보존되어 있음을 나타내고 있다.

③ [엔트로피 증대법칙]: 위 두 개의 보존법칙은 칸막이가 없어진 후의 현상에 주목하였다. 여기서는 칸막이가 없어지고 난 후에 나타난 가스의 상태가 아무 조작 없이 다시 칸막이 제거 전의 처음상태로 되돌아 갈 수 있을까에 주목한 것이다. 그것이 불가능함을 우리는 경험상 잘 알고 있다. 이 경험적인 사실은 엔트로피의 증대법칙에 의해 뒷받침되고 있다. 즉, 가스의 상태가 칸막이 제거 전의 상태로 되돌아가는 현상은 엔트로피의 감소현상을 의미하므로, 엔트로피의 증대법칙에 어긋나며, 처음 상태로 되돌아갈 수 없다는 것이다.

부록 1-5 열역학적 변화

열역학은 계 내부의 상태변화만을 상대로 하며, 그 변화는 열평형을 이루면서 준정적으로 이뤄지는 것으로 하고 있다. 그러므로 이 상태변화는 가역적이다. 그리고 계가 외부에서 열이나 일을 받는 과정에 대하여는 언급하지 않고 그냥 주어지는 식으로 해석되고 있다.

지금 계안의 물질에 대해 압력을 p, 부피를 V, mol 수를 m, 가스 정수를 R, 절대온도를 T, 열량을 Q, 내부 에너지를 U라고 하면, 계 내부의 완전가스는 다음의 상태식과 에너지 보존법칙(열역학 제1법칙: 부록1-3, (7), 1) 참조)을 만족하고 있어야 하며, 그들은 다음 식과 같다.

상태 방정식: $pV = mRT$, 또는 미분 형태: $pdV+Vdp = mRdT$

(부록 1–5 식 1)

에너지 보존법칙: $d'Q = dU+pdV$ (부록 1–5 식 2)

지금 등압열용량(등압비열)을 c_p, 등적열용량(등적비열)을 c_v 그리고 일반적인 변화(폴리트로프 변화)에 대한 열용량(비열)을 c_n라고 하고, 지수 n을 다음과 같이 정의하면

$$dQ = c_n dT,\ \frac{c_n-c_p}{c_n-c_v} = n$$ (부록 1–5 식 3)

다음의 관계식이 도출된다.

$$pV^n = const$$ (부록 1–5 식 4)

위 식의 변화를 폴리트로프 변화라고 하며, n을 폴리트로프 지수라고 한다. 폴리트로프 변화에 대한 상세는 부록 1–7, (1)을 참고하기 바란다.

계의 상태변화를 생각할 때 편의상 하나의 상태량은 변화하지 않는 것으로 하여 취급하는 경우가 일반적이다. 이것은 위 식의 포리트로프 지수 n이 다음과 같은 특별한 값을 가질 때를 의미하며, 이들의 값에 대한 $p-V$ 선도는 [부록 1–5 그림 1]과 같다.

(1) $n=0$: $pV^0=p=const$: 등압변화

지금 열 Q가 계에 주어져 상태가 1에서 2로 변했다고 하면 등압변화의 경우 압력 $p=const$이므로 위의 에너지 보존법칙 식 2에 의해 공급받은 열량 Q_{12}는 다음과 같다.

$$Q_{12} = U_2-U_1+\int_1^2 p_1 dV = U_2-U_1+p_1(V_2-V_1)$$

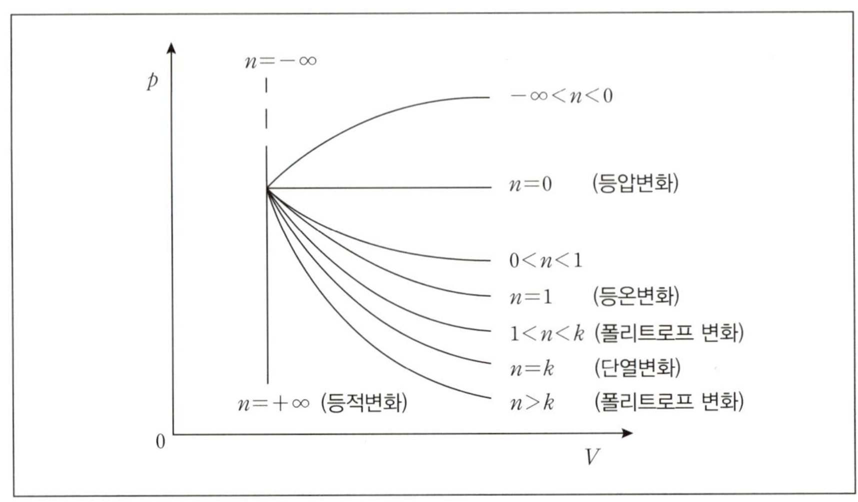

[부록 1-5 그림 1] 열역학적 변화: 폴리트로프 지수(n)와 변화의 경로(팽창과정 기준)

즉 계의 온도변화에 따른 내부에너지(열에너지) U의 증감과 계의 부피변화에 따른 계에의 일의 출입 양을 합한 것과 같다. 이를 하나의 상태량으로 나타내기 위해 다음과 같이 정의되는 엔탈피라는 양 H를 도입할 수 있다(엔탈피의 상세는 부록 1-10 또는 부록 2-8을 참조).

$$H = U + pV \qquad \text{(부록 1-5 식 5)}$$

위 식 5를 위의 에너지보존법칙의 식에 적용하면 다음 식과 같다. 단, $p_1 = p_2$이다.

$$\begin{aligned} Q_{12} &= U_2 - U_1 + p_1(V_2 - V_1) = (U_2 + p_2V_2) - (U_1 + p_1V_1) \\ &= H_2 - H_1 = \Delta H \qquad \text{(부록 1-5 식 6)} \end{aligned}$$

즉 등압변화의 경우 계에 공급된 열에너지는 엔탈피의 증가량과 같다고 표현될 수 있다.

(2) $n=1.0$: $pV=const$: **등온변화**

등온이면 계의 내부에너지는 일정하므로 에너지 보존법칙에 의해 계에의 열의 출입 양 Q는 모두 일 L의 증감으로 나타난다.

(3) $n=k$: $pV^k=const$: **단열변화**

식 1의 미분형태의 식

$$pdV+Vdp = mRT$$

와 단열변화 $Q=0$에 대한 에너지 보존법칙 식 2

$$0 = dU+pdV = mc_vdT+pdV$$

및 등압과 등적의 열용량 c_p와 c_v에 관한 $R=c_p-c_v$의 관계식으로부터

$$c_ppdV+v_vVdp = 0$$

의 관계식이 도출되며, 여기서 $c_p/c_v=k$라고 두고, 위 식을 적분하면 $pV^k=const$가 도출된다. 이 식은 폴리트로프 지수 n이 $n=k$의 경우에 해당한다.

단열변화의 경우 계에의 출입 일 L은 에너지 보존법칙에 의해 계의 내부에너지(열에너지) U의 증감으로 나타난다. 즉, 다음과 같다.

$$d'Q = dU+pdV = 0, \quad L_{12} = \int_1^2 pdV = -\int_1^2 dU = U_1-U_2$$

(4) $n=\infty$: $p^{\frac{1}{\infty}}V=V=const$: **등적변화**

계에의 일의 출입은 없으므로($L=0$) 에너지보존법칙 식 2로부터 계에의

출입 열량 Q는 모두 내부에너지(열에너지) U의 증감 ΔU로 나타난다.

$$Q_{12} = U_2 - U_1 = \Delta U$$

고체나 액체의 경우 부피변화가 거의 없으므로 열 출입은 모두 내부에너지의 증감으로 나타난다.

이상으로 계에 출입하는 열(내부에너지 포함)과 일이 1:1로 대응하는 변화는 (2)의 등온변화와 (3)의 단열변화가 됨을 알 수 있다.

부록 1-6 카르노사이클과 열역학(압축비와 팽창 비)

카르노사이클에서 이뤄지는 일은, 본문에서 설명되어 있듯이 등압과정과 단열과정의 두 과정에 의해 이루어진다. 그 중에서 단열압축과 단열팽창에 의한 일양은 서로 상쇄되므로 결국 등온팽창에서 발생한 일에서 등온압축을 위해 사용된 일을 뺀 것으로 된다. 등온과정에서 이뤄지는 일은 그 과정에서의 압력 p와 그 압력 하에서 나타나는 미소부피변화 dV를 곱한 것. 즉 pdV의 적분에 의해 구해지며, 그 양은 계에 공급 또는 계에서 방출된 열량과 동등하다. 따라서 본문의 [그림 1-4]에서 등온팽창 구간 점 3→4에서 이뤄지는 일 $L_{3,4}$는 계에 공급된 열량 $Q_h(\equiv Q_{3,4})$와 동일하며, 다음과 같이 계산된다. 단, 등온팽창과정 중에는 상태방정식 $p_3V_3=pV=RT_h$가 성립하고 있는 점에 유의하고, 열이나 일의 부호는 계에 공급되는 경우를 플러스로 간주한다.

$$Q_h = |L_{3,4}| = \int_{V_3}^{V_4} pd\,V = p_3\,V_3 \int_{V_3}^{V_4} \frac{1}{V}\,dV = p_3V_3 \log_e \frac{V_4}{V_3}$$
$$= RT_h \log_e \frac{V_4}{V_3} \qquad \text{(부록 1-6 식 1)}$$

다음에 등온압축구간 점 1→2에서 계에 공급되는 일 $L_{1,2}$는 계에서 방출되는 열량 $Q_l(\equiv Q_{1,2})$과 동일하며, 다음과 같이 계산된다. 여기서도 등온압축 과정 중에는 $p_1V_1=pV=RT_l$이라는 관계식이 성립하고 있다.

$$|Q_l| = L_{1,2} = -\int_{V_1}^{V_2} pd\,V = -p_1V_1\int_{V_1}^{V_2}\frac{1}{V}dV = -p_1V_1\log_e\frac{V_2}{V_1}$$
$$= RT_l\log_e\frac{V_1}{V_2} \qquad \text{(부록 1-6 식 2)}$$

위의 두 결과 식에서 자연대수 부분이 같은 값을 가진다는 것이 다음의 카르노사이클의 등온과정과 단열과정의 상태관계식에서 확인될 수 있다.

등온과정에서는 다음의 관계식이 성립한다.

$$p_4V_4 = p_3V_3 = RT_h \qquad \text{(부록 1-6 식 3)}$$

$$p_1V_1 = p_2V_2 = RT_l \qquad \text{(부록 1-6 식 4)}$$

한편 단열과정에서는 다음의 관계식이 성립한다.

$$p_4V_4^k = p_1V_1^k \rightarrow \frac{p_4}{p_1} = \left(\frac{V_1}{V_4}\right)^k \qquad \text{(부록 1-6 식 5)}$$

$$p_2V_2^k = p_3V_3^k \rightarrow \frac{p_3}{p_2} = \left(\frac{V_2}{V_3}\right)^k \qquad \text{(부록 1-6 식 6)}$$

위의 등온과정의 두 관계식 식 3, 식 4로부터 열원의 온도 비 T_h/T_l은 다음과 같이 표시된다.

$$\frac{T_h}{T_l} = \frac{V_4}{V_1}\frac{p_4}{p_1}$$

위 식에 단열의 관계식 식 5를 적용하면 다음과 같다.

$$\frac{T_h}{T_l} = \frac{V_4}{V_1}\frac{p_4}{p_1} = \left(\frac{V_4}{V_1}\right)\left(\frac{V_1}{V_4}\right)^k = \left(\frac{V_1}{V_4}\right)^{k-1}$$

위의 온도 비는 같은 요령으로 다음과 같이 나타낼 수도 있다.

$$\frac{T_h}{T_l} = \frac{p_3}{p_2}\left(\frac{V_3}{V_2}\right) = \left(\frac{V_2}{V_3}\right)^k \left(\frac{V_3}{V_2}\right) = \left(\frac{V_2}{V_3}\right)^{k-1}$$

위의 두 온도 비는 같은 것이므로 다음 관계식이 도출된다.

$$\frac{V_1}{V_4} = \frac{V_2}{V_3} \quad \text{또는} \quad \frac{V_1}{V_2} = \frac{V_4}{V_3} \qquad \text{(부록 1–6 식 7)}$$

위 식은 카르노사이클에서 단열팽창 비(V_1/V_4)는 단열압축 비(V_2/V_3)와 같아야 함을 알리고 있으며, 또한 등온팽창 비(V_4/V_3)는 등온압축 비(V_1/V_2)와 같아짐을 의미하고 있다.

다음에 고온열원에서 받은 열량의 식 1과 저온열원에 방출한 열량의 식 2의 비를 취하여, 그들 식에 포함된 대수 항에 식 7의 관계를 적용하면 대수 항은 없어진다. 그리고 Q_l은 계에서 방출되는 양이므로 마이너스 값임에 유의하면 $|Q_l| = -Q_l$로 표시되므로 다음과 같이 표시된다.

$$\frac{|Q_l|}{Q_h} = \frac{T_l}{T_h} \quad \text{또는} \quad \frac{-Q_l}{Q_h} = \frac{T_l}{T_h} \qquad \therefore \frac{T_h}{Q_h} + \frac{T_l}{Q_l} = 0$$

(부록 1–6 식 8[=본문 (1–2)])

부록 1–7　일반가역변화의 열역학적 관계식과 일반 가역사이클

(1) 일반가역변화의 열역학적 관계식

본문 1–3장의 (1) 2)의 일반가역변화와 폴리트로프 변화에서 설명되어있는 내용을 수식에 의해 설명한다.

미소 등온팽창할 때 계는 열 dQ를 받고(플러스의 양임, +) 계의 부피는 dV_i 팽창(+)하며, 이때 계가 한 일 dL_i는 다음과 같다.

$$dL_i = pdV_i = dQ \tag{부록 1–7 식 1}$$

다음에 미소 단열압축에서 일 dL_a를 받고 부피 dV_a 감소하고(−), 내부에너지는 dU 증가하며(+), 온도는 dT 상승한다(+). 즉 다음과 같은 관계식이 성립한다. 이 식에서 c_v는 등적열용량을 나타낸다.

$$dL_a = pdV_a = -dU = -c_v dT \tag{부록 1–7 식 2}$$

미소 등온팽창과 미소 단열압축에 의한 한 쌍의 과정에서 나타나는 체적 변화를 dV로 나타내면 다음과 같다.

$$dV = dV_i + dV_a \tag{부록 1–7 식 3}$$

미소단열과 미소등온의 한 쌍의 과정에 대한 일의 양의 식 1, 식 2로부터 에너지 식은 다음과 같다.

$$pdV = p(dV_i + dV_a) = dQ - dU \quad \therefore dQ = dU + pdV \tag{부록 1–7 식 4}$$

점 1에서 점 2에의 임의의 변화과정에 대한 열에너지의 열용량(비열)을 c_n라고 하면 에너지 식 식 4는 다음과 같이 표시된다.

$$dQ = dU + pdV = c_v dT + pdV = c_n dT \tag{부록 1–7 식 5}$$

등압의 열용량 c_p와 c_v 및 c_n의 양으로부터 다음의 지수 n을 정의한다.

$$\frac{(c_n - c_p)}{(c_n - c_v)} = n \tag{부록 1–7 식 6}$$

위의 지수 n과 완전가스정수 R에 대한 $R = c_p - c_v$의 관계식을 이용하면 일의 양 pdV는 식 5로부터 다음과 같다.

$$pdV = (c_n - c_v)dT = \frac{c_p - c_v}{c_p - c_v}(c_n - c_v)dT = \frac{R}{\frac{c_p - c_v}{c_n - c_v}}dT$$

$$= \frac{R}{\frac{(c_n - c_v) - (c_n - c_p)}{(c_n - c_v)}}dT = \frac{R}{1-n}dT \qquad \text{(부록 1–7 식 7)}$$

다음에 내부에너지 dU는 열용량 비(비열비) $k=c_p/c_v$와 $R=c_p-c_v$의 관계식을 이용하면 다음과 같다.

$$dU = c_v dT = \frac{R}{k-1}dT \qquad \text{(부록 1–7 식 8)}$$

따라서 dQ는 식 5, 식 7 및 식 8로부터 다음과 같이 된다.

$$dQ = dU + pdV = \left(\frac{1}{k-1} - \frac{1}{n-1}\right)RdT = \frac{n-k}{(k-1)(n-1)}RdT$$

(부록 1–7 식 9)

위 식의 dQ는 미소 온도차의 가역과정에서 받는 열량이다. 이 관계식은 나중의 미소 온도차에 의한 엔트로피 계산식에서도 이용된다.

단열 미소변화의 일 dL_i와 등온 미소변화의 일 dL_a와의 비는 식 1, 2 및 식 8, 9로부터 다음과 같다.

$$\frac{dL_i}{dL_a} = \frac{dQ}{-dU} = -\frac{\frac{n-k}{(k-1)(n-1)}RdT}{\frac{R}{k-1}dT} = \frac{k-1}{n-1} \qquad \text{(부록 1–7 식 10)}$$

위 식으로부터 등온과 단열의 미소 일 량의 비 dL_i/dL_a가 일정하다면 n의 값이 일정하다는 것이므로 식 7은 적분이 가능해지며, 식 7에 상태방정식의 미분형태, $pdV+Vdp=RdT$를 적용하면 다음과 같다.

$$pdV = \frac{1}{1-n}(pdV+Vdp)$$

위 식은 다음과 같이 된다.

$$-npdV = Vdp \qquad \text{(부록 1-7 식 11)}$$

n이 일정하므로 위 식의 적분결과는 다음과 같다.

$$pV^n = const \qquad \text{(부록 1-7 식 12)}$$

위 식은 열역학에서 폴리트로프 변화라고 불리는 식이다. n의 값에 따라 임의의 일반 가역변화가 얻어질 수 있으며, n의 특정 값에 대해 등압, 등적, 등온 등의 변화가 대응한다(부록 1-5를 참조).

(2) 일반 가역사이클

본문 [그림 1-7] (a)에 나타나 있는 일반 사이클이 가역사이클이라면 본문에서의 설명과 같이 사이클의 경로는 미소 등온변화와 미소단열변화의 집적으로 구성되어 있어야 한다. 그리고 왕복의 사이클 선에 따라 배치된 $2n$개의 미소온도차의 열원과 계 사이에서 ΔQ_i의 열량을 가역적으로 주고받고 있음을 의미한다. 따라서 계에 유입하는 열량은 플러스, 유출하는 것은 마이너스로 취급하면 한 사이클의 출력 L은 다음과 같이 표시된다.

$$L = \sum_{i=1}^{2n} \Delta Q_i \qquad \text{(부록 1-7 식 13)}$$

다음에 본문 [그림 1-7] (b)는 [그림 1-7] (a)의 일반 가역사이클을 $(n-1)$개의 단열곡선(여기서는 앞항의 등온선과 달리 단열선이지만 요령은 동일함)으로 절단한 일부분을 제시한 것이다. 이 그림에서 일반가역사이클은 n개의 미소 카르노사이클의 집합으로 구성될 수 있음을 알 수 있고, 이들의 출력의 총합은 원 사이클의 출력과 일치하므로 식 13과 똑같이 표시된다. 다음에 각 미소 카르노사이클에 대하여 본문의 식 (1-4)에 해당하는 다음 식들이 성립한다.

$$\frac{\Delta Q_{h1}}{T_{h1}}+\frac{\Delta Q_{l1}}{T_{l1}}=0,\ \frac{\Delta Q_{h2}}{T_{h2}}+\frac{\Delta Q_{l2}}{T_{l2}}=0,\ \cdots,\ \frac{\Delta Q_{hn}}{T_{hn}}+\frac{\Delta Q_{ln}}{T_{ln}}=0$$

각 식들의 총화는 다음과 같이 표시된다.

$$\sum_{i=1}^{2n}\frac{\Delta Q_i}{T_i}=0 \qquad \text{(부록 1-7 식 14)}$$

위 식에서 열원의 개수를 무한대로 늘리면 적분형태로 표시되는 다음의 클라시우스의 적분이 된다.

$$\oint\frac{dQ}{T}=0 \qquad \text{(부록 1-7 식 15)}$$

부록 1-8 두 개 열원의 비가역 사이클

비가역 열기관이 온도가 T_h와 T_l인 두 열원 사이에서 작동하는 경우 본문 식 (1-13)의 부등호 쪽이 성립한다.

$$\frac{Q_h}{T_h}+\frac{Q_l}{T_l}<0$$

여기서 주의해야 할 것은 비가역의 엔트로피를 취급할 때 열원의 온도와 계의 온도에 차이가 있으므로 온도가 열원 쪽의 온도인지 계인 열기관 쪽의 온도인지에 항상 신경을 써야한다. 지금 계 쪽의 온도를 T_h', T_l'으로 나타내고, 열량은 절대치가 붙은 플러스의 양으로 취급한다. 계의 작업물질의 온도

T_h'이 고온열원의 온도 T_h 보다 낮다고 하면($T_h' < T_h$), 열량 $|Q_h|$가 열원에서 계의 작업물질 쪽으로 이동하는 열전달의 비가역변화가 일어난다. 그러면

$$\text{고온열원이 제공하는 엔트로피} = \frac{|Q_h|}{T_h}$$

$$\text{계의 작업물질이 받는 엔트로피} = \frac{|Q_h|}{T_h'}$$

이므로 다음의 관계식이 성립한다.

$$\frac{|Q_h|}{T_h} < \frac{|Q_h|}{T_h'} \qquad \text{(부록 1–8 식 1)}$$

즉 이때 엔트로피는 보존되지 않고 계 쪽이 받는 엔트로피가 고온열원이 제공하는 엔트로피보다 많아진다.

다음에 계의 작업물질이 저온열원 T_l과 접촉하였을 때 계의 온도 T_l'은 T_l 보다 높으며($T_l' > T_l$), 여기서도 온도가 낮은 곳으로 열이 이동하는 비가역변화가 일어난다. 이때

$$\text{계의 작업물질이 제공하는 엔트로피} = \frac{|Q_l|}{T_l'}$$

$$\text{저온열원이 받는 엔트로피} = \frac{|Q_l|}{T_l}$$

이므로 다음의 관계식이 성립한다.

$$\frac{|Q_l|}{T_l'} < \frac{|Q_l|}{T_l} \qquad \text{(부록 1–8 식 2)}$$

따라서 이번에는 계에서 방출된 엔트로피가 적으므로 계의 엔트로피는 가역과정의 경우에 비해 엔트로피가 다시 증가하는 효과가 나타난다.

열기관의 단열과정에서 열 누설이 없다고 하면, 1사이클 후의 작업물질의 상태는 원상태로 되돌아가 있어야 하므로 계에서의 엔트로피의 증감은 상쇄되어야 한다. 즉 다음과 같다.

$$\frac{|Q_h|}{T_h'} = \frac{|Q_l|}{T_l'}$$

이것은 다음과 같이 표시된다.

$$\frac{|Q_h|}{T_h'} + \frac{-|Q_l|}{T_l'} = 0 \qquad \text{(부록 1-8 식 3)}$$

다음에 위 식 1과 식 2의 두 부등식의 덧셈을 하면 다음과 같다.

$$\frac{|Q_h|}{T_h} + \frac{|Q_l|}{T_l'} < \frac{|Q_h|}{T_h'} + \frac{|Q_l|}{T_l}$$

위 식에 식 3을 적용하면 다음과 같다.

$$\frac{|Q_h|}{T_h} + \frac{-|Q_l|}{T_l} < \frac{|Q_h|}{T_h'} + \frac{-|Q_l|}{T_l'} = 0$$

위 식으로부터 열원 쪽 엔트로피에 관한 다음의 부등식이 도출된다.

$$\frac{|Q_h|}{T_h} + \frac{-|Q_l|}{T_l} < 0 \qquad \text{(부록 1-8 식 4)}$$

위 식은 고온열원(T_h)이 제공한 엔트로피 이상의 엔트로피가 저온열원(T_l) 쪽에 들어와서 열원 쪽의 엔트로피가 증가하였음을 의미한다.

위 식의 결과는 마찰에 의한 비가역현상으로 방출열량 $|Q_l|$이 증가하는 효과와 같으므로 온도차로 인한 비가역적인 열전달도 마찰에 의한 비가역 효과와 같은 것임을 알 수 있다. 이상의 결과는 열전달에서 계의 작업물질의 온도를 일정한 T_h', T_l'으로 표시할 수 있다고 한 것이다. 그러나 엄밀히 따진다면 온도차로 인한 열전달 현상은 비평형이기 때문에 물질의 온도 T'의 정의가 어려워진다. 그러나 이때도 엔트로피 관점으로는 위의 식 4는 성립한다고 하여도 큰 문제는 없을 것으로 본다.

부록 1-9 등온팽창

기체의 등온팽창이라는 것은 기체의 온도를 T라고 하면, 온도 T의 열원과 열평형을 이루면서 열을 공급받아 조금씩 준정적으로 부피를 V_1에서 $V_2(V_2>V_1)$까지 팽창하는 것을 의미한다. 그 과정에서 미소부피 dV만큼 팽창하는 동안 기체압력 p는 일정하다고 볼 수 있으므로 팽창으로 인해 이루어지는 일의 양은 pdV로 표시된다. 이와 같은 등온팽창의 과정은 자유팽창에서 기체가 진공 안으로 단열상태로 자유롭게 팽창하는 현상과 전혀 다르게 보이지만 두 형태의 팽창의 결과 기체의 초기 상태와 최종상태가 동일하게 나타나고 있으므로 그 변화과정은 동등하다고 하여 자유팽창을 등온팽창으로 대체할 수 있다.

등온팽창은 온도가 일정해야 하므로 온도에 정비례 하는 내부에너지에는 변함이 없다. 그러므로 등온팽창에서 기체에 유입된 열량 ΔQ는 모두 외부 일로 변환되어야 하며 $\Delta Q=pdV$라는 관계식이 성립한다. 자유팽창으로 인해 계에 발생한 엔트로피의 양은 앞의 ΔQ의 식과 이상기체의 상태식, $T=pV/(nR)$로부터 엔트로피의 식 $\Delta Q/T$을 세워 이를 V_1에서 V_2까지의 적분에 의해 구할 수 있다. 단, R은 기체상수, n은 몰 수이다.

$$\Delta S = \frac{\Delta Q}{T} = \frac{pdV}{pV/(nR)} = nR\frac{dV}{V}$$

$$S_2 - S_1 = \int_1^2 dS = nR\int_1^2 \frac{dV}{V} = nR\log_e \frac{V_2}{V_1}$$

부록 1-10 줄의 법칙과 줄·톰슨의 효과

줄은 이상기체가 아닌 실제기체의 내부에너지와 체적과의 관계를 알아보기 위해 [부록 1-10 그림 1]과 같은 실험 장치를 이용하여 고압공기의 팽창실험을 수행하였다. 그림에서 A, B 두 개의 용기는 콕 C가 달린 가는 관으로 연결되어 있다. 용기 A는 22기압이란 고압공기로 채워져 있고, 용기 B는 진공으로 되어 있다. 그리고 이들은 외부와 단열된 물속에 잠겨져있다. 이 실험은 콕 C를 열어 용기 A의 공기가 용기 B에 들어갔을 때의 온도변화를 수온측정에 의해 확인하는 것이다.

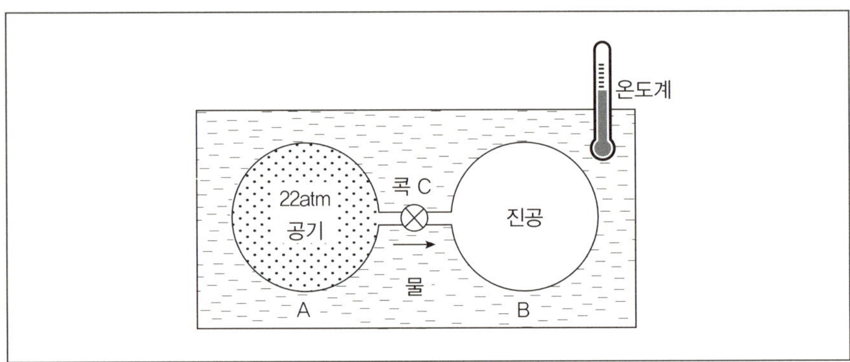

[부록 1-10 그림 1] 줄의 실험

용기 A의 체적은 V_1, A와 B를 합친 전체 체적을 V_2라고 한다. 콕 C를 열면 공기는 A에서 B 쪽으로 들어가며, 잠시 후에 평형상태가 될 것이다. 이때 물과 용기를 포함한 전체와 바깥 사이의 열의 주고받음은 $Q=0$이며, 외부로부터 공급되는 일 L도 0이다. 참고로 공기가 진공 안으로 팽창하는 것은 자유팽창이므로 일은 0이다. 따라서 열역학 제1법칙(에너지 식)은 다음과 같이 표시된다. 단 U는 내부에너지, Δ는 변화량을 의미한다.

$$\Delta U = U_2 - U_1 = Q + L = 0$$

$$\therefore U_1 = U_2 \quad \text{(부록 1-10 식 1)}$$

따라서 용기내 공기의 내부에너지에는 변함이 없다.

팽창하기 전의 체적에서의 공기온도를 T_1, 팽창 후의 체적에서의 온도를 T_2라고 하면 식 1은 다음과 같이 쓸 수 있다.

$$U_1(V_1, T_1) = U_2(V_2, T_2) \quad \text{(부록 1-10 식 2)}$$

즉 함수 U_1의 변수는 V_1과 T_1이며, U_2의 변수는 V_2와 T_2이다. 그러나 온도 T_1과 T_2를 실측해보니 양자는 거의 같았다. 그리고 위 식의 내부 에너지는 같은 기체에 대한 것이므로 U의 아래첨자 1, 2는 생략할 수 있어서 다음과 같이 표시될 수 있다.

$$U(V_1, T_1) = U(V_2, T_1) \quad \text{(부록 1-10 식 3)}$$

즉 이상의 실험결과로부터 내부에너지 U는 체적과는 관계없고, 온도에만 관계한다는 결론이 나왔다. 이것을 줄의 법칙이라고 한다.

그런데 이 결론은 이상기체에 한해서 맞는 것이었다. 왜냐면 이상기체는 분자간의 상호 영향이 전혀 없는 상태를 가정한 것이므로 이로 인해 분자의 운동은 공간의 크기에 구애 받지 않는 것으로 되어 있기 때문이다. 다시 말해서 내부에너지는 이상기체의 경우 분자의 운동에너지의 총합으로 주어지게 되므로 그로 인한 내부에너지는 체적의 영향을 받지 않는 것으로 된다. 그리고 온도는 분자의 평균 운동에너지와 관련지어진 양이므로 이상기체의 내부에너지는 온도에만 의존한다.

그런데 사실은 줄의 실험이 용기의 열용량이나 물의 열용량이 너무 커서 미소한 공기의 온도변화를 검출할 수 없었던 것이었다.

그래서 이를 확인하기 위해 W.톰슨(후일의 Kelvin경)과 협력하여 [부록 1-10 그림 2]와 같은 장치를 만들어 다시 실험을 했다. 그것은 단열 벽을 가진 실린더 안에 공기를 통과할 수 있는 다공질의 마개 C가 실린더에 고정되어 있고, 그 양쪽에는 단열재로 만들어진 피스톤이 삽입되어 있다.

실험은 다음과 같이 수행되었다. 먼저 우측의 피스톤 2는 다공질의 마개 C와 접촉시켜 둔다. 이때 좌측의 체적 V_1의 실린더 내에는 압력 p_1의 기체로 채워둔다. 그러면 공기는 다공질의 마개 C를 천천히 통과하여 우측의 실린더로 옮겨가며, 그 압력에 의해 피스톤 2는 우측으로 서서히 움직인다. 이때 좌측의

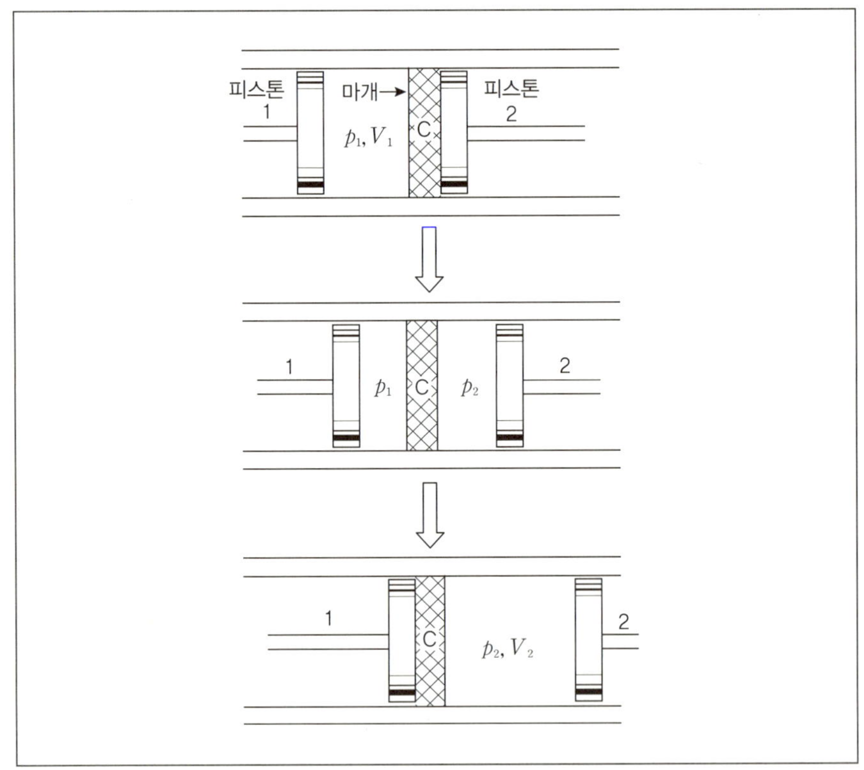

[부록 1-10 그림 2] 줄·톰슨의 실험

압력 p_1은 항시 일정하게 유지되게 하고, 또 우측으로 옮겨간 기체의 압력은 압력 p_1보다 낮은 일정한 압력 p_2로 유지되어 있도록 한다.

최종적으로 피스톤 1은 마개 C에 닿아, 모든 기체는 우측으로 옮겨가서 체적은 V_2가 된다. 이 과정에서 피스톤 1이 기체에 행한 일은 $p_1 V_1$이며, 우측으로 옮겨간 기체가 피스톤 2에 행한 일은 $p_2 V_2$이다. 따라서 이 과정에서 기체가 밖으로 수행한 일양 L은 다음과 같다.

$$L = p_2 V_2 - p_1 V_1 \qquad \text{(부록 1–10 식 4)}$$

이 실험에서 실린더와 피스톤은 외부와 단열되어 있으므로 이 변화과정은 단열과정이며, 열의 출입은 없다. 즉 $d'Q=0$이다(여기서 열량 Q는 상태량이 아니므로 미소량이란 뜻으로 $d'Q$로 표기하였다). 그러나 이과정은 준정적과정은 아니다. 왜냐면 이 과정에서 좌우의 기체에는 일정한 압력차 $(p_1-p_2)>0$가 있어서, 좌우의 기체는 열평형으로 되어있지 않기 때문이다.

지금 처음 상태의 내부에너지를 U_1, 우측으로 기체가 모두 옮겨갔을 때의 기체의 내부에너지를 U_2라고 하고 다음의 열역학 제1법칙을 적용한다.

$$d'Q = dU + pdV \ \text{(열역학 제1법칙)} \qquad \text{(부록 1–10 식 5)}$$

본 실험에서는 열의 출입이 없으므로 위 식은 다음과 같이 된다.

$$d'Q = 0 = (U_2 - U_1) + p_2 V_2 - p_1 V_1 \qquad \text{(부록 1–10 식 6)}$$

따라서 다음과 같다.

$$U_1 + p_1 V_1 = U_2 + p_2 V_2 \qquad \text{(부록 1–10 식 7)}$$

이것으로 줄·톰슨의 실험은 다음으로 정의되는 엔탈피 H가 일정하게 유지된 실험이었던 것이다. H가 일정한 실험은 교축팽창 실험이라고도 불리고 있다.

$$H = U + pV \qquad \text{(부록 1–10 식 8)}$$

줄·톰슨의 실험결과는 다음과 같이 요약되었다.

① 기체가 희박할 때는, 즉 이상기체의 경우 실험 전후의 온도에는 변함이 없고, $T_1 = T_2$이다. 즉 줄의 법칙이 성립한다.

② 기체의 밀도가 커지면 실험 전후에서 온도는 변한다. 그 온도 차는 좌우의 압력차($p_1 - p_2$)에 비례하며, 다음과 같다.

$$(T_1 - T_2) \propto (p_1 - p_2) \qquad \text{(부록 1–10 식 9)}$$

이와 같은 현상을 줄·톰슨의 효과라고 한다. 이것으로부터 실제 기체가 저압부분으로 유출하면 온도가 떨어지는 것이 확인된 것이다. 이 효과는 기체의 액화장치 등에서 이용되고 있다.

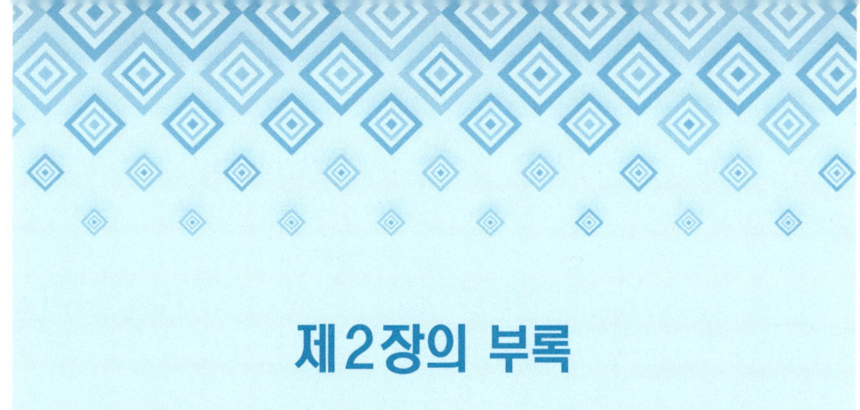

제2장의 부록

부록 2-1 N개의 분자에서 N_1, N_2, N_3, …으로 나누는 방법

먼저 N개에서 N_1개를 골라내는 방법의 수는 다음과 같다(서로 다른 N개에서 N_1개를 택하는 조합의 수 ${}_N C_{N_1}$의 문제에 해당함).

$$\frac{N!}{N_1!(N-N_1)!}$$

다음에 남은 $(N-N_1)$개로부터 N_2개를 골라내는 경우의 수는 같은 식으로 다음과 같다.

$$\frac{(N-N_1)!}{N_2!(N-N_1-N_2)!}$$

마찬가지로 다음에 $(N-N_1-N_2)$개에서 N_3개를 골라내는 경우의 수는 다음과 같다.

$$\frac{(N-N_1-N_2)!}{N_3!(N-N_1-N_2-N_3)!}$$

이들을 모두 곱셈한 것이 지금 구하고자 하는 N개의 분자들에서 N_1,

N_2, N_3, …의 조합으로 나누는 경우의 수가 된다. 이것을 W_1으로 표시하면 다음과 같다.

$$W_1 = \frac{N!}{N_1!N_2!N_3!\cdots} \qquad \text{(부록 2-1 식 1)}$$

부록 2-2 통계역학의 요점

통계역학에서 분자, 원자와 같은 다수의 입자를 주대상으로 할 때는 언제나 [확률분포가 기대치 주위에서 예리한 피크를 가질 것]이 보장되어 있다. 이것이 통계역학의 본질이다. 통계역학에 관련된 주요 용어와 내용은 다음과 같다.

1) 동일한 확실성

공간에 존재하는 입자 n개를 좌우공간에 배치할 때([부록 2-2 그림 1]: 설명 예는 n=3) 그들의 운동이 충분히 난잡하다면 그림과 같은 배치가 모두

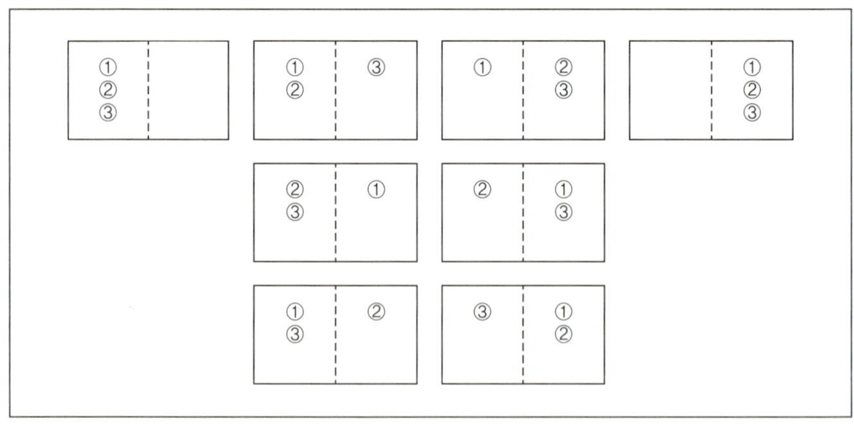

[부록 2-2 그림 1] n=3개의 기체 분자의 배치방법

동일한 확실성을 가지고 일어난다.

2) 확률분포

위의 배치 중에서 각 방에 배치된 입자의 개수 n에 주목한다. 그러면 예를 들어 좌의 반공간에 입자가 n개 있을 확률을 p_n라고 하고, p_n-n의 그래프를 그리면 [부록 2-2 그림 2]와 같은 균일하지 않는 분포가 나타난다. 이것을 확률분포라고 한다. 여기서 n: 확률변수, p_n: 확률, $n-p_n$: 확률분포라고 한다.

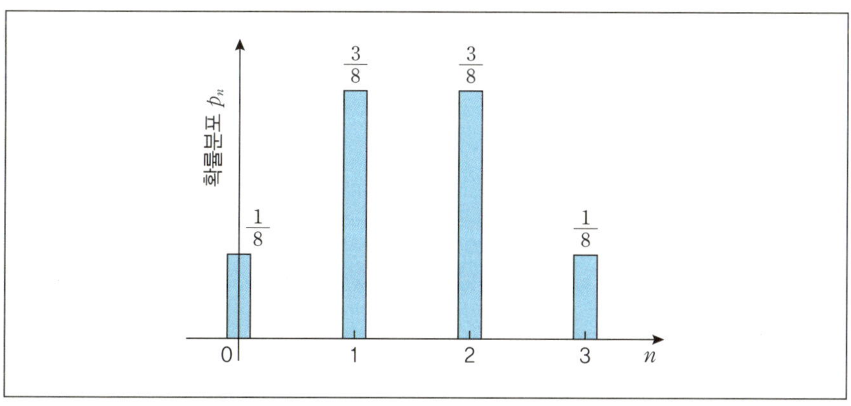

[부록 2-2 그림 2] **확률분포 p_n의 그래프**

3) 확률분포의 기대치(평균치) $E(n)$

이것은 다음 식과 같이 정의된다.

$$E(n) = \sum_{n} n \times p_n \qquad \text{(부록 2-2 식 1)}$$

기대치(평균치) $E(n)$은 막대그래프로 표시된 확률분포의 중심(重心) 위치에 나타난다.

4) 잔차와 분산

확률분포가 기대치 주위에 어느 정도의 범위에서 퍼져있는지를 나타내기 위해 기대치 $E(n)$에서의 차 $n-E(n)$, 즉 잔차(殘差)라는 것을 확률분포에 관한 평균으로 나타내는 방법이 있다. 그런데 모든 확률분포는 좌우 대칭으로 나타나므로 잔차도 기대치를 중심으로 좌우대칭으로 ±의 값으로 동일하게 나타난다. 그래서 그들의 총합은 서로 상쇄되어 0으로 된다. 이를 피하기 위해 [잔차의 제곱]에 확률을 곱한(이를 평균한다고 함) 양으로 대신한다. 이것을 $V(n)$로 표시하고 확률분포의 [분산]이라고 하며, 다음 식과 같다.

$$V(n) = \sum_n [(n-E(n))^2 \times p_n] \qquad \text{(부록 2-2 식 2)}$$

5) 표준편차 $\sigma(n)$

분산 $V(n)$을 확률분포의 그래프에 함께 기입할 수 있도록 하려면 단위를 맞추어야 한다. 그래서 분산 $V(n)$에 평방근을 취한 것을 표준편차(標準偏差) $\sigma(n)$라고 한다.

$$\sigma(n) = \sqrt{V(n)} \qquad \text{(부록 2-2 식 3)}$$

[부록 2-2 그림 1]의 예에 대하여 계산해 보면 $E(n)=1.5$, $V(n)=\frac{3}{4}$, $\sigma(n)=\sqrt{\frac{3}{4}}=\frac{\sqrt{3}}{2}=0.886$으로 된다([부록 2-2 그림 3] 참조).

표준편차 $\sigma(n)$은 확률분포가 그의 기대치 $E(n)=1.5$ 주위에 어느 정도의 범위에서 퍼져있는가를 나타내는 양이다. 분자와 같이 개수가 많은 경우는 기대치($E(n)$: 평균치)를 중심으로 극히 좁은 표준편차 내에 대다수의 분자가 존재한다.

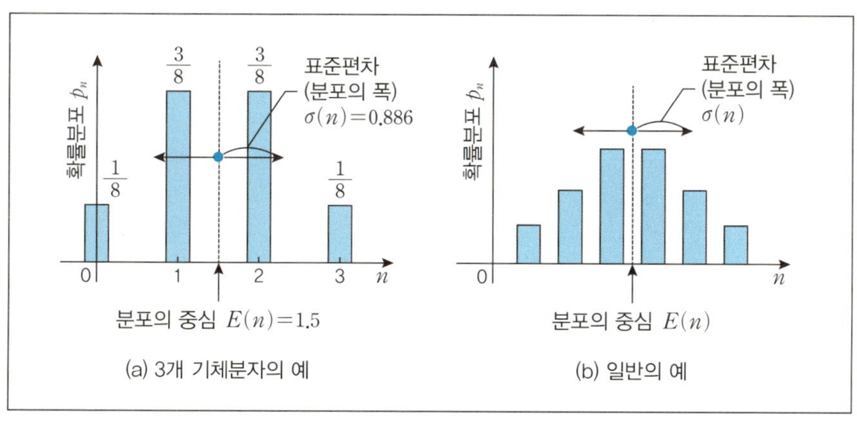

[부록 2-2 그림 3] **표준편차 $\sigma(n)$의 뜻**

6) 비가역과 열평형

기체의 자유팽창에서 용기의 좌의 반에 존재하는 분자의 수 N이 시간 t에 따라 어떻게 변하는가를, 즉 $n(t)$를 검토해 본다. $t=0$에서 좌의 반의 공간에 있었던 전 분자 수 N은 칸막이가 없어지면 시간과 함께 금방 우측 반의 공간으로 퍼질 것이며, 시간경과에 따라 $n(t)$는 $N/2$의 값에 가까워지면서 거의 일정해진다(부록 2-2 그림 4). 이것으로 "초기배치에 대한 확률분포 p_N의 값"보다 "분자가 좌우 반반으로 분산되어 있을 때의 확률분포의 값 $p_{N/2}$"가 현격히 크다($p_{N/2} \gg p_N$)는 것을 알 수 있다. 이것이 자유팽창에서 일어나는 비가역과정의 현상이다.

다음에 시간이 충분히 경과하여 $n(t)$가 $N/2$에 가까운 값으로 되었을 때를 생각해 보는데, 이때의 $n(t)$는 완전히 일정하지는 않고, 실은 확률분포의 기대치 $N/2$(설명은 생략)주변에서 약간이지만 표준편차 $\sigma(n)=\sqrt{N}/2$ 정도(양쪽 폭으로는 $\sqrt{N}$) 내에서 요동하고 있다. 그러나 N이 충분히 크면 기대치 $N/2$의 값에 비해 표준편차 $\sigma(n)=\sqrt{N}/2$는 대단히 작아진다. 그래프 상에서 현미경으로 상당히 확대하지 않는 한 이 요동은 보이지 않을 것이다([부록 2-2 그림 4] 안의 원으로 표시된 부분). 그래서 기체는 겉으로는 시간에 대해 변화하지 않는 것처럼 보이는데, 이 상태가 "열평형 상태"이다.

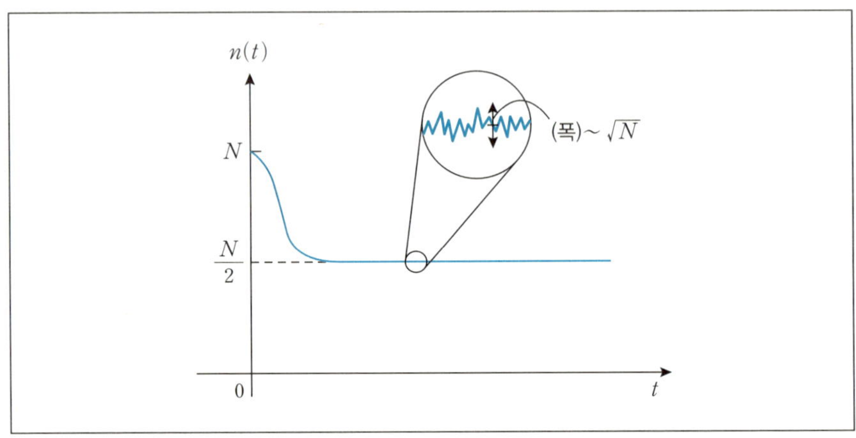

[부록 2-2 그림 4] 기체의 자유팽창 과정에서 $n(t)$의 시간적 변화

부록 2-3 맥스웰-볼츠만의 분포법칙

W에 대수를 취한 $\log_e W$의 양도 단조증대함수이므로 W의 극대를 찾는 것은 $\log_e W$의 극대를 찾는 것과 같다.

지금 극대가 찾아졌다고 하면 그것에 해당하는 N_1, N_2, N_3, …의 각각의 값들을 무한소 변화시켰을 때 $\log_e W$의 변화량이 0이어야 한다. 따라서 다음 식이 성립한다.

$$d(\log_e W) = \sum_i \left(\frac{\partial}{\partial N_i} \log_e W \right)_{\overline{N}} dN_i = 0 \qquad \text{(부록 2-3 식 1)}$$

위 식의 괄호 밑에 붙은 첨자 $\overline{N}$는 괄호 안을 계산한 후에 N_1, N_2, N_3, …를 $\overline{N}_1$, $\overline{N}_2$, …로 대체함을 의미한다. 미소변화 dN_1, dN_2, …은 본문의 식 (2-6), (2-7)을 만족하고 있어야 하므로 그들의 조건식은 다음과 같다.

$$\sum_i dN_i = 0, \ \sum_i \varepsilon_i dN_i = 0 \qquad \text{(부록 2-3 식 2)}$$

이상의 3개의 식을 연립해서 풀어야 한다. 이 연립방정식을 풀기 위해서 Lagrange의 미정계수법을 사용한다. 위의 3개의 식은 각각이 0이므로 각각에 α, β를 곱하고, 그들 3개를 합한 다음의 식도 역시 0이다.

$$\sum_i \left(\frac{\partial}{\partial N_i} \log_e W\right)_{\overline{N}} dN_i + \alpha \sum_i dN_i - \beta \sum_i \varepsilon_i dN_i = 0 \quad \text{(부록 2-3 식 3)}$$

위 식을 다시 쓰면 다음과 같다.

$$\sum_i \left\{\alpha - \beta\varepsilon_i + \left(\frac{\partial}{\partial N_i} \log_e W\right)_{\overline{N}}\right\} dN_i = 0 \qquad \text{(부록 2-3 식 4)}$$

조건식이 2개 있으므로 예를 들어 dN_3, dN_4, …은 마음대로 취할 수 있어도 dN_1과 dN_2는 그렇지가 않다. 그러나 그 대신 α와 β를 적절히 택하여 위 식의 dN_1과 dN_2의 계수가 0이 되도록 해 두었다고 생각하면, 위 식은 i=3, 4, …의 덧셈으로 된다. dN_3, dN_4, …는 모두 임의 값으로 택할 수 있으며, 그러면서 그들의 합이 0으로 되기 위해서는 { }내가 모두 0이어야 한다. 결국 모든 i에 대하여 다음 식이 얻어진다.

$$\alpha - \beta\varepsilon_i + \left(\frac{\partial}{\partial N_i} \log_e W\right)_{\overline{N}} = 0 \qquad \text{(부록 2-3 식 5)}$$

위 식의 W에 본문의 식 (2–9)를 대입하고 다음의 스털링(Stirling) 공식

$$\log_e N! \simeq N \log_e N - N \ \text{ 또는 } \log_e \overline{N}_i! \simeq \overline{N}_i \log_e \overline{N}_i - \overline{N}_i$$

(부록 2–3 식 6)

을 사용하면 쉽게 다음 결과를 얻을 수 있다[부록 2–5 참조].

$$\overline{N}_i = g_i e^{\alpha - \beta\varepsilon_i} \qquad \because \text{ 본문 식 (2–10)}$$

다음에 위의 본문 식 (2-10)을 본문 식 (2-6)과 식 (2-7)의 N과 U의 식에 대입하면 다음의 식들로부터 α, β를 구할 수 있다.

$$N = \sum_i \overline{N}_i = e^{\alpha} \sum_i g_i e^{-\beta\varepsilon_i} \quad \text{(부록 2-3 식 7)}$$

$$U = \sum_i \varepsilon_i \overline{N}_i = e^{\alpha} \sum_i g_i \varepsilon_i e^{-\beta\varepsilon_i} \quad \text{(부록 2-3 식 8)}$$

위의 본문 식 (2-10)은 분자의 에너지 ε_i의 높고 낮음에 따른 분자 수의 분포(공간적 분포가 아님)를 나타내고 있으며, 이를 맥스웰-볼츠만의 분포법칙(Maxwell-Boltzmann's law of distribution)이라고 한다. β는 분자 한 개당의 평균에너지와 관련해서 도출되는 양이며, 완전기체의 경우 부록 2-6에서 설명되어 있듯이 $\beta = 1/\varkappa_B T$로 구해지며, α는 $\sum_i g_i e^{-\varepsilon_i/\varkappa_B T}$를 ζ로 나타내면 다음 식과 같다.

$$\zeta \equiv \sum_i g_i e^{-\varepsilon_i/\varkappa_B T} \quad \text{(부록 2-3 식 9)}$$

$$e^{\alpha} \equiv N/\zeta \quad \text{(부록 2-3 식 10)}$$

여기서 ζ는 존재 가능한 에너지상태(ε_i)의 입자 상태 수의 총합을 나타내고 있으므로 분배함수(partition function)라고 불리고 있다.

부록 2-4 분배함수 ζ의 형태 및 β의 값과 $\overline{N}$의 최종 식 (맥스웰의 속도분포법칙)

분자의 움직임은 기체의 경우 속도공간에서 취급될 수 있다. 속도공간에서 반지름이 v와 $v+dv$의 구면으로 형성된 양파 껍질과 같은 구각(球殼, 본문 [그림 2-2] 참조)을 생각하면 그의 체적은 $4\pi v^2 dv$이다. 지금 i번째 구각에 포함되는 바둑판의 눈의 수 g_i는, 그 구각 내의 평균속도를 그냥 v로 대표하고 바둑판의 한 변의 길이를 δ라고 하였으므로 다음과 같다.

$$g_i = \frac{4\pi v^2 dv}{\delta^3} \qquad \text{(부록 2-4 식 1)}$$

이것을 i번째의 그룹이라고 보는 것이다. 이때 이 그룹에 속하는 분자 1개가 갖는 에너지 ε_i는 다음과 같이 표시된다.

$$\varepsilon_i = \frac{m}{2} v^2 \qquad \text{(부록 2-4 식 2)}$$

여기서 m은 분자 1개당의 질량이며, v는 (i번 째 구각에 속하는)분자의 평균속도이다.

위 식의 ε_i 를 부록 2-3의 분배함수 ζ(부록 2-3 식 9)에 대입하고, 다음의 적분공식을 이용한다.

$$\int_0^\infty e^{-ax^2} dx = \frac{1}{4}\sqrt{\frac{\pi}{a^3}}$$

그러면 ζ와 관련된 식은 다음과 같이 표시된다.

$$\sum_i g_i e^{-\beta\varepsilon_i} = \int_0^\infty \frac{4\pi}{\delta^3} v^2 dv \cdot e^{-\beta m v^2/2} = \frac{4\pi}{\delta^3} \int_0^\infty e^{-(\beta m/2)v^2} \cdot v^2 dv$$
$$= \frac{4\pi}{\delta^3} \frac{1}{4} \sqrt{\frac{\pi}{(\beta m/2)^3}} = \frac{4\pi}{\delta^3} \sqrt{\frac{\pi}{2m^3\beta^3}} \qquad \text{(부록 2-4 식 3)}$$

따라서 부록 2-3 식 8의 U의 식의 $\sum$ 부분은 다음과 같이 표시된다.

$$\sum_i g_i \varepsilon_i e^{-\beta\varepsilon_i} = -\frac{\partial}{\partial\beta} \sum_i g_i e^{-\beta\varepsilon_i} = -\frac{\partial}{\partial\beta}\left[\frac{4\pi}{\delta^3}\sqrt{\frac{\pi}{2m^3\beta^3}}\right]$$
$$= -\frac{\partial}{\partial\beta}\left[\frac{4\pi}{\delta^3}\beta^{-3/2}\sqrt{\frac{\pi}{2m^3}}\right] = \frac{3}{2}\beta^{-5/2}\frac{4\pi}{\delta^3}\sqrt{\frac{\pi}{2m^3}}$$
$$= \frac{3}{2}\frac{1}{\beta}\frac{4\pi}{\delta^3}\sqrt{\frac{\pi}{2m^3\beta^3}} \qquad \text{(부록 2-4 식 4)}$$

그러면 부록 식 2-3 식 7, 식 8의 N과 U에 위의 식 3, 식 4를 대입하고,

e^{α}에 부록 2-3 식 9, 식 10을 대입하면 다음의 결과가 얻어진다.

$$\frac{U}{N} = \frac{3}{2\beta} \qquad \text{(부록 2-4 식 5)}$$

단원자의 이상기체 1mol의 경우의 전체 에너지(내부에너지) U는 부록 2-6 식 8에 의해 다음과 같이 주어져 있으므로

$$U = \frac{3}{2}\varkappa_B TN \qquad \because \text{(부록 2-6 식 8)}$$

이 식을 위 식에 대입하면 다음과 같이 β가 구해진다.

$$\beta = \frac{1}{\varkappa_B T} \qquad \text{(부록 2-4 식 6)}$$

위의 결과는 이상기체뿐만 아니라 일반적으로 성립하는 것이 증명되어 있다.

e^{α}는 부록 2-4 식 3과 부록 2-3 식 7의 N의 식으로 부터 다음과 같다.

$$e^{\alpha} = N \Big/ \left\{ \frac{4\pi}{\delta^3}\sqrt{\frac{\pi}{2m^3\beta^3}} \right\} \qquad \text{(부록 2-4 식 7)}$$

위 식과 부록 2-4 식 1을 본문의 식 (2-10)에 대입하면 $\overline{N_i}$는 다음과 같이 표시된다.

$$\overline{N_i} = g_i e^{\alpha - \beta\varepsilon_i} = \frac{4\pi v^2 dv}{\delta^3} \frac{N}{\frac{4\pi}{\delta^3}\sqrt{\frac{\pi}{2m^3\beta^3}}} e^{-\beta\varepsilon_i}$$

$$= N\sqrt{\frac{2m^3\beta^3}{\pi}}\, v^2 dv \cdot e^{-\frac{mv^2}{2}\beta} = 4\pi N \sqrt{\frac{1}{16\pi^2}\frac{2m^3}{\pi \varkappa_B^3 T^3}}\, e^{-mv^2/2\varkappa_B T} v^2 dv$$

$$= 4\pi N \sqrt{\frac{1}{2^3\pi^3}\frac{m^3}{\varkappa_B^3 T^3}}\, e^{-mv^2/2\varkappa_B T} v^2 dv$$

$$= 4\pi N \left(\frac{m}{2\pi\varkappa_B T}\right)^{\frac{3}{2}} e^{-mv^2/2\varkappa_B T} v^2 dv \quad \text{(부록 2-4 식 8)[≡본문의 식 (2-13)]}$$

이것은 열평형 상태에서 i번째의 구각의 속도 v와 dv사이에 존재하는 분자의 수를 나타내며, 거기서의 에너지의 크기는 ε_i이며, 속도의 크기는 원점에서 i번째 구각까지의 속도벡터의 크기로 주어진다. 이 식을 막스웰의 속도 분포법칙(Maxwells' law of velocity distribution)이라 한다.

분자의 빠르기 즉, 분자가 갖는 에너지는 여러 가지이지만 열평형 상태에서의 평균적인 분자의 에너지별 분자 수는 위의 식 8, 즉 본문의 식(2-13)과 같은 비율로 분포되어 있다.

부록 2-5 본문의 식 (2-10)의 유도

부록 2-3 식 5의 식

$$\alpha-\beta\varepsilon_i+\left(\frac{\partial}{\partial N_i}\log_e W\right)_{\overline{N}}=0 \qquad \because \text{(부록 2-3 식 5)}$$

에 본문 식 (2-9)의 식

$$\left[W(N_1,\ N_2,\ N_3,\ \cdots)=\frac{N!}{N_1!N_2!\cdots}g_1^{N_1}g_2^{N_2}g_3^{N_3}\cdots\right] \quad \because \text{본문 식 (2-9)}$$

를 대입하면 다음과 같다.

$$\alpha-\beta\varepsilon_i+\frac{\partial}{\partial N_i}\left[\log_e\frac{N!}{N_1!N_2!\cdots}+N_i\log_e g_i\right]_{\overline{N}}=0 \qquad \text{(부록 2-5 식 1)}$$

위 식의 [ ]내의 제1항에 다음 스털링 공식(Stirling's formula) 중의

$$\log_e N! \fallingdotseq N\log_e N-N+1 \quad \text{(1차 근사식)}$$

$$\approx N\log_e N-N \qquad \text{(2차 근사식)}$$

1차 근사식을 적용하면 다음과 같다.

$$\log_e \frac{N!}{\overline{N_1}!\overline{N_2}!\overline{N_3}!\cdots} = N\log_e N - \sum_i \overline{N_i}\log_e \overline{N_i} + 1 + N_i$$

위 식을 식 1에 대입하면 다음과 같다.

$$\alpha - \beta\varepsilon_i + \frac{\partial}{\partial N_i}\left[N\log_e N - N_i\log_e N_i + 1 + N_i + N_i\log_e g_i\right]_{\overline{N}} = 0$$

N은 일정한 값이므로 위 미분 식은 다음과 같이 진행된다.

$$\alpha - \beta\varepsilon_i - \frac{\partial}{\partial N_i}\left[N_i\log_e N_i - N_i - N_i\log_e g_i\right]_{\overline{N}} = 0$$

$$\alpha - \beta\varepsilon_i - \frac{\partial}{\partial N_i}\left[N_i\log_e \frac{N_i}{g_i} - N_i\right]_{\overline{N}} = 0$$

$$\alpha - \beta\varepsilon_i - \left[\frac{\partial N_i}{\partial N_i}\log_e \frac{N_i}{g_i} + N_i\frac{\partial}{\partial N_i}\log_e \frac{N_i}{g_i} - 1\right]_{\overline{N}} = 0$$

$$\alpha - \beta\varepsilon_i - \left[\log_e \frac{N_i}{g_i} + N_i\left(\frac{\partial}{\partial N_i}\log_e N_i - \frac{\partial g_i}{\partial N_i}\right) - 1\right]_{\overline{N}} = 0$$

$$\alpha - \beta\varepsilon_i - \left[\log_e \frac{N_i}{g_i} + N_i\left(\frac{1}{N_i} - 0\right) - 1\right]_{\overline{N}} = 0$$

이상 미분 작업이 끝났으므로 N_i를 그 실효치 $\overline{N_i}$로 대체하여 정리하면 다음 식과 같이 표시된다.

$$\alpha - \beta\varepsilon_i - \log_e \frac{\overline{N_i}}{g_i} = 0$$

$$\alpha - \beta\varepsilon_i = \log_e \frac{\overline{N_i}}{g_i}$$

$$\therefore\ \overline{N_i} = g_i e^{\alpha - \beta\varepsilon_i}$$ ∵ 본문 식 (2–10)

부록 2-6 내부에너지 U, 볼츠만 정수 $\varkappa_B$와 맥스웰-볼츠만의 분포법칙에서의 β의 도출

본문 식 (2-10)에서 제시된 $\overline{N_i}$의 맥스웰-볼츠만의 분포법칙(Maxwell-Boltzmann's law of distribution)에서 도입되었던 β와 볼츠만 정수 $\varkappa_B$는 기체 분자의 운동론 이론에서 구할 수 있다. 이를 위해 먼저 분자의 운동이론과 내부에너지에 대한 식을 정리한 다음에 $\varkappa_B$와 β를 도출한다.

1) 분자의 운동이론: 압력

지금 용기 안에 있는 이상기체의 분자는 작은 탄성구와 같고, 상호간의 충돌은 무시할 수 있다고 하자. 그리고 x, y, z좌표계에서 i번째의 분자(질량은 m)의 속도 v의 속도성분을 v_{ix}, v_{iy}, v_{iz}라고 하고, 용기는 한 변의 길이가 l인 입방체라고 한다. 분자는 각 방향으로 등속으로 움직이며, 한 벽에 충돌하는 횟수는 균등할 것이다. x방향의 경우 왕복거리가 $2l$이므로 단위시간의 충돌횟수는 $v_{ix}/2l$로 표시된다. 한편 분자입자 1개가 벽에서의 충돌과 반사(反射)로 벽에 수직방향(x방향)으로 주는 운동량의 변화량은 $2mv_{ix}$로 되므로 단위시간에 한 개의 입자가 한 벽에 주는 역적(충격량)은 $2mv_{ix}\times v_{ix}/2l=mv_{ix}^2/l$이다. 이것을 모든 분자에 대해 총합한 것은 면적이 l^2인 벽이 단위시간에 받는 전압력 pl^2의 역적 $pl^2\times 1$과 같다. 따라서 다음과 같다.

$$\sum_i \frac{mv_{ix}^2}{l} = pl^2 \quad \therefore pl^3 = m\sum_i v_{ix}^2$$

$l^3=V$는 용기의 체적이며, 분자의 총수를 N이라고 하면 위 식은 다음과 같이 나타낼 수 있다. 단 〈 〉는 평균치를 의미한다.

$$\sum_i v_{ix}^2 = N\langle v_x^2\rangle$$

분자는 완전히 임의의 방향으로 운동하고 있으므로 세 방향의 성분에 대하여

$$<v_x^2> = <v_y^2> = <v_z^2> = \frac{1}{3}<v^2>$$

의 관계가 성립하며, 압력 p는 위의 식들로부터 다음과 같이 표시된다.

$$pV = mN<v_x^2> = \frac{2}{3}N\left\langle\frac{1}{2}mv^2\right\rangle \quad \text{(부록 2-6 식 1)}$$

$$p = \frac{2}{3}\frac{N}{V}\left\langle\frac{1}{2}mv^2\right\rangle \quad \text{(부록 2-6 식 2)}$$

2) 내부에너지

위의 식 1로부터 압력과 체적의 곱은 분자 한 개당의 평균운동 에너지($mv^2/2$)에 비례함을 알 수 있다. 그리고 단원자분자(單原子分子)의 개수가 N인 1mol의 이상기체를 대상으로 생각하면 $Nmv^2/2$는 그 기체가 가지는 내부에너지 U를 나타낸다. 즉,

$$U = N\frac{1}{2}mv^2 \quad \text{(부록 2-6 식 3)}$$

이다. 따라서 다음과 같다.

$$pV = \frac{2}{3}U \quad \text{(부록 2-6 식 4)}$$

이상은 기체분자운동론을 근거로 얻어진 결과들이다.

한편 보일-샤를의 법칙에 따른 1mol의 기체에 대한 상태방정식은 다음과 같다.

$$pV = RT \quad \text{(부록 2-6 식 5)}$$

여기서 각 양의 단위는 압력 $p=[N/m^2$: N은 뉴턴], 체적 $V=[m^3/mol]$, 절대온도 $T=[K]$이며, R는 가스정수 $R=[J/(K \cdot mol)]$이다. 이상의 두 식으로부터

$$pV = \frac{2}{3}U = RT$$

로 표시되며, 이상기체의 기체 분자가 가지는 내부에너지는 다음 식과 같이 표시될 수 있다.

$$U = \frac{3}{2}RT \qquad \text{(부록 2–6 식 6)}$$

위 식은 $1mol$의 단원자 분자의 이상기체가 갖는 내부에너지의 식이며, 열역학을 기체분자 운동론과 결부시키는 식이라고 할 수 있다. 이 결과에 따르면 이상기체의 내부에너지 U는 절대온도 T에만 의존함을 알 수 있다.

3) 볼츠만 정수의 도출

위의 식 3과 식 6으로 표시된 $1mol$의 내부에너지를 $1mol$의 분자 수 N으로 나누면 분자 1개당의 평균 운동에너지가 된다. 즉, 다음과 같다.

$$\frac{1}{2}mv^2 = \frac{3}{2}\frac{R}{N}T = \frac{3}{2}\kappa_B T \qquad \text{(부록 2–6 식 7)}$$

여기서 $\kappa_B(\equiv R/N)$를 볼츠만 정수라고 부르며, 분자 1개당의 가스 정수를 의미한다. 또 식 3을 볼츠만 정수 κ_B로 나타내면 다음과 같다.

$$U = N\frac{1}{2}mv^2 = \frac{3}{2}\kappa_B TN \qquad \text{(부록 2–6 식 8)}$$

$1mol$에 포함되는 분자 수는 아보가드로(Avogadro)의 법칙에 의해 $N=6.022\times10^{23}$이며, 표준상태인 1기압 $p_0=101.3\times10^3\ N/m^2$, 0℃

$(T_0=273.15K)$에서 차지하는 체적 V_0은 $22.415\times10^{-3}\,\mathrm{m}^3/mol$이다. 이때의 가스정수를 일반가스정수 R라고 하며 다음과 같다.

$$R=\frac{pV}{T}=\frac{101.3\times10^3N/\mathrm{m}^2\times22.415\times10^{-3}\mathrm{m}^3/mol}{273.15K}$$

$$=8.31\,J/(K\cdot mol) \qquad \text{(부록 2-6 식 9)}$$

따라서 볼츠만 정수 $\varkappa_B\equiv R/N$은 다음과 같다.

$$\varkappa_B=\frac{R}{N}=\frac{8.31\,J/(K\cdot mol)}{6.022\times10^{23}\,(1/mol)}=1.38\times10^{-23}J/K$$

(부록 2-6 식 10)

이상의 볼츠만 정수로부터 분자 1개당의 운동에너지는 식 7에 의해 $\frac{3}{2}\varkappa_BT$로 표시되며, 이 운동에너지는 에너지의 등분배법칙에 따라 x, y, z의 3방향으로 $\frac{1}{2}\varkappa_BT$씩 균등 분으로 되어 있다. 위의 식 7로부터 분자의 운동에너지는 온도 T에 의해 정해지는 것이므로, 이를 바꾸어 표현하면 이상기체의 온도는 분자 1개의 평균 운동에너지에 대응한다고 말할 수 있다.

4) β의 도출

β는 부록 2-4의 식의 전개과정에서 이미 그의 도출과정과 함께 사용된 바 있다. 그 과정을 정리하여 설명하면 다음과 같다.

즉, 앞서 통계역학적인 취급에서 구해진 부록 2-3의 식 7, 식 8과 부록 2-4의 식 3, 식 4로부터 도출된 부록 2-4의 식 5의 기체 분자 1개당의 평균 운동에너지 $\frac{U}{N}=\frac{3}{2}\frac{1}{\beta}$는 기체분자운동론을 근거로 구해진 본 부록 2-6의 식 7의 기체 분자 1개당의 평균에너지와 같아야 한다. 따라서 다음의 등식에 의해 β가 구해진다.

$$\frac{3}{2}\frac{1}{\beta}=\frac{3}{2}\varkappa_BT$$

따라서

$$\beta = \frac{1}{\varkappa_B T} \quad \text{(부록 2-6 식 11)}$$

부록 2-7 볼츠만의 경우의 수 W로부터 열역학적 엔트로피의 도출

본문의 볼츠만의 원리의 식 중 경우의 수 W에 관한 본문의 식 (2-9)에서 N대신 실효치 $\overline{N}$를 대입한 것에 자연대수를 취한 $\log_e W_{\overline{N}}$는 다음과 같다.

$$\begin{aligned}\log_e W_{\overline{N}} &\equiv \log_e W(\overline{N}_1,\ \overline{N}_2,\ \overline{N}_3 \cdots) \\ &= \log_e \frac{N!}{\overline{N}_1!\overline{N}_2!\overline{N}_3!\cdots} g_1^{\overline{N}_1} g_2^{\overline{N}_2} g_3^{\overline{N}_3} \cdots \end{aligned} \quad \text{(부록 2-7 식 1)}$$

위 식의 우변 항에서 $\log_e \frac{N!}{\overline{N}_1!\overline{N}_2!\overline{N}_3!\cdots}$ 부분에 스털링 공식 $\log_e \overline{N}_i! \simeq \overline{N}_i \log_e \overline{N}_i - \overline{N}_i$를 적용하면 다음과 같이 된다. 단 $\overline{N} = N$이다.

$$\begin{aligned}\log_e \frac{N!}{\overline{N}_1!\overline{N}_2!\overline{N}_3!\cdots} &= \log_e N! - \log_e \overline{N}_1! - \log_e \overline{N}_2! - \cdots - \log_e \overline{N}_i! \\ &= N\log_e N - N - \overline{N}_1 \log_e \overline{N}_1 + \overline{N}_1 - \cdots - \overline{N}_i \log_e \overline{N}_i + \overline{N}_i \\ &= N\log_e N - \sum_i \overline{N}_i \log_e \overline{N}_i - N + \sum_i \overline{N}_i \\ &= N\log_e N - \sum_i \overline{N}_i \log_e \overline{N}_i \quad (\because -N + \sum_i \overline{N}_i = -N + \overline{N} = 0)\end{aligned}$$

(부록 2-7 식 2)

위 식 2를 원래의 식 1에 대입하고 여기에 본문의 식 (2-10)[$\overline{N}_i = g_i e^{\alpha - \beta\varepsilon i}$]과 부록 2-3 식 10[$e^{\alpha} = N/\zeta$]를 도입하면 다음과 같다.

$$\log_e W_{\overline{N}} \equiv \log_e W(\overline{N}_1,\ \overline{N}_2,\ \overline{N}_3 \cdots) = \log_e \frac{N!}{\overline{N}_1!\overline{N}_2!\overline{N}_3!\cdots} g_1^{\overline{N}_1} g_2^{\overline{N}_2} g_3^{\overline{N}_3} \cdots$$

$$= \log_e \frac{N!}{\overline{N}_1!\overline{N}_2!\overline{N}_3!\cdots} + \sum_i \overline{N}_i \log_e g_i$$

$$= N \log_e N - \sum_i \overline{N}_i \log_e \overline{N}_i + \sum_i \overline{N}_i \log_e g_i$$

$$= N \log_e N - \sum_i \overline{N}_i (\log_e \overline{N}_i - \log_e g_i)$$

$$= N \log_e N - \sum_i \overline{N}_i \log_e (\overline{N}_i / g_i)$$

$$= N \log_e N - \sum_i \overline{N}_i \log_e e^{\alpha - \beta i}$$

$$= N \log_e N - \sum_i (g_i e^{\alpha - \beta i} (\log_e \frac{N}{\zeta} e^{-\varepsilon_i / \varkappa_B T}))$$

$$= N \log_e N - \sum_i e^{\alpha} g_i e^{-\beta i} (\log_e \frac{N}{\zeta} e^{-\varepsilon_i / \varkappa_B T})$$

$$= N \log_e N - \frac{N}{\zeta} \sum_i g_i e^{-\beta i} (\log_e \frac{N}{\zeta} e^{-\varepsilon_i / \varkappa_B T})$$

$$= N \log_e N - \frac{N}{\zeta} \sum_i g_i e^{-\beta i} (\log_e \frac{N}{\zeta} - \frac{\varepsilon_i}{\varkappa_B T})$$

$$= N \log_e N - \frac{N}{\zeta} \sum_i (g_i e^{-\beta i} \log_e \frac{N}{\zeta}) + \frac{N}{\zeta} \sum_i (g_i e^{-\varepsilon_i / \varkappa_B T} \frac{\varepsilon_i}{\varkappa_B T})$$

$$= N \log_e N - \frac{N}{\zeta} \sum_i (g_i e^{-\beta i} \log_e \frac{N}{\zeta}) + \frac{N}{\zeta} \frac{1}{\varkappa_B T} \sum_i (g_i \varepsilon_i e^{-\varepsilon_i / \varkappa_B T})$$

$$= N \log_e N - \frac{N}{\zeta} \log_e \frac{N}{\zeta} \sum_i g_i e^{-\beta i} + \frac{N}{\zeta} \frac{1}{\varkappa_B T} \sum_i (g_i \varepsilon_i e^{-\varepsilon_i / \varkappa_B T})$$

$$= N \log_e N - \frac{N}{\zeta} \log_e \frac{N}{\zeta} \sum_i \frac{\overline{N}_i}{e^{\alpha}} + \frac{N}{\zeta} \frac{1}{\varkappa_B T} \sum_i (g_i \varepsilon_i e^{-\varepsilon_i / \varkappa_B T})$$

$$= N \log_e N - \frac{N}{\zeta} \log_e \frac{N}{\zeta} \frac{1}{e^{\alpha}} \sum_i \overline{N}_i + \frac{N}{\zeta} \frac{1}{\varkappa_B T} \sum_i (g_i \varepsilon_i e^{-\varepsilon_i / \varkappa_B T})$$

$$= N \log_e N - \frac{N}{\zeta} \log_e \frac{N}{\zeta} \cdot \frac{\zeta}{N} \cdot N + \frac{\zeta}{N} \frac{1}{\varkappa_B T} \sum_i (g_i \varepsilon_i e^{-\varepsilon_i / \varkappa_B T})$$

$$= N \log_e \zeta + \frac{N}{\zeta} \frac{1}{\varkappa_B T} U \cdot \frac{\zeta}{N}$$

$$\because U = e^{\alpha}\sum_i g_i\varepsilon_i e^{-\beta\varepsilon_i} = \frac{N}{\zeta}\sum_i g_i\varepsilon_i e^{-\beta\varepsilon_i}$$

$$= N\log_e\zeta + \frac{U}{\varkappa_B T}$$

$$\therefore \varkappa_B\log_e W_{\overline{N}} = N\varkappa_B\log_e\zeta + \frac{U}{T} \qquad \text{(부록 2-7 식 3)}$$

위 식을 T로 미분한다.

$$\frac{d}{dT}(\varkappa_B\, log_e W_{\overline{N}}) = N\varkappa_B\frac{d\zeta/dT}{\zeta} - \frac{U}{T^2} + \frac{1}{T}\frac{dU}{dT} \qquad \text{(부록 2-7 식 4)}$$

여기서 분배함수 ζ는 부록 2-3 식 9에 의해 $\zeta=\sum_i g_i e^{-\varepsilon_i/\varkappa_B T}$이므로 이것을 먼저 T로 미분하고, 부록 2-3 식 8의 $U=e^{\alpha}\sum_i g_i\varepsilon_i e^{-\beta\varepsilon_i}$과 부록 2-6의 식 11의 $\beta=1/(\varkappa_B T)$, 그리고 부록 2-3 식 10의 $e^{\alpha}=N/\zeta$임을 고려하면 다음과 같다.

$$\frac{d\zeta}{dT} = \sum_i g_i e^{-\varepsilon_i/\varkappa_B T}\frac{\varepsilon_i}{\varkappa_B T^2} = \frac{1}{\varkappa_B T^2}\sum_i g_i\varepsilon_i e^{-\varepsilon_i/\varkappa_B T}\frac{1}{\varkappa_B T^2}\frac{U}{e^{\alpha}} = \frac{1}{\varkappa_B T^2}\frac{\zeta}{N}U$$

따라서 다음과 같이 된다.

$$\frac{N(d\zeta/dT)}{\zeta} = \frac{U}{\varkappa_B T^2}$$

위 식의 결과를 원래의 위의 식 4에 대입하면 다음과 같이 된다.

$$\frac{d}{dT}(\varkappa_B\log_e W_{\overline{N}}) = \frac{U}{T^2} - \frac{U}{T^2} + \frac{1}{T}\frac{dU}{dT} = \frac{1}{T}\frac{dU}{dT} \qquad \text{(부록 2-7 식 5)}$$

위 식의 dU/dT의 양은 부록 2-3 식 8의 내부에너지 U의 식 중의 ε_i나 g_i는 그대로 두고 $e^{-\varepsilon_i/\varkappa_B T}$의 T만을 변화시켰을 때 U가 어떻게 변하는가를 나타내는 양이다. 이것은 계의 체적 등을 그대로 유지하고 온도만을 변화시키는 경우임을 의미한다. 그래서 이것을 등적열용량 c_v로 표시한다.

$$\frac{dU}{dT} = c_v$$

따라서 이를 위 식에 대입하고, 양변을 dT배하면 다음 식과 같다.

$$d(\varkappa_B \log_e W_{\overline{N}}) = \frac{1}{T} c_v dT \qquad \text{(부록 2–7 식 6)}$$

등적변화에서는 $c_v dT = dU = d'Q$의 관계가 있으므로 다음과 같다.

$$d(\varkappa_B \log_e W_{\overline{N}}) = \frac{d'Q}{T} \qquad \text{(부록 2–7 식 7)[=본문 식 2–14]}$$

위 식에서 $d'Q$로 표시한 것은 Q가 압력이나 체적과 같은 상태량이 아니므로 (′)을 붙였을 뿐이며, 미소열량을 나타내고 있다. 따라서 위 식의 우변은 클라시우스에 의해 정의된 열역학적 엔트로피 dS와 같으므로 적분에 의해 볼츠만의 원리라고 불리는 다음의 식이 얻어진다.

$$S = \varkappa_B \log_e W_{\overline{N}} \qquad \text{(부록 2–7 식 8)[=본문 식 (2–15)]}$$

부록 2-8 엔탈피와 상변화 엔트로피

1) 엔탈피

온도, 압력, 비체적 등은 계의 상태에 관련된 물리량이며, 이를 상태량이라 한다. 상태량에는 그밖에 내부에너지, 엔트로피 등이 있으나 기본적으로는 앞의 세 개다. 상태량에 대응하는 양으로서 열량이나 일양이 있으나 이들의 양은 계의 상태변화 과정에 따라 정해지는 것이므로 계의 상태만으로 정해질 수 없다. 따라서 이들은 상태량이 아니다. 내부에너지는 계를 구성하는 물질의 분자의 운동에너지나 위치에너지 등의 총합이므로 상태량에 속한다.

지금 계의 변화를 알아보기 위해 계에 에너지 보존법칙을 적용한다. 에너지 보존법칙(열역학 제1법칙이라고도 함)은 계에 공급되는 열량을 Q, 계에 이뤄지는 일을 L이라고 하였을 때(계에 공급되는 경우: $Q>0$, $L>0$) 그 결과 계에 나타나는 계의 내부에너지 변화량 ΔU는 다음과 같이 표시된다.

$$\Delta U = Q+L \qquad \text{(부록 2-8 식 1)}$$

계는 L을 받고 압축된다고 하면 그 때 나타나는 부피변화 $\Delta V(<0)$는 마이너스의 값을 가지므로 $L=-p\Delta V$으로 표시된다.

지금 계의 변화가 체적이 일정한 상태, 즉 등적변화를 하는 경우 계에는 체적변화가 없으므로 $L=0$이다. 따라서 등적변화에서 공급된 열량 Q_V(아래첨자 V는 등적을 의미함)는 에너지보존법칙 식 1로부터 다음과 같다.

$$Q_V = \Delta U \qquad \text{(부록 2-8 식 2)}$$

즉, 등적변화로 계에 공급된 에너지는 모두 내부에너지의 증가로 나타난다.

다음에 계의 압력 p와 부피 V는 상태량이지만 그들의 곱인 pV는 에너지의 차원을 가지며, 이것은 계의 압력 p를 그대로 유지한 채 부피를 $V=0 \to V$까지 팽창시켰을 때 계가 외부에 수행한 일과 같다고 해석될 수 있다. 그리고 U는 계의 분자가 갖는 운동에너지와 관련된 에너지 즉, 내부에너지를 나타내므로, 이들 두 개 에너지의 합은 계가 갖는 전 에너지라고 해석될 수 있어서 새 상태량인 엔탈피 H를 다음과 같이 정의한다.

$$H = U+pV \qquad \text{(부록 2-8 식 3)}$$

엔탈피의 보다 상세한 설명은 부록 3-4를 참조할 수 있다. 따라서 계의 에너지 변화량은 엔탈피의 변화량 ΔH로 나타낼 수 있다. 계의 특정한 변화

조건 하에서는 다음과 같은 관계가 나온다.

먼저 엔탈피의 변화량 ΔH는 다음과 같다.

$$\Delta H = \Delta U + \Delta p V + p \Delta V \qquad \text{(부록 2-8 식 4)}$$

다음에 계가 일정 압력으로 일 L을 받고 압축되는 경우는 $L=-p\Delta V$로 표시되므로 에너지 보존법칙 식 1은 다음과 같이 표시된다.

$$Q = \Delta U + p\Delta V \qquad \text{(부록 2-8 식 5)}$$

등압변화에서는 $\Delta p=0$이므로 식 4로부터 다음과 같다.

$$\Delta H = \Delta U + p\Delta V \qquad \text{(부록 2-8 식 6)}$$

따라서 위 식의 식 6과 식 5로부터 다음과 같다.

$$\Delta H = Q \qquad \text{(부록 2-8 식 7)}$$

즉, 등압변화에서 공급된 열량 Q_p는 엔탈피의 변화량 ΔH와 동일하다.

이상의 내용으로부터 다음과 같이 정리된다.

① 계의 변화가 일정 체적일 때 계에 공급된 열량 Q_V는 $Q_V=\Delta U$가 된다.
② 계의 변화가 일정 압력일 때 계에 공급된 열량 Q_p는 $Q_p=\Delta H$가 된다.
③ 등적변화도 등압변화도 아닌 일반적인 변화의 경우는 에너지 보존법칙에 의해 $Q = \Delta U - L$로 표시된다.

2) 상변화 엔트로피

상변화는 일정한 온도 하에서 일어나므로 물질의 열량측정이 곤란할 때가 있다. 지금 상변화가 일정한 압력 하에서 일어나는 경우 계에 공급된 열량은 위 항 1)에서 설명되었듯이 계의 엔탈피 변화량과 동일하다. 따라서 증발의 경우 이때 공급된 열량 Q_p는 엔탈피의 변화량 ΔH_{vap}와 동일하며, ΔH_{vap}는 증발열량이라고 해석된다. 그래서 엔트로피 변화량 ΔS_{vap}는 ΔH_{vap}를 증발온도 T_b로 나누면 된다. 즉, 다음과 같다.

$$\Delta S_{vap} = \frac{\Delta H_{vap}}{T_b} \qquad \text{(부록 2-8 식 8)}$$

마찬가지로 등압에서 일어나는 고체상의 전이나 고체상에서 액체로 융해할 때의 엔트로피 증가량 ΔS_{tr}, ΔS_{fus}는 다음과 같다.

$$\Delta S_{tr} = \frac{\Delta H_{tr}}{T_{tr}} \qquad \text{(부록 2-5 식 9)}$$

$$\Delta S_{fus} = \frac{\Delta H_{fus}}{T_f} \qquad \text{(부록 2-5 식 10)}$$

단, 위 식의 기호에서 ΔH_{tr}, ΔH_{fus}는 전이엔탈피(열량)와 융해엔탈피(열량)를, T_{tr}, T_f는 각각 천이온도와 융해온도를 나타낸다. 이상으로 계가 상변화 할 때의 엔트로피는 온도에 대해 불연속적으로 증가함을 알 수 있다.

부록 2-9 물질의 존재공간 엔트로피에 대한 통계역학적 해석

본문의 설명에 따라 분자 1개당의 체적을 V_m, 기체 1몰의 체적을 V라고 하면 그 안에 기체 분자가 위치할 수 있는 자리 수 M은 다음과 같다.

$$M = \frac{V}{V_m}$$

그리고 M개의 자리에 $1mol$의 분자 수 N개가 들어갈 수 있는 경우의 수 W는 본문에서 다음과 같다고 설명되었다.

$$W = \frac{M^N}{N!}$$

그러면 이 경우 1몰의 기체 분자의 공간엔트로피 $S(V)$는 제2장의 볼츠만의 원리의 식 2-1에 위 식을 대입하면 얻을 수 있으며, 다음과 같이 표시된다.

$$S(V) = \varkappa_B \log_e W = \varkappa_B \log_e \frac{M^N}{N!} = \varkappa_B (N \log_e M - \log_e N!)$$

(부록 2-9 식 1)

위 식은 괄호안의 제2항 N이 충분히 큰 경우 스털링공식 $\log_e N! \fallingdotseq N \log_e N - N + 1 \approx N \log_e N - N$을 적용할 수 있어서 다음과 같이 된다.

$$S(V) = \varkappa_B N \log_e \frac{V}{V_m} - \varkappa_B N(\log_e N - 1) \quad \text{(부록 2-9 식 2)}$$

위 식은 기체 분자 1몰의 분자 수가 N, 부피가 V, 분자 1개당의 부피가 V_m의 경우에 가지는 엔트로피의 식이다.

본문 (3) 2) b)항의 혼합에 따른 엔트로피는 $W=M^N/N!$대신 $W=M^N/(N_1!N_2!)=(V/V_m)^N/(N_1!N_2!)$로 대체함으로써 식 1은 다음과 같이 된다.

$$S(V) = \varkappa_B(N \log_e M - \log_e N_1! - \log_e N_2!)$$

$$= \varkappa_B[N \log_e (V/V_m) - N_1(\log_e N_1 - 1) - N_2(\log_e N_2 - 1)]$$

(부록 2-9 식 3)

다음에 자유팽창에서 부피가 $V_1 \rightarrow V_2$로 변했을 때 엔트로피의 변화량을 식 2에 의해 구하려면 분자수 N에는 변함이 없으므로 식 2의 제2항은 상수가 되며 엔트로피 변화량 $\Delta S(V)$는 다음과 같다.

$$\Delta S(V) = S(V_2) - S(V_1) = \varkappa_B N(\log_e \frac{V_2}{V_m} - \log_e \frac{V_1}{V_m})$$

$$= \varkappa_B N \log_e \frac{V_2}{V_1} \qquad \text{(부록 2–9 식 4)}$$

$\varkappa_B N$은 분자 수가 N개인 1몰에 대한 가스정수에 해당하므로 기체상수 R로 표시될 수 있다. 따라서 $n\ mol$의 기체를 취급하는 경우 자유팽창에 따른 엔트로피의 증가량은 다음과 같다.

$$\Delta S(V) = nR \log_e \frac{V_2}{V_1} \qquad \text{(부록 2–9 식 5) [= 본문 식 1–19]}$$

이상으로 분자가 공간 안에 차지할 수 있는 수 M에 대한 경우의 수를 근거로 자유팽창에 따른 엔트로피 증가량을 볼츠만의 원리에서 구한 것이나 열역학적 관계식에서 구한 것이 일치하는 것이 확인되었다.

부록 2-10 혼합에 따른 엔트로피의 증가량: 본문 식 (2-29)의 도출

혼합에 따른 엔트로피의 증가량 ΔS의 식에 본문에서 소개된 식들을 대입하여 순서대로 변형해 간다. 단, 혼합 후의 엔트로피 $S(V)$는 본문의 식 (2–28)이며, $S(V_1)$은 본문의 식 (2–28)에서 $V=V_1$, $N=N_1$, $N_2=0$, 그리고 $S(V_2)$는 본문의 식 (2–28)에서 $V=V_2$, $N=N_2$, $N_1=0$으로 처리되어야 한다.

$$\Delta S = S(V) - \{S(V_1) + S(V_2)\}$$

$$= \varkappa_B \left[N \log_e \frac{V}{V_m} - N_1(\log_e N_1 - 1) - N_2(\log_e N_2 - 1) \right]$$

$$- \varkappa_B \left[N_1 \log_e \frac{V_1}{V_m} - N_1(\log_e N_1 - 1) \right]$$

$$-\varkappa_B\left[N_2\log_e\frac{V_2}{V_m}-N_2(\log_e N_2-1)\right]$$

$$=\varkappa_B\left[N\log_e\frac{V}{V_m}-N_1\log_e\frac{V_1}{V_m}-N_2\log_e\frac{V_2}{V_m}\right]$$

$$=\varkappa_B[(N_1+N_2)\log_e(V_1+V_2)-N_1\log_e V_1-N_2\log_e V_2]$$

$$=\varkappa_B\left[N_1\log_e(1+\frac{V_2}{V_1})+N_2\log_e(1+\frac{V_1}{V_2})\right]$$ ∴ 본문의 식 (2–29)

제3장의 부록

부록 3-1 가상열원에 의한 대체가역변화

완전가스의 계가 미소 온도차 dT의 다수의 열원과 미소단열과정 및 미소등온과정에 의해 가역적으로 미소열량 dQ를 주고받으면서 상태변화 할 때 계의 온도와 미소열원의 온도는 일치하고 있다. 그리고 계는 열 dQ를 받으면, 그의 내부에너지는 dU 증가하고, 계의 부피는 dV 증가하며 계 외부에 pdV의 일을 한다. 따라서 계에 대해 다음의 에너지 보존법칙이 성립한다.

$$dQ = dU + dL = c_v dT + pdV \qquad \text{(부록 3-1 식 1)}$$

계를 $1mol$의 완전가스라고 하면 계는 다음의 상태방정식을 만족한다. 단 R은 가스 정수다.

$$pV = RT, \quad \therefore p = \frac{RT}{V}$$

따라서 위의 식 1은 다음과 같이 표시된다.

$$dQ = c_v dT + \frac{RT}{V} dV$$

상태 1, 2의 엔트로피 S_1, S_2 사이의 변화량 ΔS는 다음과 같다.

$$\Delta S = S_2 - S_1 = \int_1^2 \frac{dQ}{T} = \int_1^2 \left(c_v \frac{dT}{T} + R \frac{dV}{V} \right)$$

$$= c_v \log_e \frac{T_2}{T_1} - R \log_e \frac{V_1}{V_2} \qquad \text{(부록 3-1 식 2)}$$

위 식에 $pV=RT$, $c_p - c_v = R$의 관계식을 적용하면 다음의 여러 형태의 식으로 표시될 수 있다.

$$\Delta S = S_2 - S_1 = c_p \log_e \frac{T_2}{T_1} - R \log_e \frac{p_2}{p_1}$$

$$= c_v \log_e \frac{p_2}{p_1} - c_p \log_e \frac{V_1}{V_2} \qquad \text{(부록 3-1 식 3)}$$

한편 계의 변화를 폴리트로프 변화(가역변화)라고 하면, 그때 주고받는 미소열량의 식은 부록 1-7 식 9와 같다.

$$dQ = dU + pd\,V = \left(\frac{1}{k-1} - \frac{1}{n-1} \right) Rd\,T = \frac{n-k}{(k-1)(n-1)} Rd\,T$$

(부록 3-1 식 4) [=부록 1-7 식 9]

위 식으로부터 엔트로피 변화량 ΔS와 계가 받은 열량 Q_{12}를 나타내면 다음과 같이 표시될 수 있다. 단 n은 폴리트로프 지수, k는 비열비이다.

$$\Delta S = S_2 - S_1 = \int_1^2 \frac{dQ}{T} = \int_1^2 \frac{n-k}{(k-1)(n-1)} R \frac{dT}{T}$$

$$= \frac{n-k}{(k-1)(n-1)} R \log_e \frac{T_2}{T_1} \qquad \text{(부록 3-1 식 5-1)}$$

$$= \frac{n-k}{n(k-1)} R \log_e \left(\frac{p_2}{p_1} \right) \qquad \text{(부록 3-1 식 5-2)}$$

$$= \frac{n-k}{k-1} R \log_e \left(\frac{V_1}{V_2} \right) \qquad \text{(부록 3-1 식 5-3)}$$

$$Q_{12} = \frac{n-k}{(k-1)(n-1)} R(T_2 - T_1) = c_v \frac{n-k}{n-1} (T_2 - T_1) \qquad \text{(부록 3-1 식 5-4)}$$

폴리트로프 변화 $pV^n=const$를 기준으로 도출된 위 식의 엔트로피 변화량 ΔS와 그때의 열량 dQ를 등압, 등적, 등온 및 단열변화별로 나타내면 다음과 같다.

① 등압: $dp=0$, $n=0$: $dQ = \frac{k}{k-1} Rd\,T = c_p\,dT$

$$\Delta S = S_2 - S_1 = \frac{k}{k-1} R \log_e \frac{T_2}{T_1} = \frac{-k}{k-1} R \log_e \frac{V_1}{V_2} \quad \text{(부록 3-1 식 6)}$$

② 등적: $dv=0$, $n=\infty$: $dQ = \frac{1}{k-1} Rd\,T = c_v\,dT$

$$\Delta S = S_2 - S_1 = \frac{1}{k-1} R \log_e \frac{T_2}{T_1} = \frac{1}{k-1} R \log_e \frac{p_2}{p_1} \quad \text{(부록 3-1 식 7)}$$

③ 등온: $dT=0$, $n=1$: $dQ=pd\,V=-Vdp$

$$\Delta S = S_2 - S_1 = -R \log_e \frac{p_2}{p_1} = -R \log_e \frac{V_1}{V_2} \quad \text{(부록 3-1 식 8)}$$

④ 단열: $dQ=0$, $n=k$: $\Delta S=0$, $S_2=S_1$ (부록 3-1 식 9)

부록 3-2 등압변화와 등적변화의 $T-S$선도 상의 차이

고온열원의 온도 T_h와 저온열원의 온도 T_l의 두 열원 사이에서 계가 등압과 등적으로 변화할 때 엔트로피 증가량 ΔS는 부록 3-1의 식 6, 7에 의해 다음 식과 같다. 단 식 중의 k는 등압열용량 c_p와 등적열용량 c_v와의 비 $k=c_p/c_v$이며, 공기의 경우 1.4이다.

① 등압: $\Delta S = S_2 - S_1 = \frac{k}{k-1} R \log_e \frac{T_2}{T_1}$

(부록 3-2 식 1) [= 부록 3-1 식 6]

② 등적: $\Delta S = S_2 - S_1 = \dfrac{1}{k-1} R \log_e \dfrac{T_2}{T_1}$

(부록 3-2 식 2) [= 부록 3-1식 7]

등적변화(오토사이클)와 등압변화(디젤사이클)가 동일한 온도 사이에서 이뤄질 때 나타나는 엔트로피 변화량은 식 1과 식 2의 비교에서 등압 쪽이 큼을 알 수 있다. 이를 [부록 3-2 그림 1]에서 온도가 T_2인 점 2에서 동일한 온도범위 $T_2 \rightarrow T_3$까지 변화할 때 등적의 경우 점 2→3, 즉 엔트로피는 $S_2 \rightarrow S_3$으로 증가하지만 등압변화의 경우는 $2 \rightarrow P$, 즉 $S_2 \rightarrow S_p$로 증가하며, 등적변화의 엔트로피 변화보다 크게 나타난다.

그래서 본문 [그림 3-5]에서 만일 등적변화(오토사이클)의 경우의 엔트로피변화량 $S_3 - S_2$와 동일한 엔트로피변화량을 등압변화로 얻으려면 온도변화량(고온과 저온의 온도 차)이 적어도 된다. 따라서 [그림 3-5]의 등압변화의 시발점 5는 점 2보다 높아져야 한다. 이것은 본문 [그림 3-4]의 단열압축선 1→2의 압축을 더 높은 온도의 점 5까지 압축해야함을 의미한다. 점 5의 위치는 본문의 설명에 따라 점 3의 위치를 동일하게 하기 위해 등압변화에

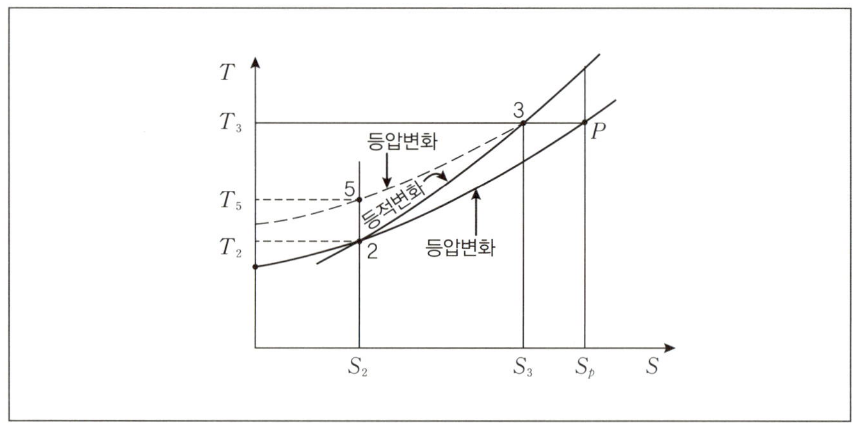

[부록 3-2 그림 1] 등압변화와 등적변화의 $T-S$선도

대한 위의 식 1의 엔트로피변화량 ΔS와 식 2의 등적변화일 때 나타나는 양 $\Delta S = S_3 - S_2$를 같게 하고, 그때의 온도를 $T_5 \rightarrow T_3$으로 변화하는 것으로 하여 T_5를 구하면 된다.

부록 3-3 헤스의 법칙(law of Hess)

먼저 열화학방정식을 살펴본다. 통상적인 화학반응은 정압(보통 대기압) 하에서 진행한다. 여기서 지금 수소와 산소의 반응에서 물이 생성되는 경우를 취급한다. 수소 1mol과 산소 1/2mol이 압력 1bar(대기압), 온도 25℃에서 반응하여 액체의 물 1mol이 생성될 때 285.83kJ의 열을 발생한다. 이것을 열화학방정식으로 나타내면 다음 식과 같다. 식 중의 화학기호 우측의 괄호 안 g는 기체상태, l은 액체 상태를 의미한다.

$$H_2(g) + \frac{1}{2} O_2(g) = H_2O(l) + 285.83kJ$$

위 식의 정식 표기는 본문에서 설명되었듯이 다음과 같다.

$$H_2(g) + \frac{1}{2} O_2(g) = H_2O(l),\ \Delta H^{\ominus}_{298} = -285.83kJ/mol$$

위 식의 $\Delta H^{\ominus}_{298}$는 엔탈피 차(압력 일정이므로 엔탈피 차는 열량 차와 동일함)를 나타내고 있는데, 이 값은 반응식 우변의 생성계의 생성엔탈피에서 좌변의 반응계(원계)의 생성엔탈피를 뺄셈한 것이다. 그리고 엔탈피는 압력과 온도에 관계하는 양이므로 반응실험이 일정한 표준압력 1bar에서 이뤄졌음을 나타내기 위해 ⊖의 기호를 ΔH의 윗 첨자로 표시하고, 또한 그 값이 온도 25℃(298.15K)에서의 것임을 나타내기 위해 298을 아래 첨자로 표시한 것이다.

위 식의 화학반응에서 $\Delta H_{298}^{\ominus}<0$으로 제시되어 있다는 것은 반응계의 원계에서 생성계가 생성됨으로써 엔탈피가 감소하였음을 의미한다. 이것은 엔탈피의 감소량만큼 열이 밖으로 나간 것이므로 발열반응이다(엔탈피라는 열역학적 상태량에 대한 보다 상세한 설명은 부록 2-8과 부록 3-4를 참조).

그런데 위의 반응열에 관계하는 물질의 상태량인 내부에너지 U나 엔탈피 H는 열량이나 일양과 달리 상태량이므로 그들의 변화량인 ΔU나 ΔH는 변화의 처음과 마지막 상태에 의해 정해지며, 변화 도중의 경로와는 관계하지 않는다. 따라서 화학반응이 1단으로 일어나나 몇 단계를 거쳐서 일어나도 반응열의 총합에는 변함이 없음을 전제로 한 것이 헤스(Hess)의 법칙이다.

그리고 화학반응식에서 엔탈피의 변화량을 구하는데 필요한 화학성분의 표준생성엔탈피 $\Delta H_f^{\ominus}$의 값들은 [부록 3-3 표-1]의 열역학 데이터에서 찾을 수 있다.

지금 헤스의 법칙을 구체적으로 설명하기 위해 흑연 C와 산소 O_2로부터 일산화탄소 CO가 생성될 때 발생하는 반응열의 계산을 예로 설명한다. 이를 실험에서 구하려고 하면 탄소의 연소로 CO의 발생과 동시에 이산화탄소 CO_2도 발생하므로 반응열의 측정이 곤란하다. 그래서 헤스의 법칙에 따라 이 반응식을 다음에 설명되는 두 가지 열화학방정식, 즉 2단의 반응식으로 구성하였을 때와 1단의 반응으로 일어났을 때의 것이 같음을 확인한다.

이 작업을 위해 화학반응식의 각 반응물질 밑에 열역학 데이터에서 읽은 표준생성엔탈피 $\Delta H_f^{\ominus}$의 값들을 제시하였다.

(1) 주어진 과제의 화학반응식은 다음과 같다.

$$C(s,\ carbon)+\frac{1}{2}O_2(g) = CO(g)$$

$$\Delta H_f^{\ominus}(kJ\ mol^{-1}): \quad 0 \quad \frac{1}{2}\times 0 \quad -110.53$$

여기서의 반응은 표준정압 1 bar, 25℃하에서 일어나는 것이므로 다음에 표시된 표준정압반응엔탈피(열) ΔH는 $\Delta H_{298}^{\ominus}$으로 표시하는 것이 정식일 것이다. 그리고 이 양은 화학반응식의 우변의 생성계의 생성엔탈피에서 좌변의 반응계(원계)의 생성엔탈피의 뺄셈으로 계산된다. 즉, 다음과 같다.

$$\Delta H = \Delta H_{298}^{\ominus} = -110.53-0-\frac{1}{2}\times 0 = -110.53\,kJmol^{-1}$$

따라서 위의 열화학방정식은 다음과 같이 표기된다.

$$C(s,\ carbon)+\frac{1}{2}O_2(g) = CO(g):\ \ \Delta H_{298}^{\ominus} = -110.53\,kJmol^{-1}$$

(부록 3-3 식 1)

(2) 다음에 헤스의 법칙에 따라 위의 화학반응식 식 1을 다음의 2단의 화학반응계로 구성한다.

$$C(s,\ carbon)+O_2(g) = CO_2(g)$$

$$CO(g)+\frac{1}{2}O_2(g) = CO_2(g)$$

먼저 위 식 중의 첫(1단 째) 화학반응식의 열화학방정식을 구한다.

$$C(s,\ carbon)+O_2(g) = CO_2(g)$$

$$\Delta H_f^{\ominus}(kJ\ mol^{-1}): \quad 0 \quad 0 \quad -393.51$$

표준정압반응엔탈피(열): $\Delta H = \Delta H^{\ominus}_{298}$

$$= -393.51-0-0 = -393.51\ kJmol^{-1}$$

따라서 위의 열화학방정식은 다음과 같다.

$$C(s,\ carbon)+O_2(g) = CO_2(g):\ \Delta H^{\ominus}_{298} = -393.51\ kJmol^{-1}$$

(부록 3-3 식 2)

다음에 2단 째 화학반응식의 열화학방정식을 구한다.

$$CO(g)+\frac{1}{2}O_2(g) = CO_2(g)$$

$$\Delta H_f^{\ominus}(kJ\ mol^{-1}):\ -110.53 \qquad \frac{1}{2}\times 0 \qquad -393.51$$

표준정압반응엔탈피(열): $\Delta H = \Delta H^{\ominus}_{298} = -393.51-(-110.53)-\frac{1}{2}\times 0$

$$= -282.98\ kJmol^{-1}$$

따라서 위의 열화학방정식은 다음과 같이 표시된다.

$$CO(g)+\frac{1}{2}\times O_2(g) = CO_2(g):\ \Delta H^{\ominus}_{298} = -282.98\ kJmol^{-1}$$

(부록 3-3 식 3)

위의 2단의 화학반응계의 두 개의 식에서 1단으로 이루어지는 화학반응식을 얻기 위해 다음과 같이 식 2에서 식 3의 뺄셈을 한다.

화학반응식: $C+O_2-(CO+\frac{1}{2}O_2) = CO_2-CO_2$

$$\therefore\ C+\frac{1}{2}O_2 = CO$$

표준정압반응엔탈피(열): $\Delta H = \Delta H^{\ominus}_{298} = -393.51-(-282.98)$

$$= -110.53\ kJmol^{-1}$$

위의 결과로부터 열화학방정식은 다음과 같이 표시된다.

$$\therefore C+\frac{1}{2}\times O_2 = CO, \quad \Delta H^{\ominus}_{298} = -110.53\,kJmol^{-1} \quad (\text{부록 3-3 식 4})$$

이상으로 2단으로 이루어진 화학반응에 의해 구한 식 4의 표준정압반응열과 1단으로 이루어지는 화학반응에 의한 식 1의 표준정압반응열이 동일하다는 것이 확인되었다. 즉, CO를 발생하는 반응열은 반응이 1단으로 발생하거나 2단식으로 발생하도록 하여도 동일하다. 따라서 헤스의 법칙에 의해 열화학방정식이 대수방정식(代數方程式)과 같이 취급될 수 있음이 확인되었다.

[부록 3-3 표-1] 열역학적 데이터(298.15K, 1bar)

물질	$\Delta H_f^{\ominus}/kJ\ mol^{-1}$	$\Delta G_f^{\ominus}/kJ\ mol^{-1}$	$\Delta S^{\ominus}/JK^{-1}\ mol^{-1}$
무기물			
C(s. 흑연)	0	0	5.740
C(s. 다이아몬드)	1.895	2.900	5.740
C(g)	716.68	671.26	158.10
CO(g)	−110.53	−137.17	197.67
CO_2(g)	−393.51	−394.36	213.74
Cl_2(g)	0	0	223.07
Cl(g)	121.68	105.68	165.20
H_2(g)	0	0	130.684
H(g)	217.97	203.25	114.71
$H_2O_2(l)$	−188		110
$H_2O(l)$	−285.83	−237.13	69.91
H_2O(g)	−241.82	−228.57	188.83
N_2(g)	0	0	191.61
N(g)	472.70	455.56	153.30
NH_3(g)	−46.11	−16.45	192.45
NO(g)	90.25	86.55	210.76
NO_2(g)	33.18	51.31	240.06
N_2O_4(g)	9.16	97.89	304.29
O_2(g)	0	0	205.138
O(g)	249.17	231.73	161.06
유기화학물			
CH_4(g) (메탄)	− 74.81	−50.72	186.26
C_2H_6(g) (에탄)	− 84.68	−32.82	229.60
C_3H_8(g) (프로판)	−103.85	−23.49	269.91
C_4H_{10}(g) (부탄)	−126.15	−17.03	310.23
C_2H_4(g) (에틸렌)	52.26	68.15	219.53

부록 3-4 엔탈피, 표준생성 엔탈피 및 반응열의 온도의존성

1) 엔탈피는 총에너지

엔탈피는 그 물질의 총에너지라는 것이 여러 곳에서 언급되어 왔으나 좀 더 상세하게 알아본다.

지금 수소원자 $H(g)$와 수소분자 $H_2(g)$가 있고, 그들 사이에는 다음과 같은 관계가 있다.

$$2H(g) = H_2(g) + 436\ kJ/mol \quad \text{(부록 3-4 식 1)}$$

위 식은 좌우변의 에너지가 같다는 것을 나타내고 있다. 두 개의 H원자가 존재하고 있다는 것은 좌우 변에서 같지만 그들의 원자가 가지고 있는 에너지에는 차이가 있다. 식 1이 성립하는 것은 25℃인 대기압 하의 경우이다. 따라서 "총에너지"라는 관점에서 $2H$와 H_2가 가지는 에너지에 몇 가지 상태가 있을 것이다. 즉, 화학결합에너지, 운동에너지, 위치에너지 등의 상이한 형식의 에너지들이다. 그런데 식 1의 등호관계를 생각할 때 이들 물질에 관한 복수의 에너지 형식을 일일이 표시하는 것은 귀찮다. 그래서 모든 에너지를 일괄한 "엔탈피"라는 양을 생각하면 편리해진다.

우리들이 화학실험을 할 때나 생물체 내에서 일어나는 화학반응들을 취급할 때 압력은 대기압이란 일정 압력 하에서이다. 그래서 일정 압력 하에서 어느 물질(여기서는 원자나 분자를 가리키지만)이 가지고 있는 총에너지를 엔탈피라고 정의한다. 엔탈피를 수소 기호 H와 혼동될 수 있으나 관례에 따라 기호 H로 나타내기로 하면 식 (1)은 다음과 같다.

$$H(2H) = H(H_2) + 436\ kJ/mol$$

반응 전과 후의 엔탈피를 각각 H_{beg}와 H_{end}로 나타내면 위의 식은 다음과 같다.

$$H_{beg} = H_{end} + 436\ kJ/mol$$

에너지는 소멸되지 않으므로 원자가 안정된 분자로 되기 위해 감소된 엔탈피의 에너지는 그들의 내부에서 밖으로 나온다. 그래서 어떤 변화의 결과 나타나는 엔탈피의 변화량은 보통 다음과 같이 표시된다.

$$\Delta H = H_{end} - H_{beg}$$

위의 수소 반응의 경우 ΔH는 $-436\ kJ/mol$인 것이다. 이것은 생성물이 반응물보다 안정한 상태가 되기 위해 그 안정화분의 에너지가 운동에너지의 형태로 방출된 것이다. 달리 표현하면 열이 발생한 것이다. 이와 같은 반응을 발열반응이라 하며, 이 양은 관측이 가능하다.

2) 표준생성엔탈피 차(표준반응열)

지금 수소분자 H_2가 가지고 있는 엔탈피라는 것은, 정의에 따르면 그 상태의 전 에너지가 된다. 그러나 이 양을 직접 구하는 것은 실제로는 대단히 어려운 일이다. 따라서 화학에서는 엔탈피의 절대치를 문제로 하는 일은 거의 없다. 문제로 하는 것은 언제나 상대치인 ΔH이다.

25℃, 1bar의 표준상태에서 분자나 원자를 생성하는데 필요한 엔탈피를 표준생성엔탈피라고 말하며, $\Delta H^{\ominus}$로 나타낸다. 이와 같이 표준상태의 값을 나타낼 때는 상 첨자 [$\ominus$]를 붙이는 것이 관례로 되어있다.

표준생성엔탈피 $\Delta H^{\ominus}$는 상대 치이므로 이 경우 H_2분자를 생성하기 위한 표준생성엔탈피를 임의로 0으로 할 수 있다. 그렇게 하면 H(수소)원자의 표준생성엔탈피는 217.98 kJ/mol로 실험에 의해 구할 수 있다. 이 양은 본래 표준생성엔탈피차라고 불려야 하나 그냥 표준생성엔탈피라고 부르는 것이 관례로 되어 있다.

지금까지 많은 물질에 대하여 [부록 3-3 표-1]과 같은 표준생성엔탈피가 실험적으로 측정되어 있다.

3) 반응열의 온도의존성: $\Delta H(T)$

25℃의 표준생성엔탈피의 표를 이용하면 1bar, 25℃에서 여러 반응의 정압반응열을 구할 수 있다. 그러나 표준온도 이외의 온도에서 일어나는 반응열이 필요할 때는 다음과 같은 절차에 의해 온도의존성을 고려해야 한다.

정압반응열 ΔH는 생성계의 엔탈피 $H'(\equiv H_{end})$과 원계의 엔탈피 $H(\equiv H_{beg})$의 차로 구해진다.

$$\Delta H = H' - H$$

위 식에서 압력 p를 일정으로 하여 온도 T로 미분하면 다음과 같다.

$$\left(\frac{\partial \Delta H}{\partial T}\right)_p = \left(\frac{\partial H'}{\partial T}\right)_p - \left(\frac{\partial H}{\partial T}\right)_p$$

위 식의 좌변 항은 등압열용량 C_p를 도입하면 다음과 같이 표시될 수 있다.

$$\left(\frac{\partial \Delta H}{\partial T}\right)_p = C_p' - C_p = \Delta C_p \qquad \text{(부록 3-4 식 2)}$$

단 C_p'와 C_p는 생성계 전체와 원계 전체의 열용량을, ΔC_p는 그들의 차를 나타낸다. 위 식은 키르히호프(Kirchhoff)의 식이라고 불리고 있다. 등적반응열에 대하여는 엔탈피 차 ΔH 대신 내부에너지 차 ΔU로 대체하면 식 2와 똑같은 식으로 취급될 수 있다.

위의 식 2의 양변을 압력 일정 하에서 적분하면 다음과 같다.

$$\Delta H(T) = \Delta H_0 + \int \Delta C_p dT \qquad \text{(부록 3-4 식 3)}$$

단, ΔH_0는 적분상수이다. ΔC_p가 T의 함수로 주어지면 위 식의 적분으로 반응열의 온도의존성, 즉 $\Delta H(T)$가 구해진다.

먼저 열용량 C_p의 온도의존성을 구하기 위해 어느 일정온도 범위 내의 실험에서 mol 용량의 물질별 실험식을 다음 식과 같이 둔다.

$$C_{pm} = a + bT + cT^{-2} \qquad \text{(부록 3-4 식 4)}$$

위 식에서 mol 당의 등압열용량 C_{pm}을 실험에 의해 구한 실험계수가 [부록 3-4 표-1]과 같이 발표되어 있다. 이하에 mol 단위 당의 값을 나타내기 위해 아래 첨자 m을 붙인다.

식 3의 ΔC_p의 온도의존성은, C_{pm}가 식 4와 같이 주어져 있으므로 다음과 같다.

$$\Delta C_{pm} = \Delta a + \Delta bT + \Delta cT^{-2} \qquad \text{(부록 3-4 식 5)}$$

위 식을 식 3에 대입하여 적분한 결과는 다음과 같다.

$$\Delta H(T) = \Delta H_0 + \Delta aT + \frac{1}{2}\Delta bT^2 - \Delta cT^{-1} \qquad \text{(부록 3-4 식 6)}$$

위 식 중의 적분상수 ΔH_0는 보통 반응열이 25℃의 데이터를 기준으로 평가되어 있으므로 온도의존성의 식 6이 25℃에서 성립하도록 결정하면 된다.

[예] 다음에 표시되는 암모니아 반응식에서 NH_3의 표준생성열의 온도

의존성의 식을 구하고, 그 식을 이용하여 800K에서의 표준생성열을 계산한다.

$$\frac{1}{2}N_2(g)+\frac{3}{2}H_2(g) = NH_3(g) \qquad \text{(부록 3-4 식 7)}$$

[답] ΔC_p는 식 2에 따라 다음과 같이 표기할 수 있다.

$$\Delta C_p = C_p' - C_p = (\text{생성계 전체의 } C_p)' - (\text{원계 전체의 } C_p)$$

$$\Delta C_p = C_{p,m}(NH_3) - \left\{\frac{1}{2}C_{p,m}(N_2)+\frac{3}{2}C_{p,m}(H_2)\right\} \qquad \text{(부록 3-4 식 8)}$$

지금 각 계의 항의 순서를 n으로 나타내고(여기서의 생성계는 n=1, 원계는 n=1, 2까지), 원계와 생성계의 계수를 각각 k_n과 k_n'으로 나타낸 식 4를 식 8에 대입한다. 그러면 다음 식과 같이 표기될 수 있다.

$$\Delta C_p = \sum(k_n' a_n' - k_n a_n) + \sum(k_n' b_n' - k_n b_n)T + \sum(k_n' c_n' - k_n c_n)T^{-2}$$

$$= \Delta a + \Delta bT + \Delta cT^{-2} \qquad \text{(부록 3-4 식 9)}$$

위 식에서 k_n'와 k_n은 생성계와 원계 항의 차례별 항의 계수이며, a_n', b_n', c_n'과 a_n, b_n, c_n은 [부록 3-4 표-1]에서 읽을 수 있는 생성계와 원계의 차례별 항의 몰 등압열용량의 온도의존식의 계수들이다.

구체적으로는 다음과 같다.

생성계: n=1, k_1'=1, a'_1, b'_1, c'_1은 $NH_3(g)$의 a, b, c에 해당하며, 그들의 값은 [부록 3-4 표-1]에서 다음과 같다.

$$a'_1 = 2.975\times10\,JK^{-1}\,mol^{-1}, \quad b'_1 = 25.1\times10^{-3}\,JK^{-2}\,mol^{-1},$$

$$c'_1 = -1.55\times10^5\,JK\,mol^{-1}$$

원계: n=1, k_1=1/2, a_1, b_1, c_1은 $N_2(g)$의 a, b, c에 해당하며, 다음과

[부록 3-4 표-1] 몰 정압 열용량의 온도 의존성

물질	$a/10^1 JK^{-1} mol^{-1}$	$b/10^{-3} JK^{-2} mol^{-1}$	$c/10^5 JK\ mol^{-1}$
C(s. 흑연)	1.686	4.77	−8.54
H_2(g)	2.728	3.26	0.50
N_2(g)	2.858	3.77	−0.50
O_2(g)	2.996	4.18	−1.67
H_2O(g)	3.054	10.29	0.00
CO_2(g)	4.422	8.79	−8.62
NH_3(g)	2.975	25.10	−1.55
NH_4(g)	2.364	47.86	−1.92

$C_{Pm}=a+bT+cT^{-2}$ (T=298~2000K)

같다.

$$a_1 = 2.858\times10\,JK^{-1}\,mol^{-1},\quad b_1 = 3.77\times10^{-3}\,JK^{-2}\,mol^{-1},$$

$$c_1 = -0.50\times10^5\,JK\,mol^{-1}$$

n=2, k_2=3/2, a_2, b_2, c_2는 $H_2(g)$의 a, b, c에 해당한다. 즉 다음과 같다.

$$a_2 = 2.728\times10\,JK^{-1}\,mol^{-1},\quad b_2 = 3.26\times10^{-3}\,JK^{-2}\,mol^{-1},$$

$$c_2 = 0.50\times10^5\,JK\,mol^{-1}$$

$$\Delta a = \Sigma(k_n'a_n' - k_na_n) = \left\{1\times2.975-\left(\frac{1}{2}\times2.858+\frac{3}{2}\times2.728\right)\right\}\times10$$

$$= -2.546\times10\,JK^{-1}\,mol^{-1}$$

$$\Delta b = \Sigma(k_n'b_n' - k_nb_n) = \left\{1\times25.1-\left(\frac{1}{2}\times3.77+\frac{3}{2}\times3.26\right)\right\}\times10^{-3}$$

$$= 18.33\times10^{-3}\,JK^{-2}\,mol^{-1}$$

$$\Delta c = \Sigma(k_n'c_n' - k_nc_n)$$

$$= \left\{1\times(-1.55)-\left(\frac{1}{2}\times(-0.50)+\frac{3}{2}\times0.50\right)\right\}\times10^5$$

$$= -2.05\times10^5\,JK\,mol^{-1}$$

위의 계수 Δa, Δb, Δc들을 식 9에 대입하면 다음과 같다.

$$\Delta C_p = (-2.546\times10+18.33\times10^{-3}\frac{T}{K}-2.05\times10^{5}\frac{T^{-2}}{K^{-2}})JK^{-1}mol^{-1}$$

(부록 3-4 식 10)

위 식을 식 3, 즉 적분된 상태의 식 6에 대입한 결과는 다음과 같다.

$$\Delta H(T) = \Delta H_0+\left\{-2.546\times10\frac{T}{K}+\frac{1}{2}\times18.33\times10^{-3}\frac{T^2}{K^2}+2.05\times10^{5}\frac{T^{-1}}{K^{-1}}\right\}J\ mol^{-1}$$

(부록 3-4 식 11)

위 식에서 적분상수인 ΔH_0는 앞서 설명되었듯이 25℃에서의 $\Delta H(T=298)$의 값이 암모니아의 생성엔탈피(열)와 일치하도록 정한다. 본 예제의 경우 암모니아의 화학반응에 참여하는 N_2와 H_2의 표준생성엔탈피 값이 0이므로 암모니아 생성의 반응열 ΔH는 따로 계산하지 않아도 바로 암모니아의 표준생성엔탈피와 같은 값 $\Delta H(T=298)=\Delta H^{\ominus}_{298}=-46.11\ kJ\ mol^{-1}$으로 된다.

따라서 식 11에서 좌변에 $\Delta H(T=298)=\Delta H^{\ominus}_{298}=-46.11\ kJ\ mol^{-1}$와 우변의 T에 $T=298.15$를 대입하여 ΔH_0를 다음과 같이 구한다.

$$\Delta H(T) = \Delta H_0+\int \Delta C_p dT$$

$$-46.11\ kJ\ mol^{-1} = \Delta H_0+\left\{-25.46\times298.15+\frac{1}{2}\times18.33\times10^{-3}\times298.15^2+2.05\times10^{5}\frac{1}{298.15}\right\}J\ mol^{-1}$$

$$\Delta H_0 = 40.15\ kJmol^{-1}$$

이상으로 암모니아 반응식에 반응열의 온도의존성을 고려한 엔탈피 변화량의 식 $\Delta H(T)$는 다음과 같이 표시된다.

$$\Delta H(T)/kJ\ mol^{-1} = 40.15\ kJ\ mol^{-1} + \left\{-25.46T + \frac{1}{2}\times 18.33\times 10^{-3}\,T^2 + 2.05\times 10^5\,\frac{1}{T}\right\} J\ mol^{-1}$$

(부록 3-4 식 12)

위 식의 T에 800K(527℃)를 대입하면 이 온도에 대한 표준(1bar) 암모니아 생성의 반응열이 계산될 수 있으며, $\Delta H = -54.35\ kJ\ mol^{-1}$으로 나타난다. 25℃에서의 암모니아의 반응생성열이 $\Delta H(T=298) = \Delta H^{\ominus}_{298} = -46.11\ kJ\ mol^{-1}$이었으므로 그 차이를 알 수 있다. 화학반응의 온도가 열역학 데이터를 이용할 수 있는 온도 25℃에서 크게 벗어날 때는 반응열의 온도의존성이 고려되어야 할 것이다.

참고문헌

*시비라이제이션–서양과 나머지 세계, 니얼 퍼거슨, 구세희 김정희 옮김.

*Civilization; the west and rest, Ferguson Niall, Penguin Press, 21세기북스, 2011.

*WHAT IS LIFE?; Erwin Schrödinger(生命とは何か), Cambridge University Press, 岡小天, 鎮目恭夫訳, 岩波書店, 1944.

*化學熱力學, 原田義也, 裳華房, 2015. 6. 15.

*熱力學 理解 化學反應, 平山令明, 2015. 3. 5.

*エントロピの本, 日刊工業新聞社, 2013. 9. 25.

*はじめての, 化學熱力學, 菅宏, 岩波書店, 2013. 5. 15.

*AlGeny(エントロピの法則) I, Jeremy Rifkin, Translated by Hitoshi Takeuchi, Shodensha Co. Ltd, Heisei 11. 1. 15.

*What is life? The Physical Aspect of the Living Cell, Erwin Schrödinger, Translated by Oka Shouten, Shizume Yasuo, Iwanami Co. Ltd, 2011. 9. 26.

*エントロピの科学, 細野敏夫, コロナ社, 1991. 8. 5.

*新編熱力学, 澤田照夫, 森北出版株式会社, 1996. 3. 5.

*ゼロから学ぶ熱力学, 小暮陽三, 株式会社講談社, 2006. 7. 20.

*高校数学でわかるボルツマンの原理, 竹内淳, 株式会社講談社, 2012. 3. 21.

*역사 속의 유체역학: 민태기, 대한기계학회, 기계저널, Vol.57, No. 1~Vol.24. 2017. 1~2018. 12.

*가스터빈사업 경쟁력 강화 방안, 정책토론회, 국회의원회관 대회의실, 2020. 8. 11.

*엔트로피가 우리에 알리는 진실, 조강래, 한국과학기술한림원 「석학, 과학기술을 말하다」 시리즈⑳, 2014. 11. 25.

한국유체기계학회는 유체기계관련 연구자와 생산자가
모두 참여하여 유체기계에 대한 연구와 정보교류를 활성화하여
국제경쟁력이 있는 제품을 개발할 수 있는 기술을 배양하여 기술발전을 도모함으로써
국내 유체기계 산업 발전에 기여함을 목적으로 합니다.

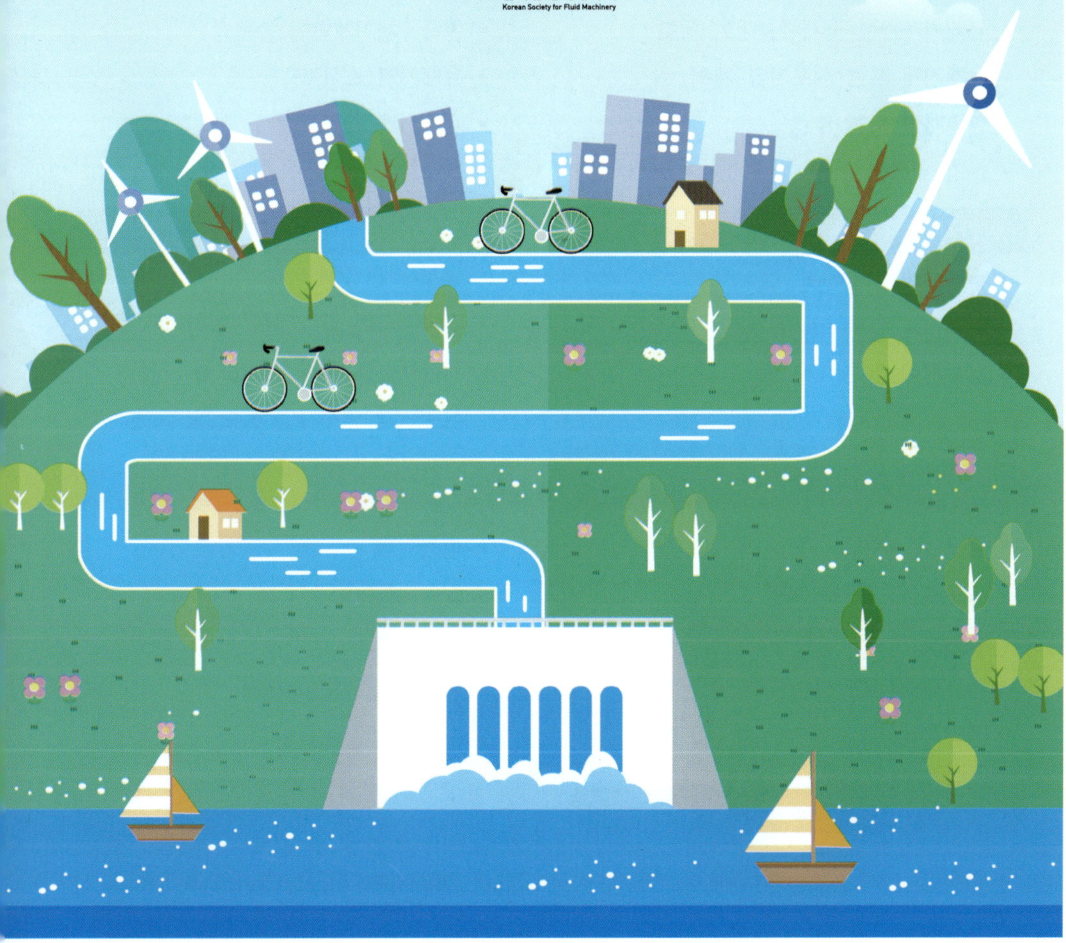

KSFM
한국유체기계학회
Korean Society for Fluid Machinery

전화 : 02-563-1867, 1868 / 팩스 : 02-563-1869 이메일 : ksfm@ksfm.org
주소 : 서울특별시 중구 서소문로 116 유원빌딩 1210호
홈페이지 : http://www.ksfm.org

사단법인

한국유체기계학회

Korean Society for Fluid Machinery

|학회 주요 사업|

학술사업

- 정기 학술대회
- 유체기계관련 국제학술대회 개최
- 유체기계 포럼/심포지엄 개최
- 연구개발 용역 수행
- 분과 워크숍 지원

출판사업

- 국제학술지 IJFMS(www.ijfms.org)
- 한국유체기계학회 논문집
- 유체기계(소식지)
- 유체기계 용어사전

일반사업

- 특별회원사 간담회
- 유체기계 관련 기술자문(기술자문단)
- 표준화 사업

교육사업 & 산학협동

- 교재 발간 기획
- 기술강습회 및 견학회 개최
- 기술표준원, 중소기업청 등 유관단체 연구사업 홍보 및 지원

분과사업

- 펌프 및 수차
- 송풍기 및 환기시스템
- 압축기
- 가스/스팀터빈
- 선박/해양에너지
- 환경기계
- 회전체동역학
- 환경플랜트
- 원자력기기 및 열유체
- 집단에너지 열수송

사무국

- 이메일 : ksfm@ksfm.org
- 주 소 : 서울특별시 중구 서소문로 116 유원빌딩 1210호
- 전화번호 : 02)563-1867, 1868
- 팩 스 : 02)563-1869
- 홈페이지 : www.ksfm.org